Teubner Studienbücher Informatik

M. Dal Cin
Fehlertolerante Systeme

Leitfäden der angewandten Mathematik und Mechanik LAMM

Band 50

Die Lehrbücher dieser Reihe sind einerseits allen mathematischen Theorien und Methoden von grundsätzlicher Bedeutung für die Anwendung der Mathematik gewidmet; andererseits werden auch die Anwendungsgebiete selbst behandelt. Die Bände der Reihe sollen dem Ingenieur und Naturwissenschaftler die Kenntnis der mathematischen Methoden, dem Mathematiker die Kenntnisse der Anwendungsgebiete seiner Wissenschaft zugänglich machen. Die Werke sind für die angehenden Industrie- und Wirtschaftsmathematiker, Ingenieure und Naturwissenschaftler bestimmt, darüber hinaus aber sollen sie den im praktischen Beruf Tätigen zur Fortbildung im Zuge der fortschreitenden Wissenschaft dienen.

Fehlertolerante Systeme

Modelle der Zuverlässigkeit, Verfügbarkeit, Diagnose und Erneuerung

Von Dr. rer. nat. Mario Dal Cin
Wiss. Rat und Professor an der Universität Tübingen

Mit 91 Figuren, zahlreichen Beispielen
und 59 Übungsaufgaben

B. G. Teubner Stuttgart 1979

Prof. Dr. rer. nat. Mario Dal Cin

Geboren 1940 in Bad Wörishofen. Von 1960 bis 1967 Studium der Mathematik und Physik an der Universität München. 1969 Promotion zum Dr. rer. nat. (Theoretische Physik). Von 1969 bis 1971 Post Doctoral Fellow am Center for Theoretical Studies, Coral Gables, der Universität von Miami. 1972 bis 1973 Assistent und Oberassistent am Institut für Informationsverarbeitung der Universität Tübingen. 1973 Habilitation. Seit 1973 Wissenschaftlicher Rat und Professor an der Universität Tübingen.

CIP-Kurztitelaufnahme der Deutschen Bibliothek

Dal Cin, Mario:
Fehlertolerante Systeme : Modelle d. Zuverlässigkeit, Verfügbarkeit, Diagnose u. Erneuerung / von Mario Dal Cin. – Stuttgart : Teubner, 1979.
(Leitfäden der angewandten Mathematik und Mechanik ; Bd. 50) (Teubner Studienbücher : Informatik)
ISBN 3-519-02352-0

Printed in Germany
Druck: Beltz Offsetdruck, Hemsbach/Bergstraße
Binderei: Clemens Maier KG, Leinfelden-Echterdingen 2
Umschlaggestaltung: W. Koch, Sindelfingen

Vorwort

Dieses Buch ist aus Vorlesungen hervorgegangen, die der Autor in den Jahren 1974 - 1979 am Institut für Informationsverarbeitung der Universität Tübingen gehalten hat. Die Vorlesungsreihe stand unter dem Bemühen, eine umfassende Theorie der Leistungsbestimmung komplexer Systeme (insbesondere von Computersystemen) anzubieten. In diesem Zusammenhang erschien es notwendig, auch auf Fragen und neuere Ergebnisse der Zuverlässigkeitstheorie einzugehen. Zuverlässigkeit und Verfügbarkeit sind ja wesentliche Aspekte der Leistung eines jeden Systems.

In Kapitel 2 wird ein nun schon klassisches Gebiet der Zuverlässigkeitstheorie behandelt, nämlich die statische oder auch fehlermaskierende Redundanz. Sodann wird an Hand von Beispielen erläutert, was unter einem fehlertoleranten System zu verstehen ist (Kapitel 3). Als Beispiel dienen uns Mehrrechnersysteme (multiprocessing systems). Es liegt nahe, die Kommunikationsstruktur solcher Systeme, wie auch die der Nachrichtentechnik, durch Graphen zu beschreiben. Die Bestimmung ihrer Zuverlässigkeit wird uns deshalb auf Optimierungsaufgaben aus der Graphentheorie führen und insbesondere mit Problemen der Algorithmen- und Komplexitätstheorie konfrontieren. Eine, im Hinblick auf Fehlertoleranz besonders wichtige Eigenschaft der Mehrrechnersysteme ist ihre prinzipielle Fähigkeit zur Selbstdiagnose. Mit ihr werden wir uns anschließend befassen. Selbstdiagnose kennt man zwar von jeher bei biologischen und sozioökonomischen Systemen, in technologischen Systemen ließ sie sich jedoch bisher kaum verwirklichen, da sie ein intelligentes Systemverhalten voraussetzt. Diese Situation hat sich mit dem Erscheinen des Mikroprozessors grundlegend geändert. Für die Entwicklung zukünftiger Computersysteme werden Fehlertoleranz und Selbstdiagnose zweifellos eine immer größere Bedeutung erlangen.

Kapitel 4 beschäftigt sich mit der Verfügbarkeit fehlertoleranter Systeme. Ihre Bestimmung geschieht auf der Grundlage der Markov-Prozesse. Besondere Beachtung werden wir dabei dem sogenannten Überdeckungsfaktor und dem Rücksetzen von Systemeinheiten (roll back) widmen. In Kapitel 4 werden wir auch die Möglichkeiten aufzeigen, die uns die Theorie der Bedienungsnetze bietet, komplexe Erneuerungsprozesse zu modellieren, wie sie in Computersystemen ablaufen (Fehlererkennung, Diagnose, Erneuerung, Rücksetzung, etc).

In Kapitel 5 werden, soweit es im Rahmen dieses Buches möglich ist, alternierende Erneuerungsprozesse behandelt. Wir werden uns dabei insbesondere mit dem Einfluß des Überdeckungsfaktors auf die Verfügbarkeit fehlertoleranter Systeme befassen.

Im Vordergrund steht der Zusammenhang zwischen Struktur und Zuverlässigkeit eines fehlertoleranten Systems. Probleme aus der Statistik, die experimentelle Bestimmung der Zuverlässigkeitskenngrößen oder die Simulation des Zuverlässigkeitsverhaltens fehlertoleranter Systeme werden nur am Rande gestreift. Wir werden lediglich Grundkenntnisse in Wahrscheinlichkeitstheorie voraussetzen. Der Anhang enthält unter anderem kurze Einführungen in die Schaltalgebra, Graphen- und Algorithmentheorie, sowie in die Theorie der Markov-Ketten.

An dieser Stelle sei meinen Kollegen am Institut für Informationsverarbeitung der Universität Tübingen für ihr Interesse und ihre Mitarbeit gedankt, vor allem den Herrn Prof. W. Güttinger, Dr. E. Dilger, H.J. Fuchs und T. Risse. Mein Dank gilt auch A. Avizienis, M.A. Arbib, F.J. Meyer und M. Conrad. Nicht zuletzt möchte ich dem Verlag B.G. Teubner für die Aufnahme dieser Arbeit in die LAMM Reihe danken.

Tübingen, im August 1979 M. Dal Cin

Für

I n g e und V e r e n a

Inhalt

1 Einleitung: Zuverlässigkeit, Verfügbarkeit, Fehlertoleranz

Murphy's Gesetz: "If anything can go wrong, it will".

Hohe Systemzuverlässigkeit gewinnt man nur, wenn die Systemkomponenten möglichst funktionssicher gemacht und sorgfältig ausgewählt werden. Reicht dies nicht aus, so kann man versuchen, durch Einbau von redundanten Komponenten (Ersatzkomponenten) die Zuverlässigkeit weiter zu erhöhen. Man spricht in diesem Fall von statischer oder auch fehlermaskierender Redundanz. Von dynamischer Redundanz spricht man dagegen, wenn das System selbst sein Fehlverhalten erkennt und ihm entgegenwirkt. Solche Systeme (Computersysteme, sozioökonomische Systeme) reagieren beispielsweise auf Fehler durch Strukturänderung - eine Systemfunktion, die zur Erfüllung der eigentlichen Funktion des Systems nicht benötigt wird, also redundant ist. Durch Einbau von Redundanz an Komponenten oder Funktion wird im allgemeinen die Fehlerursache nicht beseitigt. Vielmehr wird das System dadurch in die Lage versetzt, Fehler zu tolerieren - es wird fehlertolerant. Man muß also stets zwischen Fehlern, das sind Auswirkungen eines Systemdefekts (errors), und deren Ursache (fault) unterscheiden.

Dynamisch redundante Systeme müssen offensichtlich nicht nur in der Lage sein, ihre Fehler zu erkennen. Sie müssen sie auch lokalisieren können. Das heißt, sie müssen zur Selbstdiagnose fähig sein. Diese setzt "intelligentes" Systemverhalten voraus. Damit aber ein System seine Fehler lokalisieren kann, müssen sich diese bemerkbar machen können, was durch statische Redundanz gerade unterbunden werden soll. Deshalb schließen sich statische und dynamische Redundanz bis zu einem gewissen Grad gegenseitig aus. Während statische Redundanz die Zuverlässigkeit eines Systems erhöht, erhöht dynamische Redundanz seine Verfügbarkeit. Dabei sei unter Zuverlässigkeit die Wahrscheinlichkeit dafür verstanden, daß das System ohne Ausfall eine vorgegebene Betriebsdauer übersteht. Dagegen ist seine Verfügbarkeit zu einem gegebenen Zeitpunkt die Wahrscheinlichkeit dafür, daß das System zu diesem Zeitpunkt funktionstüchtig ist. Es bleibt dabei unbeachtet, ob es zuvor schon einmal ausgefallen war. Man vergegenwärtige sich aber, daß eine mittlere Verfügbarkeit -

beispielsweise von 0.99 - zweierlei bedeuten kann, nämlich relativ häufige Ausfälle (z. B. im Mittel alle 99 Minuten) und kurze Ausfallzeiten (1 Minute) oder aber lange Ausfallzeiten (z. B. 10 Minuten) und relativ selten Ausfälle (ein Ausfall alle $16\frac{1}{2}$ Stunden). Unter Ausfallzeit sei die Zeitspanne verstanden, die zwischen dem Ausfall des Systems und dem Zeitpunkt verstreicht, zu dem der Fehler erkannt, lokalisiert und durch das System selbst behoben ist. In Computersystemen geschieht dies mit Hilfe spezieller Hardware und spezieller Diagnose-Software.

STAR [1] und PRIME [2] sind Beispiele bereits existierender, fehlertoleranter Computersysteme. Fehlertolerante Mehrrechnersysteme werden heutzutage in großer Vielfalt entwickelt und implementiert: Computer-Kommunikations-Netze [3, 4], Labor- und Prozeß-Kontrollsysteme [5], Reservierungssysteme, Management-Informationssysteme, etc. Aber auch in der Natur finden sich viele Beispiele von Fehlertoleranz. Das Verhalten von Tier und Mensch beruht auf Datenverarbeitungsprozessen, die in nervösen Netzwerken (Gehirn, Rückenmark) ablaufen. Diese Netzwerke sind oft von einer erstaunlichen Präzision (z. B. im Sehsystem einer Fliege [6]) und zugleich von hoher Redundanz. Die Natur muß darüber hinaus Mittel und Wege gefunden haben, sie fehlertolerant zu machen. Denn David Ferrier (1873) beobachtete bereits, daß ein Affe, der nach einem operativen Eingriff in sein Gehirn nicht mehr in der Lage war, den Arm zu bewegen, diese Fähigkeit nach einiger Zeit wiedererlangte. Ferrier folgerte: "It would appear that after destruction of a center on one side (of the brain) some other part of the same hemisphere may take up the function of the destroyed part" (dynamische Redundanz). Es lassen sich ferner hinsichtlich Fehlertoleranz funktionale Analogien zwischen dem Nerven- und dem Immunsystem unseres Körpers feststellen. Lymphocyten sind aber zahlreicher als Nervenzellen und können im Gegensatz zu Nervenzellen erneuert werden.

Wie jede wünschenswerte Systemeigenschaft erfordert auch die Fehlertoleranz bereits im Stadium des Systementwurfs eine sorgfältige Planung. Diese umfaßt

- Überlegungen, wie die Wahrscheinlichkeit für das Auftreten eines Fehlers klein gehalten werden kann (z. B. durch präventive Wartung)

- die Suche nach Möglichkeiten, Fehler im Systemverhalten rechtzeitig erkennen und lokalisieren zu können (Funktionsüberwachung, fehlererkennende Kodierung zu verarbeitender oder gespeicherter Information)
- die Entwicklung von Mechanismen, die einmal lokalisierte Fehler beseitigen (z. B. Isolation fehlerhafter Komponenten und ihr Ersatz durch redundante Komponenten, wiederholte Ausführung von Systemoperationen).

Ohne Berücksichtigung solcher flankierender Maßnahmen würden die Zuverlässigkeit und die Verfügbarkeit mit zunehmender Systemkomplexität rasch abnehmen, da sich dann die Ausfallmöglichkeiten vervielfachen. Es sind aber gerade die kompliziertesten Systeme, an die extreme Zuverlässigkeitsanforderungen gestellt werden, z. B. Überwachungssysteme in Intensivstationen, Systeme der Nachrichtenübermittlung, Reservierungssysteme der Fluglinien, Bordcomputer für Großraumflugzeuge oder Steuercomputer einer Raumfähre. (Die kritischsten Aufgaben für dieses System ergeben sich oft erst nach jahrelangem Einsatz im Augenblick der Landung. Reparaturen von außen und Wartung sind ausgeschlossen). Zudem sind komplizierte Systeme meist teuer und der Kunde erwartet selbstverständlich von einem teueren Gerät, daß es zuverlässig ist. Die dazu nötige Redundanz macht aber das System noch teurer und kann auf Kosten der Systemleistung gehen. Sie kann aber auch zusätzliche Fehlerquellen enthalten. Erstellungskosten, Leistung und Verfügbarkeit sind die wichtigsten Systemkenngrößen. Von diesen lehrt die Erfahrung, daß jeder Versuch, eine von ihnen zu verbessern, zwangsläufig eine der anderen verschlechtert, wenn die dritte Größe sich dabei nicht ändern soll.

Bei einer sinnvollen Zuverlässigkeitsplanung dürfen jedoch nicht nur zuverlässigkeitstechnische Fragen und das Kosten-Nutzen-Verhältnis eine Rolle spielen. Nicht selten sind Menschen (oder gar gesellschaftliche Institutionen) als Komponenten eines Systems anzusehen, die dessen Zuverlässigkeit wesentlich mitbeeinflussen. Außerdem muß auf den Benutzer des Systems Rücksicht genommen werden. Das folgende Interview (veröffentlicht im Spiegel vom 13. Dezember 1976) macht diese Problematik deutlich.

Interview

Lufthansa: ... nicht genug, meinen Sie? Nun, die DC-10 hat drei Hydrauliksysteme, die so ausgelegt sind, daß jedes für sich allein die Steuerbarkeit der Maschine garantieren und außerdem durch Energietransfer einander ergänzen kann. Ein ausfahrbarer Generator. der über einen Luftpropeller wahlweise die Hydraulik oder die Elektrik versorgt - ein Zusatzsystem, das übrigens die "747" nicht hat -, bildet eine weitere Energie-Quelle für die Hydraulik ...
... Bei der DC-10 haben wir diese vier Energiequellen für die Hydrauliksysteme, die - als Schutz gegen Leckage - vollkommen getrennt sind, andererseits über reversible Motorpumpen bei einem Triebwerkverlust ihre Energie in ein anderes System leiten können [dynamische Redundanz].
Spiegel: Was bedeutet das praktisch?
Lufthansa: Wir können mit nur einem Triebwerk alle Hydrauliksysteme mit Druck versorgen. Auch für ein Flugzeug, das hydraulisch voll steuerbar ist, bedeuten drei getrennte Hydrauliksysteme mit vier Energiequellen eine absolut sichere Redundanz (Sicherung der Funktion eines Gerätes durch Einbau von Ersatzsystemen).
...
Anmerkung: Man erinnere sich an den Absturz einer DC-10 bei Paris am 3.3.1974. Ursache war die Zerstörung des Hydrauliksystems, hervorgerufen durch eine nachlässig geschlossene Frachtraumtüre. Die "absolut sichere Redundanz" wurde durch die Fehlerquelle Mensch wertlos.
...
Spiegel: Wenn nach der statistischen Wahrscheinlichkeit bei der DC-10 ein Totalausfall auf hunderttausend oder eine Million Flugstunden käme, läge er bei der Lockheed mit ihren vier Systemen eben um eine Potenz höher.
Lufthansa: Nein, Ihre Aussage wäre nur dann richtig, wäre das Lockheed-System mit der gleichen intersystematischen Redundanz aufgebaut wie das der DC-10. ... Sie müssen dabei bedenken, daß es für einen Piloten [den Benutzer des Systems] emotional schon ein gewisser Schritt ist, sich auf ein Flugzeug zu begeben, das er rein manuell-mechanisch überhaupt nicht mehr regieren könnte. Dieser emotionalen Haltung läßt sich technisch begegnen. Man muß den Mittelweg finden zwischen notwendiger Redundanz und der drohenden Unübersichtlichkeit zu komplexer Systeme mit erhöhter Fehlermöglichkeit und komplizierterer Wartung. Die Cockpit-Besatzungen sind ja nicht die einzigen, die diese zuverlässige Maschine flugtüchtig erhalten.

2 Zuverlässigkeit

2.1 Zuverlässigkeitsnetze

Die Zuverlässigkeit $R(t)$ (reliability) eines Systems zum Zeitpunkt t ist die Wahrscheinlichkeit dafür, daß das System bei definierter Beanspruchung bis zu diesem Zeitpunkt ohne Unterbrechung funktionstüchtig ist. Seine Lebensdauer T ist die Zeitspanne bis zum ersten Ausfall. Da sie sich im allgemeinen nicht genau ermitteln läßt, sind wir gezwungen, sie als zufällige Größe anzusehen. Damit ist $R(t) = P\{T > t\}$ die Wahrscheinlichkeit (P) dafür, daß das System wenigstens den Zeitpunkt t "überlebt".

Die Zufallsvariable T muß nicht unbedingt eine Zeitvariable darstellen. Sie kann auch eine zurückgelegte Strecke eines Autoreifens oder die Anzahl der Schaltvorgänge in einem Flip-Flop oder einem Neuron bis zu dessen Ausfall angeben. Unter Ausfall sei eine, das Funktionieren des Systems beeinträchtigende Störung verstanden - verursacht z. B. durch momentane Umwelteinflüsse, Konstruktionsfehler, Abnützung, mangelnde Synchronisation, etc. Im folgenden wird auf die Natur solcher Störgrößen nicht näher eingegangen. Sie können vielerlei Ursachen haben und sind von System zu System verschieden.

2.1.1 Funktionszustände

Es sei nun E Untereinheit eines Systems Σ. Zu jedem Zeitpunkt befinde sie sich in einem der beiden Funktionszustände (F-Zustände) "ausgefallen" oder "funktionstüchtig". Diese F-Zustände denken wir uns durch eine Boolesche Variable (Indikatorvariable) $x_E(t)$ beschrieben und zwar sei

$$x_E(t) = \begin{cases} 1 & \text{falls E z. Zt. t funktioniert (intakt ist)} \\ 0 & \text{ausgefallen (defekt) ist.} \end{cases}$$

Das Gesamtsystem bestehe nun aus r Einheiten E_i, $i=1,2,\dots,r$. Von diesen seien einige redundant. D. h. sie sind zwar nicht zur Erfüllung der Systemfunktion notwendig, erhöhen aber eventuell die Zuverlässigkeit von Σ. Wie beeinflussen nun die F-Zustände der Einheiten den F-Zustand des Gesamtsystems? Die Abhängigkeit sei funktional, d. h. für jedes t gebe es eine Schaltfunktion $z_t : B_2^r \to B_2$ ($B_2 = \{0,1\}$, siehe Anhang A.2). Es ist dann $z(t) = z_t(x_1(t), \ldots, x_r(t)) = z_t(\underline{x}(t))$ der F-Zustand von Σ zur Zeit t, wenn $x_i(t)$ derjenige von E_i ist. Diese Annahme schließt z. B. aus, daß die Reihenfolge der Komponentenausfälle für die Zuverlässigkeit des Gesamtsystems eine Rolle spielt.

Schaltfunktionen lassen sich bekanntlich durch Boolesche Ausdrücke darstellen und durch Schaltbilder veranschaulichen. Schaltbilder für z_t wollen wir Zuverlässigkeitsnetze (Z-Netze) nennen und unter Zuverlässigkeitsphase (Z-Phase) einen Zeitabschnitt verstehen, in dem sich das Z-Netz des Systems nicht ändert. Ist der Boolesche Ausdruck für z_t während einer Z-Phase monoton, so heißt auch das entsprechende Z-Netz monoton. Da der Ausfall einer Einheit das System im allgemeinen nicht verbessert, sind nur monotone Z-Netze von Bedeutung.

Beispiel: Eine Feuerschutzeinrichtung [7]
Die Feuerwehr einer Stadt besitze drei Spezialfahrzeuge
- einen Vielzwecklöschzug (M)
- einen Tank (T)
- einen Leichtlöschzug (L).

Die Feuerschutzeinrichtung einer kleinen, chemischen Fabrik in dieser Stadt bestehe aus
- einem Sprinklersystem (S)
- einem Hydranten (H)
- einer Spezialeinrichtung zur Bekämpfung chemischer Feuer (F).

Der Sicherheitsingenieur dieser Fabrik fragt sich, ob diese Einrichtungen auch ausreichen werden, einen Brand in der Fabrik zu bekämpfen. Er berät sich mit dem Brandmeister. Sie kommen zu folgendem Schluß.

1. Z-Phase: Anfangs genügt entweder M, um das Gebäude zu evakuieren - oder L, vorausgesetzt, das Sprinklersystem funktioniert.
2. Z-Phase: Um den Brand einzudämmen, wird F benötigt, zusammen mit M oder L. Wasser liefert der Hydrant oder, wenn dieser ausfällt, der Tank, der mit den Pumpen von M geleert werden kann.
3. Z-Phase: Nachdem es gelungen ist, das Feuer einzudämmen, kann es mit M oder F unter Kontrolle gebracht werden. Wasser liefert wiederum entweder der Hydrant oder der Tank.

Die Z-Netze dieses Systems zeigt Fig. 2.1 (-[S]- ist als Schalter gedacht - offen, falls $x_S = 0$; geschlossen, falls $x_S = 1$).

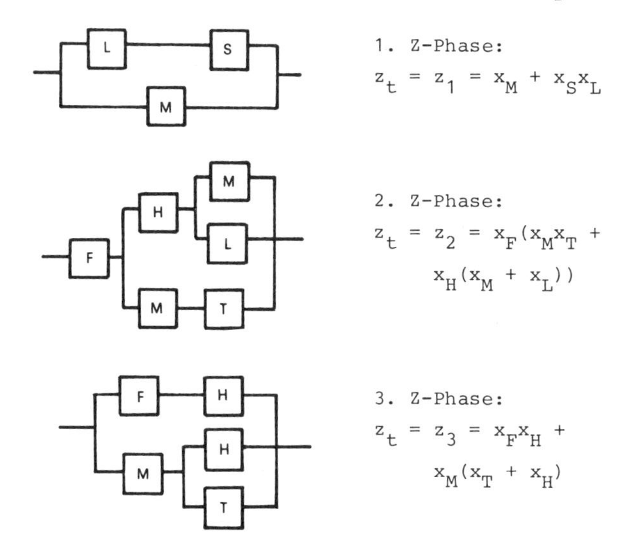

Fig. 2.1 Beispiel

2.1.2 Zuverlässigkeit

Wir setzen nun generell voraus, daß zum Zeitpunkt der Inbetriebnahme (t=0) das System intakt ist; also gilt $R(0) = 1$. Die Zuverlässigkeit eines einphasigen Systems mit monotonem Z-Netz ist dann definitionsgemäß

$$R(t) = P\{T > t\} = P\{z(t) = 1\}, \qquad (2.1)$$

wenn die Einheiten des Systems nicht erneuert werden können. Da z monoton ist, folgt aus $z(t) = 1$ und $z(0) = 1$ die Beziehung $T > t$ und umgekehrt folgt $z(t) = 1$ aus $T = \sup\{t^+ | z(t^+-0)=1\} > t$. Erfahrungsgemäß gilt außerdem $\lim_{t\to\infty} R(t) = 0$.

Mit Hilfe des Z-Netzes ist die Zuverlässigkeit eines Systems unter gewissen Zusatzannahmen leicht aus den Zuverlässigkeiten seiner Komponenten zu bestimmen. Ist z. B. $z(t) = x_1(t)x_2(t)$ (Seriensystem Fig. 2.2a), so erhält man für die Zuverlässigkeit $R(t) = P\{x_1(t) = 1 \text{ und } x_2(t) = 1\} = P\{x_1(t) = 1\} \cdot P\{x_2(t) = 1 | x_1(t) = 1\}$. Sind die Störursachen beider Einheiten stochastisch (s) unabhängig, so folgt $P\{x_2(t) = 1 | x_1(t) = 1\} = P\{x_2(t) = 1\}$. Also $R(t) = P\{x_1(t) = 1\} \cdot P\{x_2(t) = 1\} = R_1(t)R_2(t)$. Ist dagegen $z(t) = x_1(t) + x_2(t) = x_1(t)\overline{x_2(t)} + x_2(t)$ (Parallelsystem Fig. 2.2b), so erhalten wir $R(t) = P\{x_1(t)\overline{x_2(t)} = 1 \text{ oder } x_2(t) = 1\} = P\{x_1(t)\overline{x_2(t)} = 1\} + P\{x_2(t) = 1\}$, da beide Ereignisse, $x_1(t)\overline{x_2(t)} = 1$ und $x_2(t) = 1$, nicht gemeinsam eintreffen können. Mit s-Unabhängigkeit folgt nun weiter $R(t) = R_1(t)(1-R_2(t)) + R_2(t) = R_1(t) + R_2(t) - R_1(t)\ R_2(t)$.

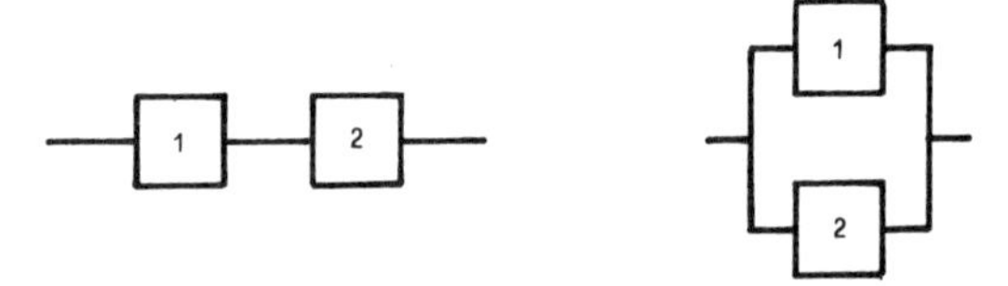

Fig. 2.2a Seriensystem Fig. 2.2b Parallelsystem

Die Tabelle in Anhang A.3 enthält weitere Rechenregeln. (Da die Zeitabhängigkeit keine Rolle spielt, wird die Bezeichnung $p_i = P\{x_i(t) = 1\}$ verwendet).

Übung: Man beweise die Beziehungen (5), (8) und (9) der Tabelle A.3.

Offensichtlich ist $1-R(t)$ die Verteilungsfunktion $F_T(t) = P\{T \leq t\}$ der Lebensdauer T. Es ist $F_T(t)$ die Wahrscheinlichkeit für einen Ausfall im Intervall $(0,t]$. Wir verlangen, daß T den Wert $+\infty$ nicht annimmt, d. h. $F_T(+\infty) = 1$ und $F_T(0) = 0$. In Worten: T sei eine positive, vollständig verteilte Zufallsvariable. Es gilt $F_T(t+dt) = P\{T \leq t+dt\} = P\{T \leq t \text{ oder } t < T \leq t+dt\} = F_T(t)+P\{t < T \leq t+dt\}$. Ist T stetig verteilt, d. h. besitzt $F_T(t)$ eine Dichte $f(t)$, so gilt $f(t)dt = dF_T(t) = F_T(t+dt) - F_T(t) = P\{t < T \leq t+dt\} = - dR(t)$. Für die Wahrscheinlichkeit, daß das System im Intervall $(t, t+dt)$ ausfällt, wenn es nicht schon zuvor ausgefallen ist, erhalten wir

$$P\{T \leq t+dt | T > t\} = \frac{P\{t < T \leq t+dt\}}{P\{T > t\}} = \frac{f(t)dt}{R(t)} = -\frac{dR(t)}{dt}\frac{1}{R(t)}dt. \tag{2.2}$$

Der Quotient $\lambda(t) = -\frac{dR(t)}{dt}\frac{1}{R(t)}$ heißt Ausfallrate.

Es ist also $\lambda(t)dt$ ein Maß für die Anfälligkeit des Systems im Alter t und $R(t) = \exp[-\int_0^t \lambda(\tau)d\tau]$. Gehorcht die Zuverlässigkeit dem Exponentialgesetz, d. h. ist λ zeitunabhängig, dann altert das System nicht. (Man sagt auch, es habe kein Gedächtnis). Dann nämlich ist die Zuverlässigkeit des Systems, wenn es zur Zeit t funktioniert hat, zu einem Zeitpunkt $t+\tau$ dieselbe, wie wenn es zur Zeit t neu gewesen wäre.

$$P\{T > t+\tau \mid T > t\} = \frac{P\{T > t+\tau\}}{P\{T > t\}} = \frac{e^{-\lambda(t+\tau)}}{e^{-\lambda t}} = e^{-\lambda\tau}, \quad \tau \geq 0. \tag{2.3}$$

Fig. 2.4 zeigt das typische Verhalten der Ausfallrate. Im Bereich der Normalausfälle kann die Zuverlässigkeit eines derartigen Systems annähernd durch das Exponentialgesetz beschrieben werden.

Benötigt nun ein System zur Erfüllung einer bestimmten Aufgabe t_0 Zeiteinheiten, dann ist $P = R(t_0)$ die Wahrscheinlichkeit dafür, daß es diese Aufgabe erfolgreich ausführt. Ist t_0 selbst eine Zufallsgröße mit stetiger Verteilungsfunktion $G(t)$, so werden mit Wahrscheinlichkeit $dG(t) = G(t+dt) - G(t)$ t Zeiteinheiten für diese Aufgabe benötigt und es gilt

$$P = \int_0^\infty R(t)\, dG(t). \tag{2.4}$$

Für exponential verteilte Lebensdauer, d. h. für
$R(t) = \begin{cases} e^{-\lambda t}, & t \geq 0 \\ 0 & \text{sonst} \end{cases}$, erhalten wir beispielsweise

$$P = \sum_{k=0}^{\infty} (-1)^k \frac{\lambda^k}{k!} M_k,$$ mit M_k dem k-ten Moment bezüglich $G(t)$.

Ist auch die Aufgabenlänge exponential verteilt, so gilt für $\lambda\ell < 1$ mit $\ell = M_1$:
$M_k = k!\,\ell^k$, also $P = \sum_{k=0}^{\infty} (-\lambda\ell)^k = \frac{1}{1+\lambda\ell}$.

Für eine log-normal verteilte Aufgabenlänge (s. Fig. 2.3) ist dagegen $M_k = \exp(k\mu + \frac{1}{2} k^2 \sigma^2)$.

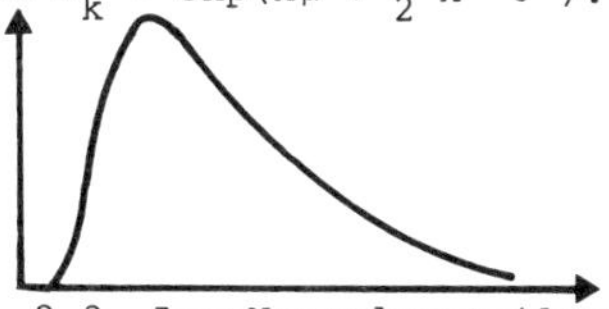

$$G'(x) = \frac{\exp(\frac{1}{2\sigma^2}(\ln x - \mu)^2)}{x\,\sigma\,\sqrt{2\pi}}$$

Fig. 2.3 Log-Normalverteilung

Die mittlere Lebensdauer $\bar{T}$ des Systems berechnet sich, falls $\bar{T} < \infty$, aus

$$\bar{T} = \int_0^\infty R(t)dt, \tag{2.5}$$

da $\bar{T} = E(T) = \int_0^\infty t dF_T(t) = - \int_0^\infty t dR(t) = - \lim_{b\to\infty} \int_0^b t dR(t) =$

$\lim_{b\to\infty} [-b(1-F_T(b)) + \int_0^b R(t)dt] = \int_0^\infty R(t)dt$ und $\int_b^\infty t dF_T(t) > b(1-F_T(b)) \to 0$ für $b \to \infty$. Man beachte, $F_T(t)$ ist eine monotone, nicht abnehmende Funktion. $\bar{T}$ wird auch mit MTFF (meantime to first failure) bezeichnet, E ist der Erwartungswertoperator.

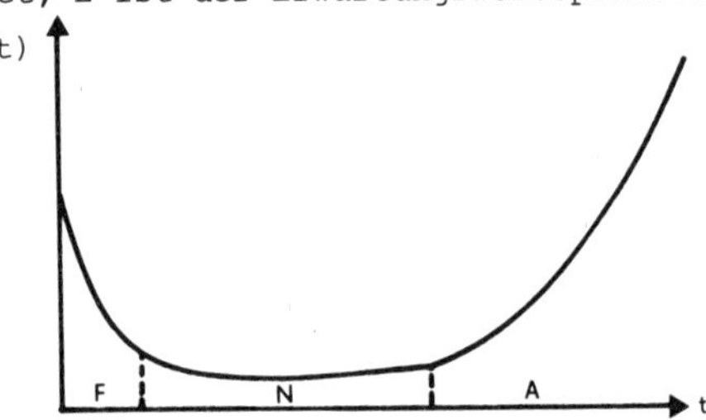

Fig. 2.4 Badewannenkurve; F Früh-, N Normal-, A Alterungsausfälle

Von n Systemen mit einer Zuverlässigkeit R(t) ist $nR(t_0)$ die zu erwartende Anzahl der Systeme mit einer Lebensdauer größer als t_0. Denn $m(t) = \sum_{i=1}^{n} z_i(t)$ ist die Zahl der zum Zeitpunt t noch intakten Systeme, wenn $z_i(t)$ Funktionszustand (reellwertig) des i-ten Systems ist , und

$$E(m(t_0)) = \sum_{i=1}^{n} E(z_i(t_0)) = \sum_{i=1}^{n} P\{z_i(t_0)=1\} = \sum_{i=1}^{n} R_i(t_0) = nR(t_0). \tag{2.6}$$

R(t) ist somit der mittlere relative Anteil der zur Zeit t noch intakten Systeme. Diese Beziehung ermöglicht es, die Zuverlässigkeit eines Systems zu messen.

2.1.3 Empirische Ausfallraten

Angenommen, es werden 100 identische Bauteile, z. B. Motoren, gleichzeitig unter denselben Einsatzbedingungen in Betrieb genommen. Zur Zeit t wird gezählt, wieviele dieser Teile im Zeitintervall $t-\Delta t$ bis t ausgefallen sind. Es sei Δt konstant eine Zeitein-

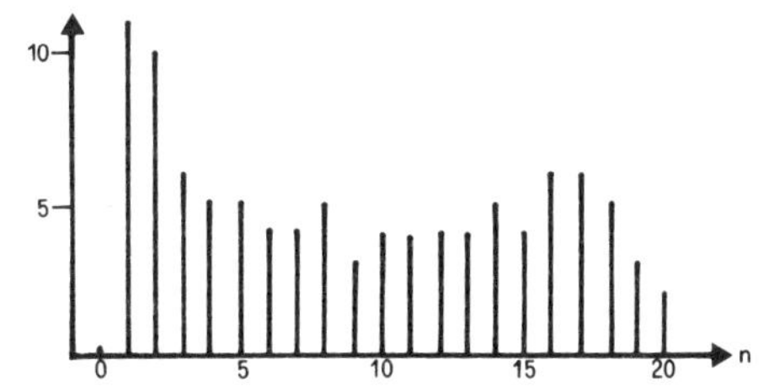

Fig. 2.5 Relative Häufigkeit der Systemausfälle

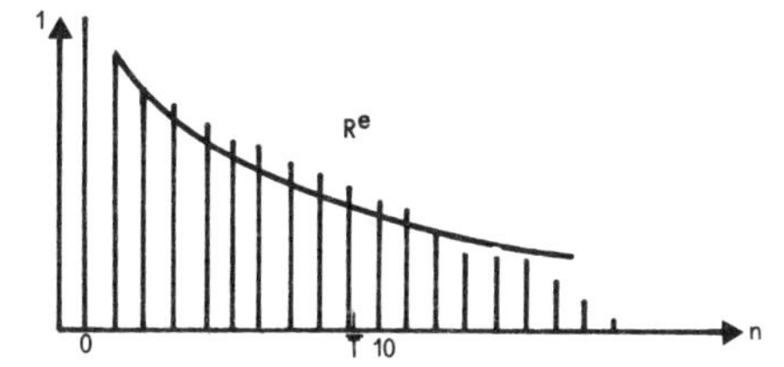

Fig. 2.6 Empirische Zuverlässigkeit

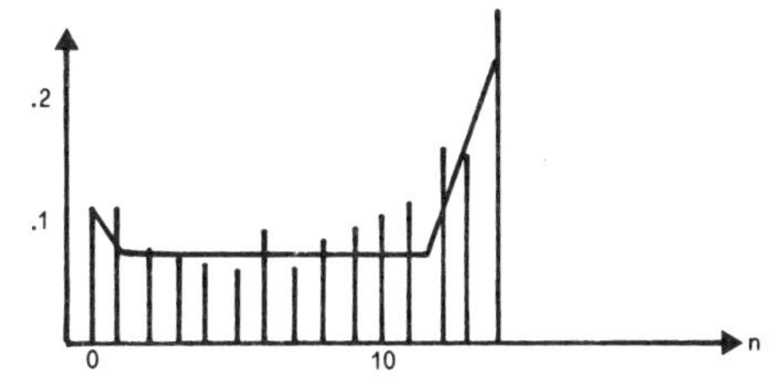

Fig. 2.7 Empirische Ausfallrate

heit. Als Ergebnis unserer Beobachtungen erhalten wir ein Histogramm der relativen Häufigkeiten der Ausfälle, Fig. 2.5, beziehungsweise der relativen Anzahl noch funktionstüchtiger Bauteile, Fig. 2.6. Dieses Histogramm ist in Fig. 2.6 durch eine stetige Kurve - der empirischen Zuverlässigkeitskurve $R^e(t)$ - angenähert. Interpretiert man diese als komplementäre Verteilungsfunktion der Lebensdauer, so kann man aus ihr die Wahrscheinlichkeit dafür schätzen, daß ein Bauteil aus der untersuchten Menge zur Zeit t noch intakt ist. (Über die Güte einer solchen Schätzung gibt die Statistik Auskunft).

Es sei $t_0 = 0$, $t_1 = 1$, ... die Folge der Beobachtungszeitpunkte. Für die empirische Ausfallrate $\lambda(t_n)$ erhält man

$$\lambda(n) = -\frac{R^e(n+1) - R^e(n)}{R^e(n)} = -\frac{R^e(n+1)}{R^e(n)} + 1$$

und für die mittlere Lebensdauer (in Zeiteinheiten)

$$\bar{T} = \sum_{n=1}^{\infty} t_n \, [R^e(n-1) - R^e(n)] = \sum_{n=0}^{n^+} R^e(n) \text{ mit } R^e(n^+) = 0.$$

Die Ausfallrate kann durch die sogenannte Badewannenkurve angenähert werden, Fig. 2.7. Für das Beispiel gilt $\bar{T} \approx 9.1$ Zeiteinheiten [ZE].

Die empirische Zuverlässigkeitskurve soll nun zwischen 3 und 15 [ZE] durch die Expoentialfunktion $\alpha e^{-\lambda t}$ angenähert werden, so daß das mittlere Fehlerquadrat

$$S(\lambda) = \sum_{n=a}^{b} (\ln R^e(n) - (-\lambda n + \ln \alpha))^2, \; (a = 3, \; b = 15)$$

möglichst klein wird. Das heißt, wir fordern

$$0 = \frac{dS(\lambda)}{d\lambda} = 2 \sum_{n=a}^{b} (\ln R^e(n) + \lambda n - \ln \alpha) n.$$

Also: $-\lambda = \dfrac{\Sigma n \ln R^e(n) - \gamma \Sigma n}{\Sigma n^2 - a \Sigma n}$, $\gamma = \ln R^e(a)$, da $\ln \alpha = \ln R^e(a) + \lambda a$.

Beispiel: $\lambda = .086$, $\alpha = .945$. Dagegen ist $\hat{\lambda} = \frac{1}{13} \sum_{n=3}^{15} \lambda(n) = .0807$.

Also: $R(t)^e = .945 \, e^{-.086 \, t}$ für $3 \leq t \leq 15$[ZE].

2.2 Alternde Komponenten

Es sei wieder $F_T(t)$ die Verteilungsfunktion der Lebensdauer einer Systemkomponente.

$$F_T^x(t) = P\{T - x \leq t \,|\, T > x\} = \frac{F_T(x+t) - F_T(x)}{1 - F_T(x)} \tag{2.7}$$

ist die Verteilungsfunktion der restlichen Lebensdauer dieser Komponente, wenn sie bereits x Zeiteinheiten ohne auszufallen funktioniert hat. Wie erwähnt, gilt $F_T^x(t) \equiv F_T(t)$ für eine exponential verteilte Lebensdauer. Eine Komponente altert, falls $F_T^x(t) \not\equiv F_T(t)$ und $F_T^x(t)$ für jedes feste t in x monoton wächst, $x \in \{x | x \geq 0, \; F_T(x) < 1\}$. Der folgende Satz erlaubt es, die Zuverlässigkeitskenngrößen eines alternden Systems abzuschätzen, wenn dessen mittlere Lebensdauer $\bar{T}$ bekannt ist.

<u>Satz</u>: [8] Für die Zuverlässigkeit eines alternden Systems gilt
1) $\exp(-t/\bar{T}) \leq R(t) \leq 1$, für $0 \leq t \leq \bar{T}$ und
2) $0 \leq R(t) \leq \exp(-rt)$ sonst,
wobei $r = r(t)$ Lösung von $1 - r\bar{T} = \exp(-rt)$ ist.

<u>Beweis</u>: Es sei $Q(t) = -\ln R(t)$. Dann wächst $F_T^x(t) = 1 - \exp[-(Q(t+x) - Q(x))]$ genau dann monoton in x, wenn $Q(t+x) - Q(x)$ für beliebiges, aber festes t monoton in x wächst, das heißt, wenn $\ln R(t)$ von unten konkav ist. Somit gilt (Jensensche Ungleichung) $E[\ln R(T)] \leq \ln R(\bar{T})$. Die Zufallsgröße $R(T)$ ist, da stetig in $[0,1]$, gleichverteilt.

$$P\{R(T) \leq y\} = P\{F_T(T) > 1 - y\} = P\{T > F_T^{-1}(1 - y)\} =$$

$$1 - P\{T \leq F_T^{-1}(1 - y)\} = 1 - F_T(F_T^{-1}(1 - y)) = y.$$

Daraus folgt $E[\ln R(x)] = \int_0^1 \ln u \, du = -1$, also $R(\bar{T}) \geq e^{-1}$. Wegen der Konkavität von $\ln R(t)$ ist $\frac{\ln R(t) - \ln R(+0)}{t - 0} = \frac{\ln R(t)}{t} =$

$\ln R(t)^{\frac{1}{t}}$ monoton fallend in t, also $R(t)^{\frac{1}{t}} \geq R(\bar{T})^{\frac{1}{\bar{T}}} \geq e^{-\frac{1}{\bar{T}}}$ für $t < \bar{T}$ (Ungleichung 1).

Man betrachte nun Fig. 2.8 mit $S(x) = rx$, wobei r Lösung von $1 - r\bar{T} = e^{-rt}$ für ein beliebiges, aber festes $t \geq \bar{T}$ sei.

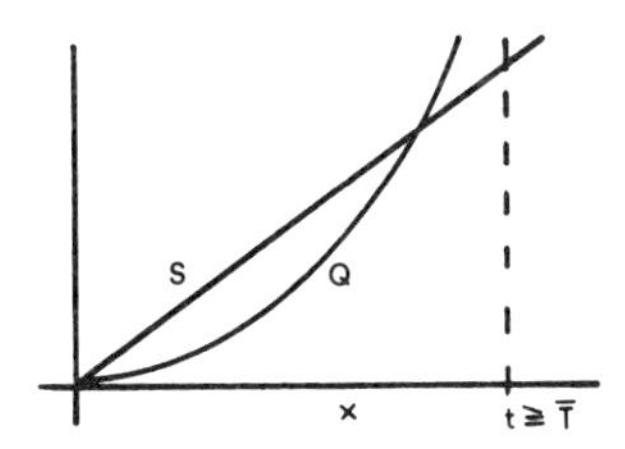

Fig. 2.8

Ist $S(x) > Q(x)$ für alle $x \in (0,t]$, so folgt

$$\bar{T} \geq \int_0^t R(x) \, dx > \int_0^t e^{-rx} \, dx = \frac{1}{r}(e^{-rt} - 1) = \bar{T} \text{ (Widerspruch)}.$$

Daher schneidet $S(x)$ die Funktion $Q(x)$ im Intervall $(0,t]$ (und zwar in genau einem Punkt), falls $S(x) > Q(x)$ für ein $x \in [0,t]$. Es ist also in jedem Fall $S(t) \leq Q(t)$ für $t \geq \bar{T}$. (Ungleichung 2) □

Beispiel: Weibull-Verteilung

$F_T(t) = 1 - e^{-\lambda t^\alpha}$ mit $\alpha > 0$, $\lambda > 0$ und $f(t) = \lambda\alpha t^{\alpha-1} e^{-\lambda t^\alpha}$.
Eine Komponente mit einer nach $F_T(t)$ verteilten Lebensdauer altert, falls $\alpha > 1$ ist. Oder in anderen Worten, die Ausfallrate $\lambda(t) = \lambda\alpha t^{\alpha-1}$ nimmt mit fortschreitender Zeit zu.

Für die Praxis sind eine Reihe weiterer (zeitdiskreter oder -kontinuierlicher) Lebensdauerverteilungen von Bedeutung, z. B. die Log-Normalverteilung. In den Beispielen der folgenden Kapitel werden wir jedoch der Durchsichtigkeit und der Einfachheit halber meist die (negative) Exponentialverteilung verwenden. Dafür spricht z. B. auch das in Fig. 2.4 dargestellte, generelle Verhalten der Ausfallrate im Bereich der Normalausfälle und die Tatsache, daß die Lebensdauer einer Komponente mit vielen, nicht redundanten Teilen annähernd exponential verteilt ist [9]; Abweichungen wachsen mit t. Die Weibull-Verteilung ist Grenzverteilung eines Seriensystems mit sehr vielen Einheiten [8].

Übung: Fig. 2.9 zeigt die Steuerung einer Fertigungsstraße (F). Man bestimme ihre Zuverlässigkeit und mittlere Lebensdauer, wenn (a) jedes Prozeßsteuerelement (S) benötigt wird oder (b) jedes zweite Steuerelement ausreicht und für ein Steuerelement wenigstens ein Steuerrechner (M: Mikrocomputer) intakt sein muß,
$F_T = 1 - \exp(-t^\alpha)$, $\alpha_S = 2$; $\alpha_M = 1.8$.

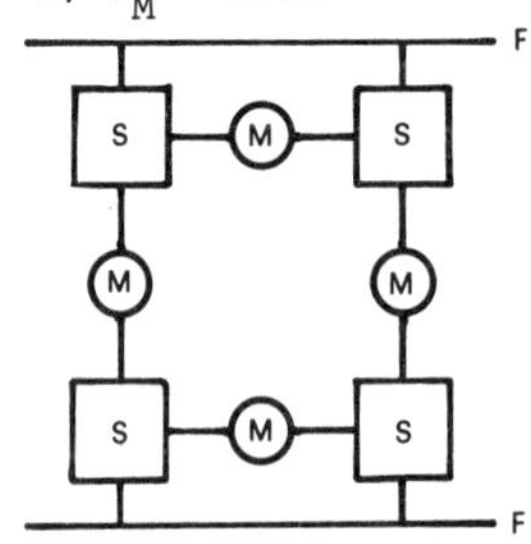

Fig. 2.9 Fertigungsstraße

Übung: Für ein Seriensystem aus drei alternden Einheiten bestimme man die im vorhergehenden Satz angegebenen Zuverlässigkeitsschranken, $\bar{T}_i = 8;\ 9;\ 10[ZE]$.

2.3 Statische Redundanz

Man spricht von statischer (oder maskierender) Redundanz, wenn gewisse Ausfälle durch die Systemstruktur maskiert werden. Fig. 2.10 zeigt eine der einfachsten Möglichkeiten, statische Redundanz für Zuverlässigkeitszwecke einzusetzen, nämlich TMR (Triplicated Modular Redundancy). Dieses Prinzip wurde z. B. beim Steuerrechner der Saturn V Rakete angewandt.

Es sei E eine Systemeinheit und $E^{(1)}$ ihre redundante Version. Sind zwei E-Ausgaben gleich, so schaltet das M-(Majority-)Element diese durch. Angenommen, M sei zuverlässig, dann ist $E^{(1)}$ auch dann noch intakt, wenn eine E-Einheit ausfällt. Fig. 2.11 zeigt das (einphasige) Zuverlässigkeitsnetz der redundanten Einheit $E^{(1)}$. In digitalen Systemen läßt sich M durch ein Schaltnetz nach Fig. 2.10c realisieren. Fig. 2.10 stellt auch den Booleschen Ausdruck für z dar. An Stelle der Schaltersymbole werden Gatter verwendet. Diese Darstellung eines Z-Netzes heißt Ereignis- oder Fehlerbaum, [8].

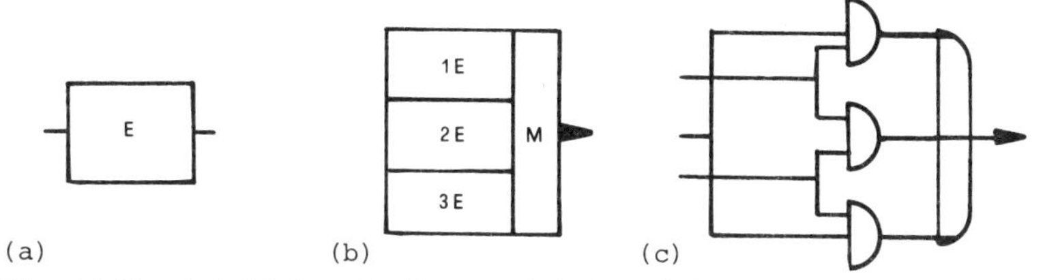

Fig. 2.10 (a) Nichtredundante Einheit; (b) Redundante Einheit (TMR); (c) Binäres Majority-Element

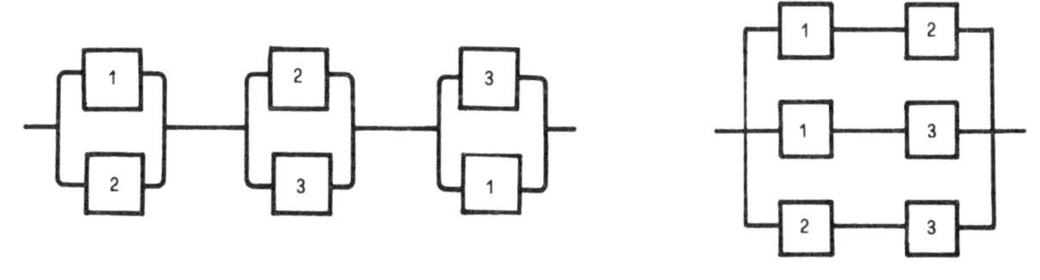

Fig. 2.11 TMR, äquivalente Z-Netze; $z = x_1x_2 + x_2x_3 + x_1x_3$

Bei TMR werden alle Einheiten gleich belastet, d.h. sie sind alle zugleich in Betrieb. Man spricht in diesem Fall von einer heißen statischen Redundanz. Für die Zuverlässigkeit des redundanten Systems gilt

$$R^{(1)}(t) = P\{z(t)=1\} = R_1(t)R_2(t) + R_2(t)R_3(t) + R_1(t)R_3(t) - $$
$$- 2R_1(t)R_2(t)R_3(t),$$

falls s-Unabhängigkeit vorliegt. Für gleiche Einheiten mit Zuverlässigkeit R_E folgt

$$R^{(1)}(t) = 3R_E(t)^2 - 2R_E(t)^3. \tag{2.8}$$

Fig. 2.12 zeigt $R^{(1)}$ in Abhängigkeit von R_E. $E^{(1)}$ ist nur für $R_E > 0.5$ zuverlässiger als E. Fig. 2.13 zeigt den Zeitverlauf der Zuverlässigkeit von $E^{(1)}$, wenn R_E dem Exponentialgesetz gehorcht.

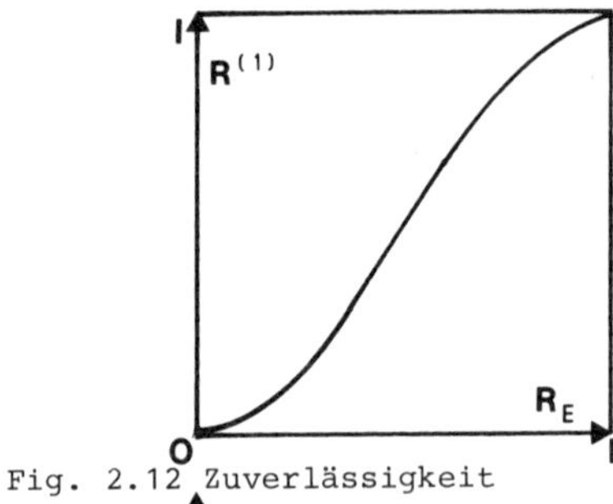

Fig. 2.12 Zuverlässigkeit

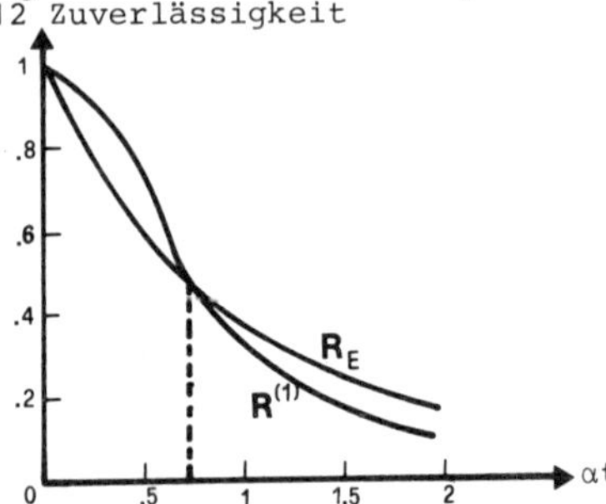

Fig. 2.13 Zeitabhängigkeit

Die mittlere Lebensdauer $\bar{T}^{(1)}$ dieses Systems ist

$$\bar{T}^{(1)} = \int_0^\infty (3e^{-2\lambda_E t} - 2e^{-3\lambda_E t})\,dt = \frac{5}{6\lambda_E} = \frac{5}{6}\,\bar{T}_E < \bar{T}_E.$$

Die Verwendung von TMR ist also nur für eine Betriebszeit sinnvoll, die klein gegenüber der mittleren Lebensdauer ist. Dann aber ist das redundante System zuverlässiger als das nichtredundante, obwohl es eine geringere mittlere Lebensdauer hat. Dies zeigt, daß im allgemeinen die mittlere Lebensdauer allein die Zuverlässigkeit eines Systems nicht ausreichend beschreibt.

Nun kann $E^{(1)}$ die Rolle von E in TMR übernehmen. Wir erhalten dann $E^{(2)}$. Mit $E^{(2)}$ erhält man $E^{(3)}$ und so fort. Man kann auf diese Weise - im Prinzip allerdings nur - ein redundantes System mit beliebig großer Zuverlässigkeit gewinnen, falls $R_E(t) > 0.5$ ist, wie die "Treppenkonstruktion" in Fig. 2.14 zeigt.

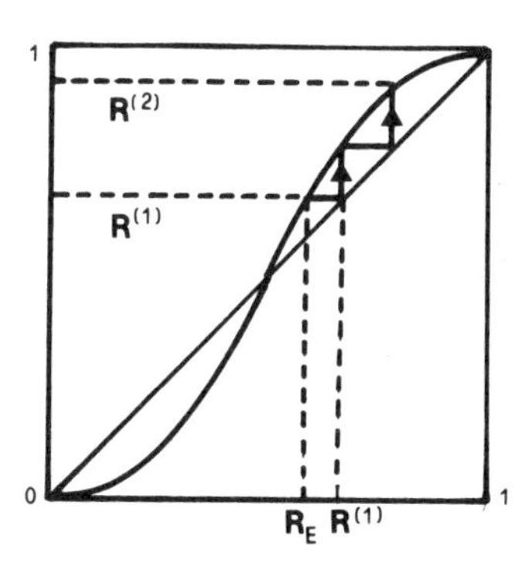

Fig. 2.14 Treppenkonstruktion

Übung: Man bestimme die Zuverlässigkeit von $E^{(1)}$, wenn auch das Majorityelement M unzuverlässig ist. Es sei $R_E = 0.65$ und $R_M = 1$ (bzw. 0.95 bzw. 0.9). Man berechne $R^{(i)}$, $i = 1, 2, 3, 4$. Wieviel Bausteine enthält $E^{(4)}$?

Übung: Ein VLSI Halbleiterchip (Very Lange Scale Integration) enthält je zwei identische Prozessor-, Speicher- und Eingabe-Ausgabe-Module, die über einen internen Bus verbunden sind. Der Chip ist intakt, wenn wenigstens ein Prozessor mit einem Speicher und einem I-O-Modul fehlerfrei zusammenwirkt. Wie groß ist dessen Zuverlässigkeit (ausgedrückt in den Modulzuverlässigkeiten)?

Übung: Die Zuverlässigkeit der Bausteine eines Automaten A gehorche dem Exponentialgesetz mit einer Halbwertzeit von 2 Jahren. Alle drei Monate muß im Mittel ein Baustein ausgewechselt werden. Aus wievielen Bausteinen besteht A?

Übung: Fig. 2.15b zeigt die Anwendung der TMR für Teilsysteme, Fig. 2.15c die auf Systemniveau. Wie groß sind die Zuverlässigkeiten? Es sei $R_M = 1$ (0.8) und $R_{E_i} = 0.9$ (0.4). Das Z-Netz des nichtredundanten Systems ist $z = x_1 x_2^i x_3$.

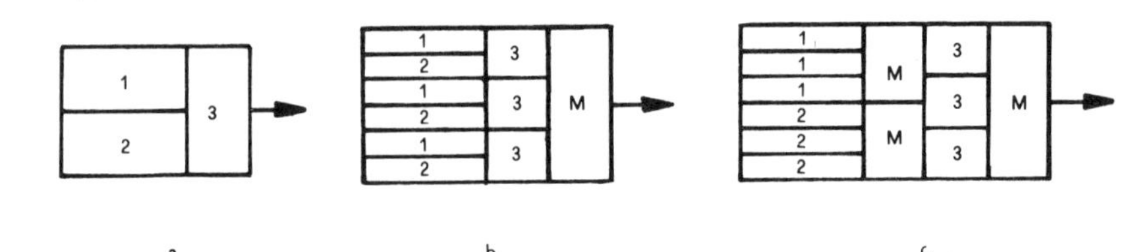

Fig. 2.15 a) Nichtredundantes System, b) Redundanz auf Systemebene c) Redundanz auf Komponentenebene

Ein weiteres Beispiel für den Einsatz von Redundanz ist die Doublierung mit Funktionsüberwachung [10]. Einheit F überwache die beiden Prozessoren A und B, die die CPU eines Computers bilden. Fällt einer dieser Prozessoren aus, kann er ohne Zeitverlust durch einen Reserveprozessor ersetzt werden. Das Gesamtsystem C ist intakt, solange A oder B intakt sind oder solange F durch eine Ausfallanzeige den sofortigen Ersatz der Prozessoren ermöglicht. Seine Zuverlässigkeit ist also $R_C(t) = R_F(t) + (1 - R_F(t))R_P(t)$ mit $R_P(t) = R_A(t) + R_B(t) - R_A(t)R_B(t)$. Die mittlere Lebensdauer bei gleicher Ausfallrate λ für A und B ist

$\bar{T}_C = \bar{T}_P + \frac{1}{\lambda_F} + \frac{1}{2\lambda+\lambda_F} - \frac{2}{\lambda+\lambda_F}$ mit $\bar{T}_P = \frac{3}{2\lambda}$.

Man beachte, daß das System zwar auf Ausfälle reagiert (dynamische Redundanz), sein Zuverlässigkeitsverhalten sich dennoch durch statische Redundanz beschreiben läßt.

Für monotone Z-Netze gilt

$z(\underline{x}^1+\underline{x}^2) \geq z(\underline{x}^1) + z(\underline{x}^2)$ und $z(\underline{x}^1\cdot\underline{x}^2) \leq z(\underline{x}^1)\cdot z(\underline{x}^2)$. Statische Redundanz auf Komponentenniveau ist also stets effektiver als auf Systemniveau, falls zusätzlich notwendig werdende Einheiten, wie z. B. M-Elemente, hinreichend zuverlässig sind.

Übung: Man bestimme alle monotonen Z-Netze in 4 Variablen.

2.4 Funktionswahrscheinlichkeit

Es sei $z(\underline{x})$ das Z-Netz eines Systems Σ mit r Einheiten und x_i der F-Zustand der i-ten Einheit. Ferner sei $p_i = P\{x_i=1\} = E(x_i)$ der Erwartungswert der binären stochastischen Variablen x_i. Kann man die s-Unabhängigkeit der Systemeinheiten voraussetzen, so ist der Erwartungswert von z, $E(z) = 1P\{z=1\} + 0P\{z=0\} = P\{z=1\}$, eine Funktion h der Erwartungswerte p_i allein. Man nennt $E(z) = h(\underline{p})$ die Funktionswahrscheinlichkeit oder auch die Intaktwahrscheinlichkeit von Σ (p_i ist die Funktionswahrscheinlichkeit der i-ten Einheit, $\underline{p} = (p_1, p_2, \ldots, p_r)$) und schreibt für $h(p, p, \ldots, p)$ kurz $h(p)$. Interpretiert man nun (für festes t) p_i als die Zuverlässigkeit der i-ten Einheit zum Zeitpunkt t, so ist $h(\underline{p}(t)) = P\{z(t)=1\}$ gleich der Zuverlässigkeit $R_\Sigma(t)$ des Systems zu diesem Zeitpunkt. Wir setzen s-Unabhängigkeit jetzt generell voraus.

Bemerkung: Es heißt $h(.5)$ auch Strukturfaktor von Σ [11]. Versteht man unter einem Weg in Σ eine Teilmenge von Systemeinheiten, deren Funktionstüchtigkeit die Intaktheit des Systems garantiert, so ist $w = 2^r h(.5)$ die Anzahl aller Wege von Σ. (Ein solcher Weg ist im allgemeinen kein Weg des Z-Netzes im Sinne der Graphentheorie, vgl. Anhang A.1). Damit ist w ein Maß für die systemimmanente Redundanz. Beispiel: Für TMR gilt $w = 2^3 h(.5) = 4$. Unter einem Schnitt versteht man dual dazu eine Teilmenge von Systemelementen, deren Nichtfunktionieren das Nichtfunktionieren des Systems zur Folge hat.

Satz: Es sei z das Z-Netz eines Systems Σ (während einer festen, aber beliebigen Phase). Die Funktionswahrscheinlichkeit von Σ ist

$$h(\underline{p}) = \sum_{s \in B_2^r} z(s)\left[\prod_{i=1}^{r} p_i^{s_i}(1-p_i)^{1-s_i}\right] \qquad (2.9)$$

Beweis: Wir stellen z in voller, disjunktiver Normalform dar (s. Anhang A.2).

$$z = \sum_{s \in S}^{B} \prod_{i=1}^{r\,B} (x_i \oplus \bar{s}_i) = \sum_{s \in S}^{B} m(s)$$

mit $S = \{s \mid z(s) = 1\} \subset B_2^r$ und $s = (s_1, \ldots, s_r)$. Für je zwei verschiedene Minterme m und m' gilt $P\{m=1 \text{ oder } m'=1\} = P\{m=1\} + P\{m'=1\} - P\{mm'=1\} = P\{m=1\} + P\{m'=1\}$, da $mm' \equiv 0$. Da ferner angenommen wurde, daß die Variablen x_i s-unabhängig sind, gilt

$$P\{z=1\} = \sum_{s\in S} P\{\prod_{i=1}^{r}{}^{B} (x_i \oplus \bar{s}_i) = 1\} = \sum_{s\in S} \prod_{i=1}^{r} P\{x_i \oplus \bar{s}_i = 1\} =$$

$$\sum_{s\in S} \prod_{i=1}^{r} P\{x_i=1\}^{s_i} (1 - P\{x_i=1\})^{1-s_i}.$$

Also $h(\underline{p}) = \sum_{s\in S} \prod_{i=1}^{r} p_i^{s_i} (1-p_i)^{1-s_i} = \sum_{s} z(s) \prod_{i} p_i^{s_i} (1-p_i)^{1-s_i}$. □

Folgerung: (1) Gilt für zwei Z-Netze $z_1 \leq z_2$, so folgt $P\{z_1=1\} \leq P\{z_2=1\}$. Denn $P\{z_2=1\} - P\{z_1=1\} = \sum_{s} (z_2(s) - z_1(s)) \cdot \prod_{i} p_i^{s_i} (1-p_i)^{1-s_i} \geq 0$.

(2) Es sei $R(t)$ die Zuverlässigkeit der Systemkomponenten mit stetig verteilter Lebensdauer, $\lambda(t)$ sei die Ausfallrate der Komponenten. Für die Ausfallrate $\lambda_\Sigma(t)$ des Systems gilt

$$\frac{\lambda_\Sigma(t)}{\lambda(t)} = - \frac{h'(p)}{h(p)} \cdot \frac{f(t)}{\lambda(t)} = \frac{ph'(p)}{h(p)} \text{ für } p = R(t). \tag{2.10}$$

Beispiel: Ein Serien-Parallel-System. Das Z-Netz sei $z = x_0(x_1+x_2) = x_0x_1x_2 + x_0x_1\bar{x}_2 + x_0\bar{x}_1x_2$.

Also: $h(\underline{p}) = p_0p_1p_2 + p_0p_1(1-p_2) + p_0(1-p_1)p_2$.

Mit $p_i = p$, $i=0,1,2$, folgt $h(p) = p(2p-p^2)$. Haben die Komponenten die konstante Ausfallrate λ, dann gilt $R_\Sigma(t) = 2e^{-2\lambda t} - e^{-3\lambda t}$ und $\lambda_\Sigma(t) = \lambda\frac{ph'(p)}{h(p)} = \lambda(3 - \frac{2}{2-p})$ mit $p = R(t)$; also $\lambda \leq \lambda_\Sigma < 2\lambda$.

Die Ausfallrate des Systems ist nicht mehr zeitkonstant. Das Gesamtsystem altert. Seine mittlere Lebensdauer ist $\frac{2}{3}\bar{T}$.

Ein Rezept zur Bestimmung der Funktionswahrscheinlichkeit:

Es sei $z = z(x_1, \ldots, x_r)$ ein Z-Netz. Für (reelles) $\hat{z}$ setze man folgende Multilinearform an:

$$\hat{z} = a_0 + a_1x_1 + \ldots + a_rx_r + a_{r+1}x_1x_2 + \ldots + a_{r+\binom{r}{2}}x_{r-1}x_r + \ldots + a_{2^r-1}x_1x_2 \ldots x_r$$

und bestimme die Koeffizienten a_j durch Vergleich mit der Booleschen Tabelle für z. Aus $\hat{z}$ erhält man $h(\underline{p})$ wie folgt. Es sei

$$\hat{z} = \sum_{j=0}^{2^r-1} a_j \prod_{i=1}^{r} x_i^{s_{ij}} \text{ mit } s_{ij} \in \{0,1\}.$$

Dann ist $h(\underline{p}) = E(\hat{z}) = \sum_{j=0}^{2^r-1} a_j \prod_{i=1}^{r} p_i^{s_{ij}}$.

Ersetzen von p_i durch $R_i(t) = e^{-\lambda_i t}$ ergibt die Zuverlässigkeit

$$R_\Sigma(t) = \sum_{j=0}^{2^r-1} a_j \, e^{-S(r,j)t} \qquad (2.11)$$

mit $S(r,j) = \sum_{i=1}^{r} s_{ij} \lambda_i, \; j=0,1,\ldots,2^{r-1},$ (2.12)

und die mittlere Lebensdauer

$$T_\Sigma = \sum_j \frac{a_j}{S(r,j)} \; . \qquad (2.13)$$

Beispiel: TMR. $z = x_1x_2 + x_1x_3 + x_2x_3$ oder (reell)
$\hat{z} = a_0 + a_1x_1 + a_2x_2 + a_3x_3 + a_4x_1x_2 + a_5x_1x_3 + a_6x_2x_3 + a_7x_1x_2x_3$.

x_1	x_2	x_3	z	$\hat{z}$
0	0	0	0	a_0
1	0	0	0	$a_0 + a_1$
0	1	0	0	$a_0 + a_2$
0	0	1	0	$a_0 + a_3$
1	1	0	1	$a_0 + a_1 + a_2 + a_3$
1	0	1	1	$a_0 + a_1 + a_3 + a_5$
0	1	1	1	$a_0 + a_2 + a_3 + a_6$
1	1	1	1	$a_0 + \ldots\ldots\ldots\ldots + a_7$

Tab. 2.1

Also: $a_0 = a_1 = a_2 = a_3 = 0$; $a_4 = a_5 = a_6 = 1$; $a_4 + a_5 + a_6 + a_7 = 1$
und $\hat{z} = x_1x_2 + x_1x_3 + x_2x_3 - 2x_1x_2x_3$. Daraus folgt $h(\underline{p}) = p_1p_2 + p_1p_3 + p_2p_3 - 2p_1p_2p_3$ und
$T = (\lambda_1+\lambda_2)^{-1} + (\lambda_1+\lambda_3)^{-1} + (\lambda_2+\lambda_3)^{-1} - 2(\lambda_1+\lambda_2+\lambda_3)^{-1}$.

Bemerkung: Man kann z auch durch das Aufsuchen minimaler Wege oder Schnitte gewinnen, siehe dazu [9, 11, 12].

2.5 Monotone Zuverlässigkeitsnetze

Es sei $S_E(t)$ die Wahrscheinlichkeit, mit der zur Zeit t eine Zustandsänderung der Einheit E den F-Zustand des Gesamtsystems ändert. Diese Wahrscheinlichkeit gibt uns einen Hinweis, ob es von Vorteil ist, E vor diesem Zeitpunkt (präventiv) zu erneuern.

2.5.1 Empfindlichkeit

Zunächst soll diese Wahrscheinlichkeit bestimmt werden. Ein Zuverlässigkeitsnetz $z = z(x_1, x_2, \ldots, x_r)$ hängt von der Variablen x_i nur dann ab, wenn gilt

$\frac{\partial}{\partial x_i} z \not\equiv 0$ (siehe Anhang A.2).

Es sei nun $s \in B_2^r$ eine Belegung für z mit $s_i = 1$. Diese heißt i-kritisch, falls $\frac{\partial}{\partial x_i} z|_s = 1$ gilt. Die Wahrscheinlichkeit S_i dafür, daß z einen i-kritischen Wert annimmt, heißt Empfindlichkeit des Z-Netzes hinsichtlich der i-ten Einheit, $S_i = P\{\frac{\partial}{\partial x_i} z = 1\}$.

Sie hängt offensichtlich nicht mehr von p_i ab.

Beispiel: Feuerschutz (3. Z-Phase)

Es ist $\underline{x} = (x_F, x_H, x_L, x_M, x_S, x_T)$. Also $\frac{\partial}{\partial x_F} z_3 = x_H\bar{x}_M$, $\frac{\partial}{\partial x_H} z_3 = \bar{x}_M x_F + x_M\bar{x}_T$. Die Belegung s = (1,1,0,0,0,0) ist H-kritisch und $S_H = p_F + p_M - p_M p_F - p_M p_T$.

Es gelten die folgenden, einfach zu beweisenden Regeln für die Ableitung Boolescher Ausdrücke z und u.

$$\frac{\partial}{\partial x_i}(z \oplus u) = \frac{\partial}{\partial x_i} z \oplus \frac{\partial}{\partial x_i} u \tag{2.14}$$

$$\frac{\partial}{\partial x_i}(zu) = z\frac{\partial}{\partial x_i} u \oplus u\frac{\partial}{\partial x_i} z \oplus \left(\frac{\partial}{\partial x_i} z\right)\left(\frac{\partial}{\partial x_i} u\right) \tag{2.15}$$

$$z(x_1,\ldots,x_r) = z(x_1,\ldots,x_i{=}0,\ldots,x_r) \oplus x_i \frac{\partial}{\partial x_i} z(x_1,\ldots,x_r) \tag{2.16}$$

Für monotone Z-Netze gilt außerdem:

$$\frac{\partial}{\partial x_i} z = \bar{z}_{i=0}\, z_{i=1} \quad \text{also} \quad z_{i=0}\frac{\partial}{\partial x_i} z \equiv 0 \tag{2.17}$$

Mit (2.16) und (2.17) folgt nun $h(\underline{p}) = P\{z=1\} = P\{z_{i=0}=1\} + p_i\, S_i(\underline{p}$ und $\frac{\partial}{\partial p_i} h(\underline{p}) = S_i(p)$. Andererseits folgt aus $z = x_i z_{i=1} + \bar{x}_i z_{i=0}$ oder $\hat{z} = x_i z_{i=1} + (1-x_i) z_{i=0}$ die Beziehung

$h(\underline{p}) = p_i\, h(\underline{p})|_{p_{i=1}} + (1 - p_i)\, h(\underline{p})|_{p_{i=0}}$; also insgesamt

$$S_i(\underline{p}) = \frac{\partial}{\partial p_i} h(\underline{p}) = h(\underline{p})|_{p_{i=1}} - h(\underline{p})|_{p_{i=0}} = P\{z_{i=1}(\underline{x}(t)) - z_{i=0}(\underline{x}(t)) = 1\} . \qquad (2.18)$$

Daher ist $S_i(t) = S_i(R_1(t), \ldots, R_r(t))$ gleich dem Zuwachs an Zuverlässigkeit, der sich einstellt, wenn Einheit E_i, falls ausgefallen, zum Zeitpunkt t erneuert wird. Wir nennen $S(t) = \sum_i S_i(t)$ die (momentane) Empfindlichkeit des Gesamtsystems. Für ein Seriennetz gilt $S(0) = r$. Es gibt also kein System, das im Augenblick der Inbetriebnahme empfindlicher wäre. $S_i(t)$ ist auch die gesuchte Wahrscheinlichkeit, denn (vgl. (2.18)) $S_i(t)$ ist die Wahrscheinlichkeit, daß Σ zur Zeit t intakt ist, falls $x_i(t) = 1$, aber ausgefallen ist, falls $x_i(t) = 0$ [8].

Unter dem Gewicht G_i der i-ten Einheit versteht man die Wahrscheinlichkeit dafür, daß das Verhalten der i-ten Einheit schließlich zum Ausfall des Netzwerks führen wird. Wenn keine Reparaturen erfolgen, ist

$$G_i = \int_0^\infty S_i(t)\, dF_i(t). \qquad (2.19)$$

Denn $dF_i(t) = P\{t \leq T_i < t+dt\}$ ist die Wahrscheinlichkeit für einen Ausfall der i-ten Einheit zur Zeit t. Dieser Ausfall führt mit der Wahrscheinlichkeit $S_i(t)$ zu einem Ausfall des gesamten Netzwerks. Man wird natürlich den Einheiten mit den größten Gewichten bei der Zuverlässigkeitsanalyse eines Systems auch die größte Beachtung schenken müssen.

Beispiel: Für ein Seriennetz $z = x_1 x_2 \ldots x_r$ unabhängiger Einheiten mit exponential verteilten Lebensdauern gilt

$$S_i = p_i^{-1} h(\underline{p}) \text{ und } G_i = \int_0^\infty \frac{R(t)}{R_i(t)}\, dF_i(t) = \int_0^\infty \lambda_i \exp[-\sum_j \lambda_j t]dt = \frac{\bar{T}_\Sigma}{\bar{T}_i};$$

ein einleuchtendes Resultat. Je kürzer die Lebensdauer, desto größer das Gewicht der Einheit.

2.5.2 Moore-Shannonsche Ungleichung

Für die Funktionswahrscheinlichkeit von Systemen mit monotonen Z-

Netzen, die von wenigstens zwei Booleschen Variablen echt abhängen, gilt die wichtige Moore-Shannonsche Ungleichung

$$h(\underline{p})\ (1 - h(\underline{p})) < \sum_{i=1}^{r} p_i\ (1 - p_i) S_i(\underline{p}), \tag{2.20}$$

falls $0 < p_i < 1$, $i=1,2,\ldots,r$. Im Anhang A.4 wird diese Ungleichung bewiesen.

Für den Fall $p_i = p$, $i=1,2,\ldots,r$, ergibt sich aus (2.20)

$$S(p) = \Sigma S_i(p) = \frac{d}{dp} h(p) > \frac{h(p)(1-h(p))}{p(1-p)};\ 0 < p < 1. \tag{2.21}$$

Für diesen Spezialfall seien einige Folgerungen aus der Ungleichung (2.21) hergeleitet.

(1) Die Kurve $h(p)$ schneidet die Diagonale höchstens einmal im Intervall $(0,1)$; es sei denn $h(p) \equiv p$. Schneidet $h(p)$ die Diagonale in p_0, dann gilt $h(p) > p$, für $1 > p > p_0$.

(2) der Verlauf der Kurve $h(p)$ (Fig. 2.17) läßt erkennen, daß sich die Funktionswahrscheinlichkeit und damit auch die Zuverlässigkeit dieser Systeme durch Iteration beliebig erhöhen lassen (Treppenkonstruktion), falls $p > p_0 > 0$. Allerdings sind dem Iterationsverfahren in der Praxis schnell Grenzen gesetzt.

(3) $\lambda_\Sigma(t)/\lambda(t) > F_{T_\Sigma}(t)/F_T(t)$, $t > 0$, siehe (2.10).

Zu (1): Man betrachte die Lösungsschar folgender Differentialgleichung $dy/(1-y)y = dp/(1-p)p$. Integration ergibt

$$\log \frac{y_c}{1-y_c} = \log \frac{p}{1-p} + \log c,$$ c eine Integrationskonstante;

also $y_c = \frac{cp}{1+(c-1)p}$. Für $c \neq 1$ schneidet y_c die Diagonale im offenen Intervall $(0,1)$ nicht; vgl. Fig. 2.16.

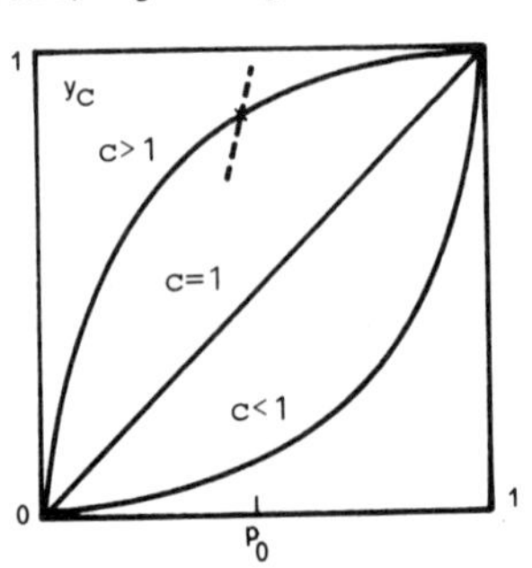

Fig. 2.16

Die Kurve $h(p)$ schneide $y_c(p)$ im Punkte $p_0 \in [0,1]$.

Es gilt $p_0(1-p_0)\frac{d}{dp} h(p_0) > h(p_0)(1-h(p_0)) = y_c(p_0)(1-y_c(p_0)) =$

$p_0(1-p_0)\frac{d}{dp} y_c(p_0)$, also $\frac{d}{dp} h(p)|_{p_0} > \frac{d}{dp} y_c(p)|_{p_0}$.

Daraus folgt, daß $h(p)$ höchstens einmal y_c schneidet.

Man setze $c=1$; $\frac{d}{dp} h(p)|_{p_0} > 1$ und $h(p) > p$ für $1 > p > p_0$.

Für ein monotones Z-Netz gilt außerdem $r \geq \frac{d}{dp} h(p) = \sum_{i=1}^{r} S_i(p) \geq 0$, da $0 \leq S_i \leq 1$. Insgesamt ergibt sich nun der folgende Verlauf für $h(p)$:

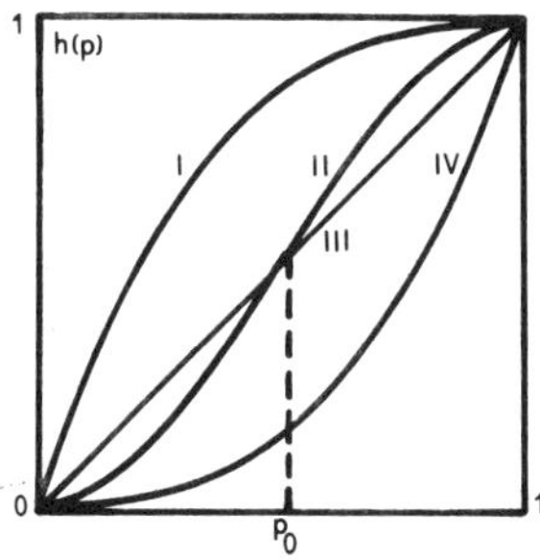

Fig. 2.17 Funktionswahrscheinlichkeit

I: Kein Schnittpunkt (z. B. 1 aus 2-System); die Empfindlichkeit nimmt mit zunehmendem p ab
II: Es gibt einen Schnittpunkt (z. B. TMR)
III: $h(p) = p$
IV: Kein Schnittpunkt (Beispiel auf Seite 28); die Empfindlichkeit nimmt zu

Spezielle monotone Z-Netze sind die m aus n redundanten Systeme. Diese sind funktionstüchtig, falls m von n Einheiten intakt sind. Für diese gilt:

$$h(p) = \sum_{r=m}^{n} \binom{n}{r} p^r (1-p)^{n-r} \text{ mit einem Verlauf vom Typ I oder II.} \quad (2.22)$$

<u>Übung</u>: Landung einer Raumfähre

Nach der letzten Kurskorrektur wird die Rückkehrphase eingeleitet. Dazu wird eine von zwei vorhandenen Stromquellen (E) benötigt. Die Rückkehr kann etweder manuell durch den Piloten (P) oder automatisch durch die Bodenstation (B) eingeleitet werden (1. Z-Phase). Dadurch wird die Bremsrakete (R) gezündet und ein Zeitgeber (Z) gestartet. Beides benötigt elektrische Energie. Diese Z-Phase ist erfolgreich,

wenn das Hitzeschild (H) überdauert. In der nächsten Z-Phase werden durch den Zeitgeber oder durch einen Schalter (S), der auf atmosphärischen Drück reagiert, die Fallschirme (F) ausgeworfen, von denen sich wenigstens zwei öffenen müssen, damit das Raumschiff sicher landen kann. Vor der Erprobung muß natürlich die Zuverlässigkeit dieses Systems bekannt sein. Wie groß ist diese, wenn zu Beginn der Landeoperation der Pilot wegen Streß ausfällt oder eine Energiequelle versagt? (s-Unabhängigkeit). Wie groß ist die Wahrscheinlichkeit für eine sichere Landung? Man berechne die Empfindlichkeiten!
Zuverlässigkeiten (zeitunabhängig):

E	.90	R	.99	H	.92	S	.95
P	.95	B	.80	Z	.90	F	.94

Übung: Man bestimme das Gewicht einer TMR-Einheit mit $\lambda_E = 1$ und $R_M(t) = .9$.

2.5.3 Stochastische Abhängigkeit

Die Überlegungen dieses Kapitels gingen davon aus, daß die Lebensdauern der Systemeinheiten stochastisch unabhängig sind. Nicht immer ist diese Annahme gerechtfertigt. Fig. 2.18 zeigt den Verlauf der Funktionswahrscheinlichkeit eines TMR-Systems, wenn die Lebensdauern der Einheiten E_1 und E_2 s-abhängig sind. Es gilt dann

$E(x_1x_2 + x_1x_3 + x_2x_3 - 2x_1x_2x_3) = E(x_1x_2) + p_1p_3 + p_3E(x_2) - 2p_3E(x_1x_2)$. Mit $E(x_1x_2) = P\{x_2=1|x_1=1\}p_1$ folgt

$E(x_2) = P\{x_2=1|x_1=1\}p_1 + P\{x_2=1|x_1=0\}(1-p_1)$ und mit $p_1 = p_3 = p$

folgt daraus $h(\underline{p},q) = p^2 + 2p(1-p)q$,

wobei $q = \frac{1}{2}[P\{x_2=1|x_1=1\} + P\{x_2=1|x_1=0\}]$ ist.

Ist p_M die Funktionswahrscheinlichkeit des s-unabhängigen M-Elements, so gilt für das Gesamtsystem $h_\Sigma(\underline{p},q) = p_M h(p,q)$. Fig. 2.18 zeigt, daß die Möglichkeit, das System durch Iteration zuverlässiger zu machen, empfindlich von q abhängen kann.

Bemerkung: Oft ist die Belastung eines Systems derart auf dessen Komponenten verteilt, daß der Ausfall einer Komponente eine verstärkte Belastung und damit eine erhöhte Ausfallwahrscheinlichkeit der übrigen Systemkomponenten bedeutet. Die Lebensdauern dieser Komponenten sind nicht mehr unabhängig, sondern vielmehr "assoziiert". Zwei zufällige Variable S und T heißen assoziiert, wenn gilt $Cov[f(S,T), g(S,T)] \geq 0$ für alle in beiden Argumenten wachsenden Funktionen f und g. Der an der Zuverlässigkeit von Systemen assoziierter Komponenten interessierte Leser sei auf [8] verwiesen.

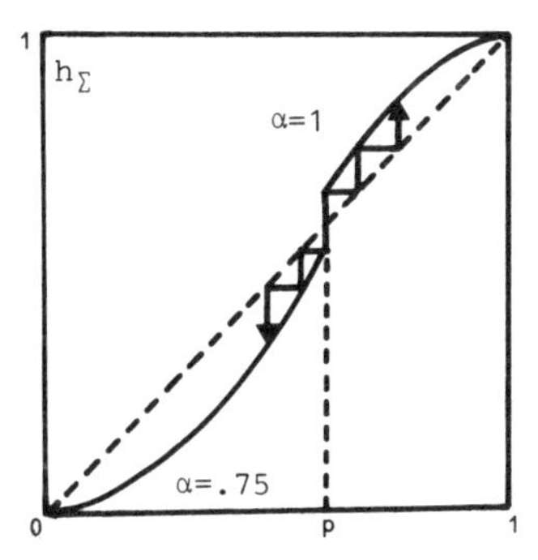

Fig. 2.18 TMR; $q = \alpha p$, $0 < \alpha < 1$

3 Fehlertolerante Systeme: Struktur und Selbstdiagnose

3.1 Dynamische Redundanz

Wir wollen uns nunmehr mit dynamisch redundanten Systemen befassen. Wie sich zeigen wird, nutzen diese im allgemeinen ihre Redundanz effizienter als statisch redundante Systeme. Ihre besonderen Kennzeichen sind einmal die Fähigkeit zur selbsttätigen Funktionsüberwachung (Selbstdiagnose) und zum anderen ihre Rekonfigurierbarkeit (Adaptivität). Zunächst sollen diese Eigenschaften am Beispiel von Mehrrechnersystemen (Mehrprozessorsysteme, Rechnerverbunde) näher erläutert werden.

3.1.1 Rekonfigurierbarkeit

Das Schema der Fig. 3.1 zeigt ein Computersystem, dessen Speicher- und Rechenkapazität auf mehrere Einheiten verteilt ist. Der Zustand der Prozessoren kann (hinsichtlich Verfügbarkeit) durch die Angaben "aktiv", "bereit" oder "blockiert" und "fehlerfrei" oder "defekt" gekennzeichnet werden. Fig. 3.2 zeigt die möglichen Zustandsübergänge. Die Zentralprozessoren dieses Computersystems teilen sich in die vorhandenen Speicher.

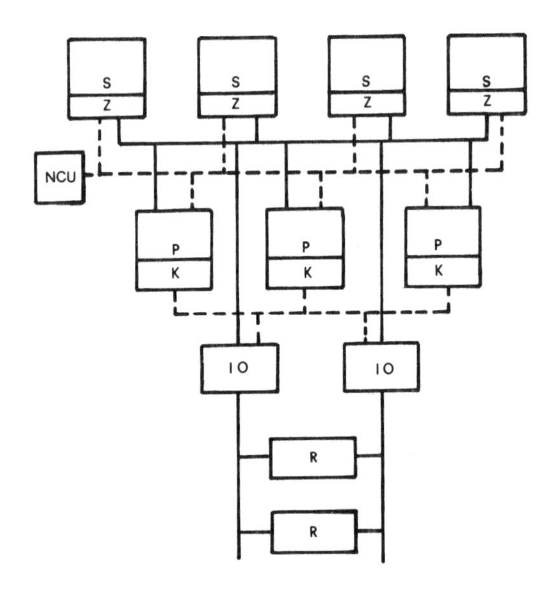

Fig. 3.1 Mehrprozessorsystem

P Zentralprozessoren
S Hauptspeicher
R Peripherie
NCU Netzwerkkontrolleinheit (Vorrangwerk)

K Ein-/Ausgabekanäle
IO Ein-/Ausgabekontrollprozessoren
Z Speichersteuerung

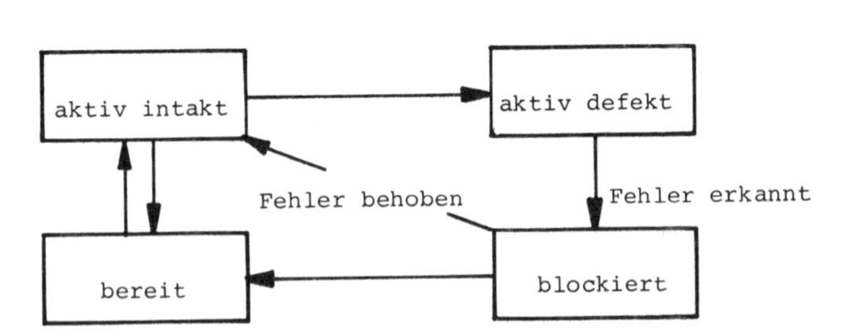

Fig. 3.2 Zustandsübergänge

Generell bieten sich drei Möglichkeiten an, die Prozessoren eines Mehrrechnersystems miteinander zu verbinden, vgl. Fig. 3.3.

- Die Prozessoren werden dadurch eng miteinander verkoppelt, daß sie Speicher gemeinsam benutzen (Mehrprozessorsysteme, Fig. 3.1).
- Die Prozessoren verkehren (über gemeinsame oder private Busse) im time-sharing Verfahren miteinander, ohne gemeinsame Speicher zu benutzen (Rechnernetze, lose Kopplung, Fig. 3.4).
- Die Prozessoren werden durch eine Schaltermatrix miteinander verbunden. Die Schalter werden von einer Kontrolleinheit gesetzt (Fig. 3.11).

Jede dieser Möglichkeiten kann dazu dienen, die gewünschte Kommunikationsstruktur zwischen den Prozessoren herzustellen. Diese ist im allgemeinen von der Verknüpfungsstruktur wohl zu unterscheiden. Sie legt den Informationsfluß und die Rangordnung zwischen den Prozessoren fest und muß intakt sein, damit das Mehrrechnersystem funktionsfähig ist.

Es liegt nahe, Kommunikationsstrukturen durch Graphen zu beschreiben. Je nach Kopplungsverfahren werden die Kanten dieser Graphen, das heißt die Kommunikationspfade, durch gemeinsame Speicher oder durch Busse (Sammelschienen) realisiert.

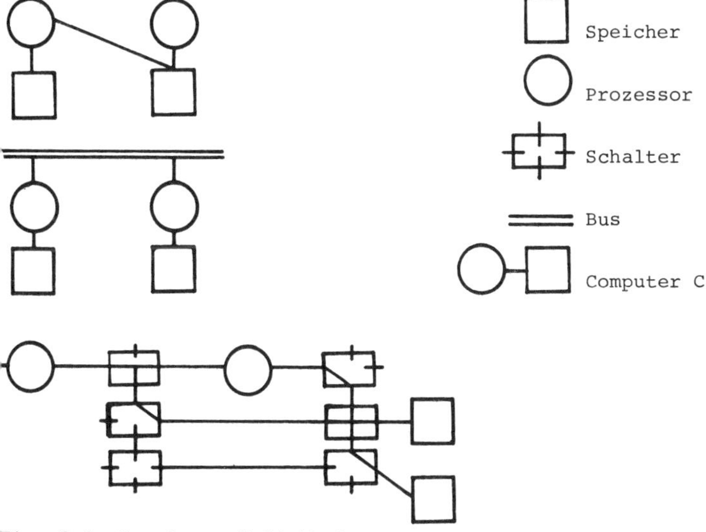

Fig. 3.3 Kopplungsmöglichkeiten

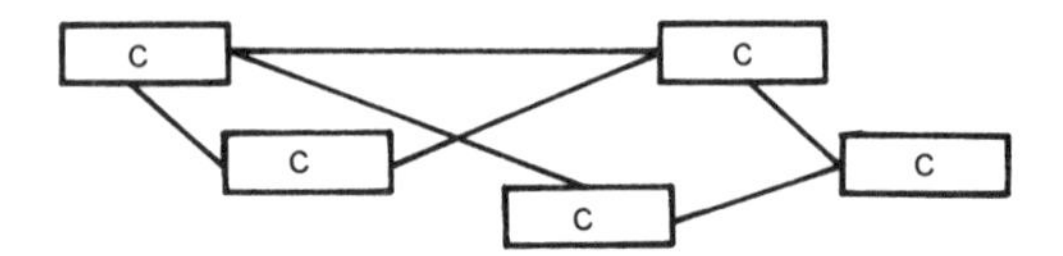

Fig. 3.4 Rechnernetz

Einige der geläufigsten Kommunikationsstrukturen sind in den folgenden Figuren wiedergegeben.

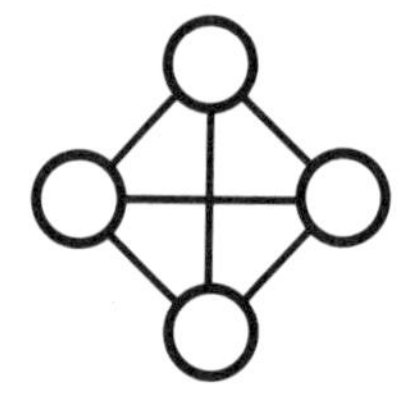

Fig. 3.5 Master-Master Organisation

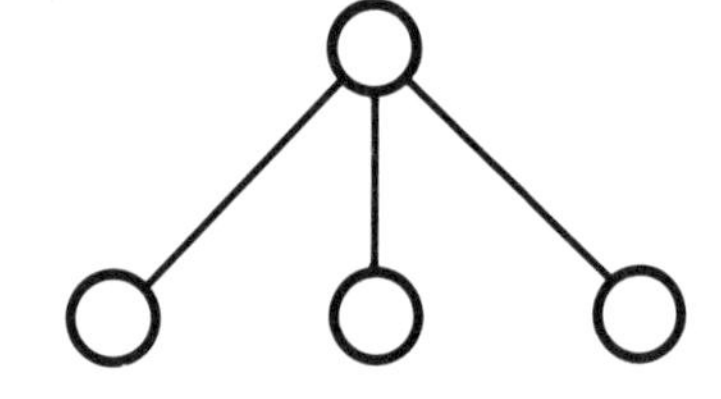

Fig. 3.6 Master-Slave Organisation (Stern)

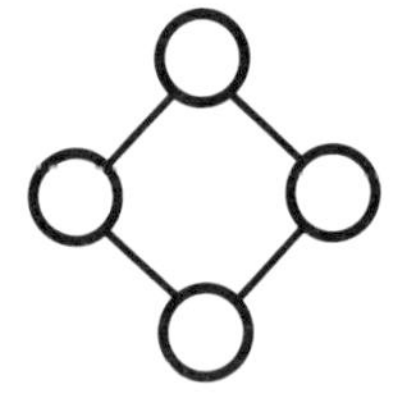

Fig. 3.7 Ringkonfiguration

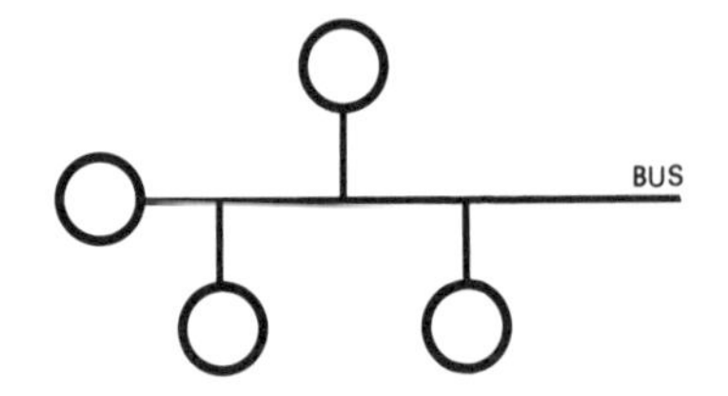

Fig. 3.8 Mehrpunkt (multidrop) Konfiguration

Die dazugehörenden (nicht gerichteten) Graphen sind:

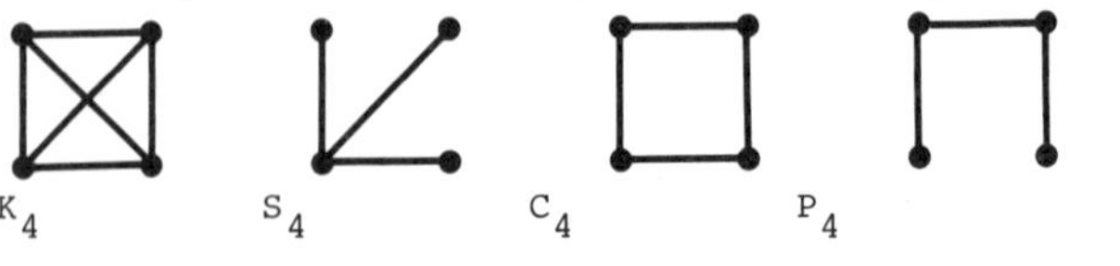

Fig. 3.9 Netzwerkgraphen

Im folgenden sei unter Graph immer ein endlicher, zusammenhängender Graph verstanden. (Anhang A.1 enthält eine kurze Auflistung graphentheoretischer Begriffe).

Im Hinblick auf ihre Verfügbarkeit ist von besonderer Bedeutung, daß sich Kommunikationsstrukturen rekonfigurierbar auslegen lassen. Dabei hat man unter anderem folgende Ziele im Auge:

- Anpaßbarkeit des Systems an ein sich veränderndes Auftragsprofil,
- optimale Auslastung und
- hohe Verfügbarkeit (Ausfallsicherheit).

Optimierungsfragen

Insbesonders für die Ausfallsicherheit sind die Rekonfigurierbarkeit der Struktur und das Vorhandensein mehrerer, mehr oder weniger unabhängiger Prozessoren wichtige Faktoren. Die Wahrscheinlichkeit, daß mehrere oder gar alle Prozessoren gleichzeitig ausfallen, ist gering. Bei geeigneter Kommunikationsstruktur und gezieltem Einsatz von statischer oder dynamischer Redundanz kann die Funktion eines defekten Prozessors von Reserveprozessoren oder von den verbleibenden, intakten Prozessoren übernommen werden. Defekte Kommunikationspfade lassen sich umgehen. In einem Netzwerk mit örtlich verteilten Komponenten kann es vorteilhaft (und kostengünstiger) sein, Zwischen- oder Schaltprozessoren einzufügen. Hinsichtlich der Zuverlässigkeit bilden diese Schaltprozessoren möglicherweise zusätzliche Fehlerquellen. Andererseits aber ermöglichen sie kürzere und deshalb weniger fehleranfällige Verbindungen, das Umgehen defekter Einheiten (adaptive routing) und nicht zuletzt das Erkennen und Korrigieren von Übertragungsfehlern. Dazu müssen die Daten entsprechend kodiert werden. Die optimale Plazierung der Zwischenprozessoren in Bezug auf die Länge (L) ihrer Verbindungswege ist durch den sogenannten Steinerschen Baum gegeben (vgl. Fig. 3.10).

Ein Steinerscher Baum ist ein Graph, dessen Knotenmenge eine Menge M von Punkten in der Ebene enthält und für den die Summe der Länge seiner Kanten minimal ist. Ein minimaler Baum dagegen ist ein Graph mit Knotenmenge M und minimal im obigen Sinne. Es können das Längenmaß noch geeignet gewählt und auch Kosten pro

Längeneinheit berücksichtigt werden. Beim Vertreterproblem wird ein (geschlossener) Graph minimaler Länge mit Knotenmenge M gesucht, dessen Knoten jeweils nur eine einlaufende und eine auslaufende Kante besitzen. Derartige Plazierungs- und Verbindungsprobleme werden in der Graphentheorie und der Operations Research behandelt. Dort findet man auch Algorithmen zu deren Lösung [13, 14, 15].

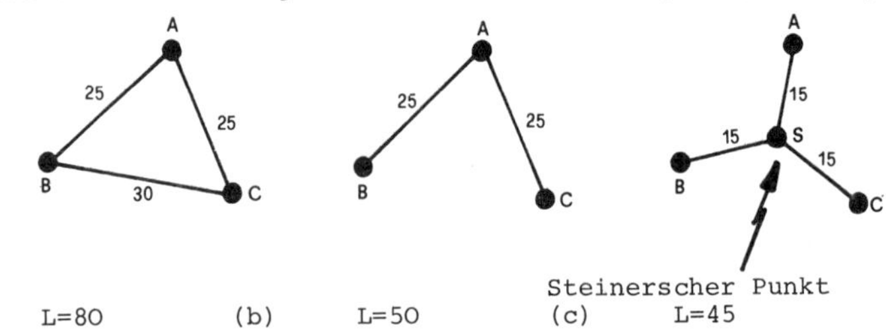

Fig. 3.10 (a) direkte Verbindungen, (b) minimaler Baum,
(c) Steinerscher Baum

<u>Übung</u>: Man bestimme einen minimalen Baum für 6 Knoten mit folgenden Abständen:

B	2				
C	2	1			
D	3	3	4		
E	4	2	3	10	
F	4	2	3	2	5
	A	B	C	D	E

Tab. 3.1

Diese Aufgabe läßt sich durch folgenden, einfachen Algorithmus lösen. <u>Algorithmus für einen minimalen Baum:</u>

Es sei $\bar{M}$ die Menge der bereits verbundenen Punkte aus M.

(1) Man wähle einen beliebigen Knoten K_i und verbinde ihn mit K_j, einem seiner nächsten Nachbarn. Es sei $d(\ell,m)$ der Abstand zwischen K_ℓ und K_m.

(2) Man berechne $d_m = \min_{K_\ell \in \bar{M}} d(\ell,m)$ für alle $K_m \in M - \bar{M}$, wähle ein K_n mit minimalem d_n und verbinde K_n mit $K_\ell \in \bar{M}$, wobei $d(\ell,n) = d_n$.

(3) Falls $\bar{M} \neq M$ goto 2.

(4) Stop. (AL 1)

Wir wollen beweisen, daß dieser Algorithmus auch immer einen minimalen Baum liefert. Dies scheint zwar offensichtlich zu sein. Dagegen spricht aber, daß der Algorithmus unbrauchbar wird, sobald man die Problemstellung nur ein wenig verändert und aus Gründen der Zuverlässigkeit verlangt, daß je zwei Knoten statt durch einen durch zwei kantendisjunkte Wege verbunden sind (Vertreterproblem). Man mache sich dies an der unten angegebenen Tabelle klar.

Beweis: Es sei t_m der Baum, den der angegebene Algorithmus liefert, und t ein anderer Baum mit derselben Knotenmenge M. Wir beginnen nun, t_m zu konstruieren, unterbrechen aber, wenn wir eine Kante k gewählt haben, die nicht auch zu t gehört. Wir fügen k zu t hinzu. Dadurch entsteht ein Zykel, der natürlich nicht in t_m vorkommen kann. Deshalb gibt es eine Kante g in diesem Zykel, die nicht auch zu t_m gehört. Entfernen wir nun g, so entsteht aus t ein weiterer Baum t^+. Es ist t^+ höchstens so groß wie t, da g mindestens so lang wie k ist. (Andernfalls hätten wir bei Konstruktion von t_m statt k die Kante g wählen müssen. Es wäre dabei kein Zykel entstanden, da t selbst ja keinen Zykel enthält). Wir wiederholen diese Überlegungen jetzt für t^+ und so fort und erhalten dadurch Bäume, die nicht größer werden und immer mehr Kanten mit t_m gemeinsam haben. Deshalb muß t größer oder höchstens gleich t_m gewesen sein. □

Der erwähnte Algorithmus ist ein Beispiel eines schnellen (effizienten) Algorithmus', d. h. die Zahl der Operationen, die zu durchlaufen sind, ist eine Funktion von $|M|$, die sich durch ein Polynom majorisieren läßt.

<u>Übung</u>: Man verbinde die Punkte durch einen minimalen Zykel.

B	2		
C	3	3	
D	3	3	5
	A	B	C

Tab. 3.2

Dagegen gehört die Plazierung der Steinerschen Punkte (d. h. der Knoten außerhalb von M) zu den sogenannten NP-vollständigen Problemen, für die es vermutlich keine effizienten Lösungsalgorithmen gibt (vgl. Anhang A.1). Für diese Probleme ist es deshalb umso wichtiger, effektive Näherungsalgorithmen zur Verfügung zu haben. Solche Näherungsalgorithmen für das Vertreterproblem werden in [16] beschrieben. Die Lösung des Vertreterproblems für Mehrrechnersysteme führt auf optimale, bzw. auf fast optimale Ringkonfigurationen (hinsichtlich der Länge der Verbindungsstrecken). Ringkonfigurationen werden beim Entwurf von Mehrrechnersystemen häufig in Betracht gezogen, da sie zwischen Geräteaufwand (und damit den Kosten), Komplexität und der Netzwerkzuverlässigkeit einen Kompromiß bilden.

Sanfter Leistungsabfall

Wie erwähnt, ist es einem fehlertoleranten Mehrrechnersystem möglich, Komponentenausfälle zu tolerieren, indem es seine Struktur und seinen Arbeitsmodus der Gesamtheit der verfügbaren Komponenten anpaßt. Für Prozeßsteuersysteme kann es z. B. akzeptabel sein, das System anzuhalten, wenn ein Fehler eintritt, und es mit der verfügbaren Reserve wieder zu starten. Systemen, wie z. B. einer Flugverkehrskontrolle, muß es dagegen auch möglich sein, fehlerhafte oder verlorengegangene Daten neu zu ermitteln (roll back). Wenn das System dadurch auch funktionstüchtig bleibt, fällt es dennoch zeitweilig in seiner Leistung ab. Seine Reaktionszeit wird beispielsweise größer; die Speicherkapazität verkleinert sich; gewisse Programme können nicht mehr laufen. Diese Leistungsminderung unter Aufrechterhaltung der Verfügbarkeit des Systems nennt man einen "sanften Leistungsabfall" (graceful degradation) [17].

3.1.2 Redundanz in Mehrrechnersystemen [31 - 34]

Die Figuren 3.11 bis 3.13 veranschaulichen, wie sich in Mehrrechnersystemen statische und dynamische Redundanz einsetzen läßt. Dies geschieht entweder, um die Systemzuverlässigkeit zu erhöhen oder um die Wartung defekter Prozessoren zu ermöglichen. Die (in Fig. 3.11) aus dem Ring ausgegliederte Einheit P_4 kann getestet, gewartet oder repariert werden, ohne daß dabei der Betrieb des Systems gestört wird (3 aus 4 Redundanz), da sie aus der Liste der verfügbaren Betriebsmittel gestrichen ist. Dadurch erhöht sich die Verfügbarkeit des Gesamtsystems. Die zentrale Netzwerkkontrolleinheit (NCU) ist ein Teil der Hardcore , d. h. des Systemteils, der absolut zuverlässig sein muß. Sie kann z. B. als Duplexsystem realisiert werden (Fig. 3.12).

Zu Fig. 3.12: Für die Arbeitsweise eines Duplexsystems gibt es verschiedene Möglichkeiten [4, 5]. Zum Beispiel:
(a) Die Einheit in Bereitstellung, E_b, überwacht die in das Netz eingeschaltete (aktive) Einheit E_a. E_a wird auch Pilot, E_b Copilot genannt . Bei Ausfall der aktiven Einheit übernimmt E_b deren

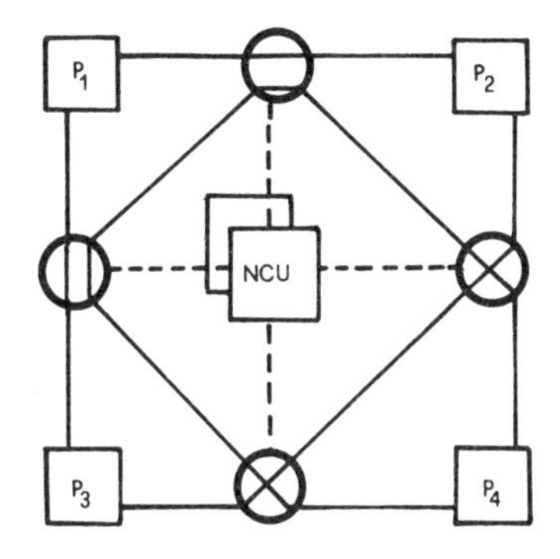

Fig. 3.11 Dynamisch redundantes Netzwerk

——— Datenleitung
- - - - Steuerleitung

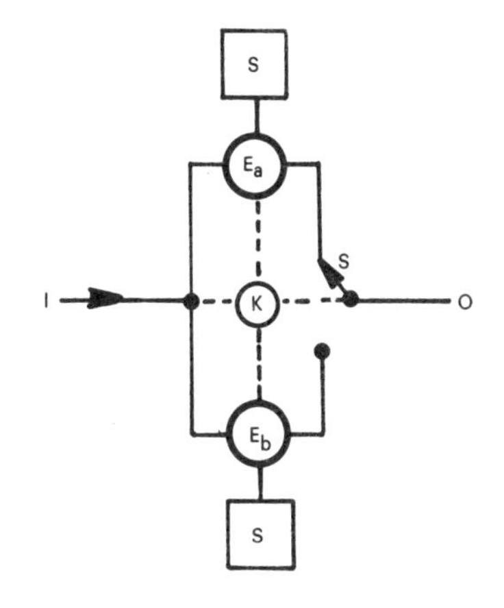

Fig. 3.12 Duplexeinheit

K Komparator
E_a aktive Einheit
E_b Reserveeinheit

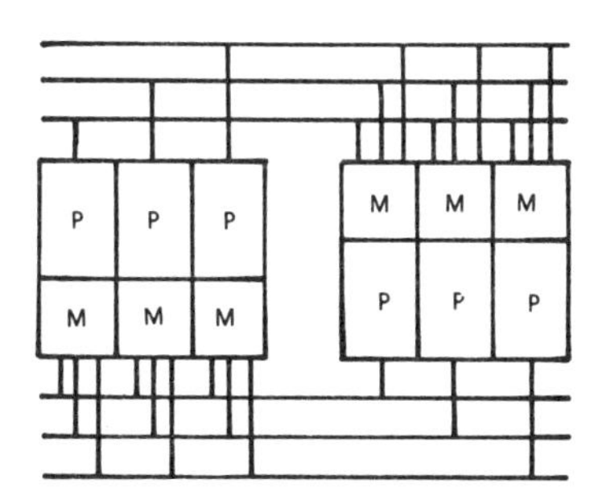

Fig. 3.13 Statisch redundantes Netzwerk

Aufgabe, (diagnostiziert E_a und veranlaßt die Reparatur).
(b) Beide Einheiten übernehmen Teilaufgaben. E_a (slave) übernimmt Aufgaben, die zur Aufrechterhaltung der Netzwerkfunktion unbedingt notwendig sind; E_b (master) übernimmt nachgeordnete Aufgaben und überwacht E_a. Bei einem Ausfall von E_a tritt E_b an deren Stelle unter Aufgabe ihrer ursprünglichen Funktion (graceful degradation).

In Kapitel 4 werden wir die Zuverlässigkeit eines Duplexsystems hinsichtlich verschiedener Betriebsarten bestimmen. Selbsttestende Duplexsysteme sind in der Computertechnologie weit verbreitet.

Entscheidende Nachteile statischer Redundanz sind zum einen die weitgehende Vermaschung der Netzwerkeinheiten und zum anderen die Tatsache, daß dadurch Fehler zwar maskiert, aber nicht isoliert werden. Dies kann zur Folge haben, daß eine defekte Einheit schließlich das ganze Netzwerk "infiziert". In dynamisch redundanten Systemen dagegen ist eine Isolation und Wartung defekter Einheiten möglich. Das Fehlverhalten einer Netzwerkeinheit muß aber erkennbar sein, bevor davon weitere Einheiten betroffen werden, es müssen also ausreichende Testmöglichkeiten vorgesehen werden, z. B. residente Diagnoseprogramme (Software-Redundanz) [19, 20]. Werden Fehler durch das System selbst erkannt und lokalisiert, so spricht man von Selbstdiagnose. Dies kann durch einen speziellen Wartungsprozessor [18] geschehen, der von den kritischen Systemkomponenten Test- und Wartungsaufträge erhält. Hinsichtlich der Reihenfolge, in der diese Aufträge zu erledigen sind, können Prioritäten festgelegt werden. An Hand einer Prioritätenliste und einer Hierarchie von Testverfahren überprüft dann der Wartungsprozessor die Funktionstüchtigkeit der Systemkomponenten. Eine Verteilung der Testaufträge auf mehrere Wartungsprozessoren steigert im allgemeinen den Auftragsdurchsatz und kann zu einer Verminderung der Ausfallzeiten beitragen. Solche Wartungsprozesse werden in Kapitel 4 behandelt.

3.2 Verletzbarkeit

3.2.1 Verletzbarkeitsgrade

Für die Zuverlässigkeit eines Mehrrechnersystems spielt natürlich die Verletzbarkeit seiner Kommunikationsstruktur eine entscheidende Rolle. Unter Verletzbarkeit kann Verschiedenes verstanden werden, so z. B.

die kleinste Anzahl der Kommunikationspfade oder Netzwerkknoten, die defekt sein müssen, damit

a) das Netzwerk in wenigstens zwei, nicht zusammenhängende Teile zerfällt,

b) zwischen zwei ausgewählten Knoten keine Verbindung mehr besteht - bei Berücksichtigung vorgegebener Durchlaufrichtungen, - oder

c) die kürzeste Verbindung zwischen diesen Knoten einen vorgegebenen Wert übersteigt.

Entsprechend lassen sich verschiedene Verletzbarkeitsgrade für einen Graphen definieren. Diese können - ähnlich der Zuverlässigkeit eines Z-Netzes - durch Aufsuchen minimaler Schnitte bestimmt werden [14].

Es interessieren vor allem diejenigen Graphen, die bei gegebener Anzahl an Knoten und Kanten eine minimale Verletzbarkeit aufweisen. Fig. 3.14 zeigt Beispiele. Es sei $v_k(G)$ die kleinste Zahl an Kanten, die entfernt werden muß, damit der Graph G zerfällt. Für G_1 ist $v_k(G_1) = 2$, für G_2 ist $v_k(G_2) = 3$.

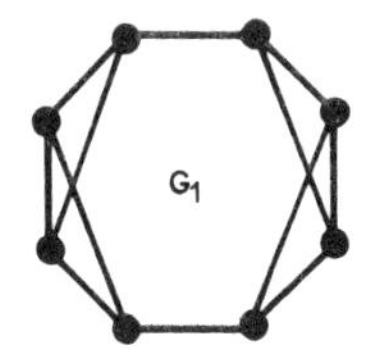

Fig. 3.14 Beispiel für verschiedene Verletzbarkeit

Der größere Verletzbarkeitsgrad ist ein wesentlicher Vorteil der Ringkonfiguration ($v_k = 2$) gegenüber der Mehrpunktkonfiguration ($v_k = 1$).

Es sei jetzt $v^k(G)$ die kleinste Zahl an Knoten, die entfernt werden müssen, damit ein nicht gerichteter Graph G in wenigstens zwei Teile zerfällt oder nur mehr ein Knoten übrig bleibt. Eine Menge solcher Knoten heiße kritisch. Ferner sei $d(G) = \min_i d_i(G)$ mit $d_i(G)$ der Zahl an Kanten, die den i-ten Knoten von G treffen.

Für jeden endlichen Graph gilt

$$v^k(G) \leqq v_k(G) \leqq d(G). \tag{3.1}$$

Die rechte Beziehung ist sofort einzusehen. Von Interesse ist nur der Fall, daß G selbst nicht schon in mehrere Teile zerfällt. Es sei $v_k(G) = \ell > 0$; d. h., G läßt sich durch Entfernen von ℓ Kanten zertrennen. Dasselbe geschieht, wenn sukzessiv jeweils ein Endknoten (mit den dazugehörenden Kanten) jeder dieser ℓ Kanten entfernt wird, also $v^k(G) \leq v_k(G)$.

Besitzt ein Graph G n Knoten und g Kanten, so ist $v_k(G)$ höchstens gleich $\lfloor \frac{2g}{n} \rfloor$, denn $nd(G) \leq \sum_i d_i(G) = 2g$. Es ist $v_k = d(G)$, falls $d(G) \geq \lfloor \frac{n}{2} \rfloor$. (Es ist $\lfloor a \rfloor$, $\lceil a \rceil$ größte, bzw. kleinste ganze Zahl kleiner, bzw. größer a). Ein Zusammenhangspaar von G ist ein Paar (a, b) nicht negativer ganzer Zahlen mit folgender Bedeutung: Es gibt a Knoten und b Kanten, deren Entfernen G auftrennt - nicht aber das Entfernen von a-1 Knoten und b Kanten oder von a Knoten und b-1 Kanten. Wie man sich leicht überlegt, gibt es für jedes $a \leq v^k$ genau ein Zusammenhangspaar [13]. In Bezug auf die Netzwerkzuverlässigkeit interessiert außerdem der kleinste, verbleibende (Kanten)-Verletzbarkeitsgrad, wenn bereits r, $1 \leq r \leq v^k-1$, kritische Knoten entfernt wurden.

Es kann sehr aufwendig sein, v^k (oder v_k) zu bestimmen. Einfach ist es festzustellen, ob -- für ein vorgegebenes m -- v^k größer oder gleich m ist. Dazu dient der folgende Algorithmus. (Der Beweis für seine Richtigkeit basiert auf dem Max Flow - Min Cut Theorem. Genaugenommen ist damit noch kein Algorithmus angegeben, denn insbesondere benötigt Schritt (2) eine weitergehende Auflösung in Einzelschritte. Den vollständigen Algorithmus findet man in [14]).

(1) Setze $G = G_i$ und $i = 0$.

(2) Wähle einen beliebigen Knoten K_i aus G_i und verifiziere, daß es m-i knotendisjunkte Wege gibt zwischen K_i und jedem der restlichen Knoten aus G_i. Wenn dies nicht möglich ist, goto (7).

(3) Entferne K_i mit den entsprechenden Kanten. Der resultierende Graph wird wieder mit G_i bezeichnet.

(4) Ersetze i durch i+1.

(5) Falls $m-i > 0$ goto (2).

(6) Stop: $v^k \geq m$.

(7) Stop: $v^k < m$. (AL 2)

Ein Graph G heißt m-zusammenhängend, wenn $v^k(G) \geq m$ ist.

Übung: Man wende AL 2 auf Fig. 3.14 an mit m = 5, 4, 3.

Übung: Für n = 8 (Knotenzahl) bestimme man einen maximal nicht verletzbaren Graphen mit möglichst wenigen Kanten. Hinweis: Es muß $v^k(G) = v_k(G) = \lfloor \frac{2g}{n} \rfloor = d_i$ für alle i gelten.

Im Hinblick auf die Verfügbarkeit eines Mehrrechnersystems ist auch die folgende, graphentheoretische Aufgabe von Interesse [21]. Für eine Mehrrechnerkonfiguration, deren Netzwerktopologie durch einen Graphen G mit n Knoten festgelegt ist, wird eine redundante Erweiterung G^r mit möglichst wenig Knoten und den folgenden beiden Eigenschaften gesucht.

i) Entfernt man r oder weniger Knoten (r Ausfälle), so bleibt immer noch ein Graph übrig, der die ursprüngliche Konfiguration G als Untergraph enthält.

ii) Unter allen Graphen mit dieser Eigenschaft habe G^r die wenigsten Kanten und/oder das kleinste $b(G) = \max_i d_i(G)$. (b entspricht der größten, benötigten Zahl an I-O Kanälen für einen Prozessor).

Offensichtlich hat G^r genau $n_r = n+r$ Knoten. Denn n_r ist sicherlich nicht kleiner als n+r. Verbindet man andererseits jeden Knoten von G mit r Reserveknoten und alle r Reserveknoten untereinander, so entsteht ein Graph mit der Eigenschaft i; Fig. 3.15 zeigt zwei Beispiele mit kleinstem b und kleinster Kantenzahl. (C_4 und P_4 sind in Fig. 3.9 gegeben).

C_4^2 P_4^2

Fig. 3.15 Redundante Erweiterungen

Übung: Man überlege sich einen Graphen mit $v_k < v^k < d$.

Übung: Man bestätige, daß Fig. 3.16 die erwähnten Minimaleigenschaften hat hinsichtlich einer Ringkonfiguration mit 8 Prozessoren und r = 1.

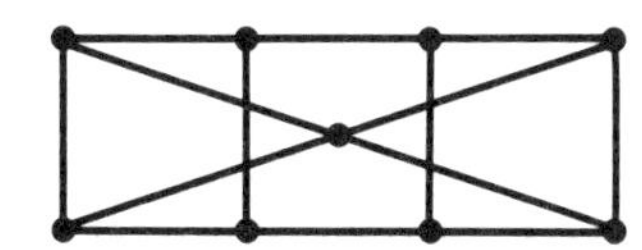

Fig. 3.16 C_8^1

Übung: Man schätze die Wahrscheinlichkeit dafür ab, daß Fig. 3.17 zusammenhängend bleibt, wenn p_{ij} die Intaktwahrscheinlichkeit der Kante (K_i, K_j) ist, und vergleiche mit einer Simulation nach (AL 5) mit wenigstens 20 Versuchen (siehe Anhang A.3).

p_{12}	p_{13}	p_{23}	p_{24}	p_{34}	p_{35}	p_{45}
.7	.2	.3	.6	.3	.2	.7

Tab. 3.3

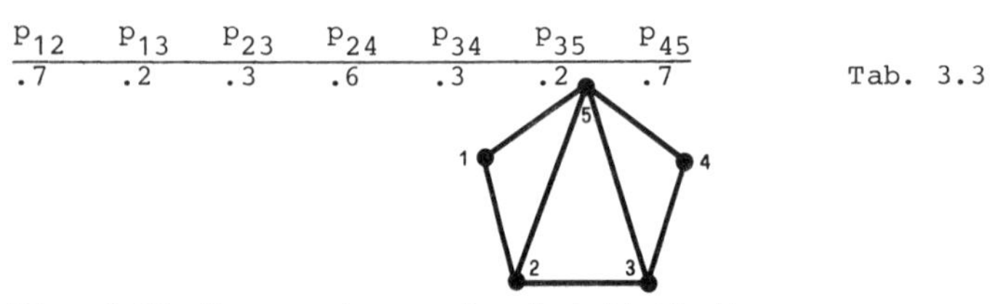

Fig. 3.17 Zusammenhangswahrscheinlichkeit

3.2.2 Zusammenhangswahrscheinlichkeit

Die Wahrscheinlichkeit dafür, daß ein Graph (Netzwerk) G zusammenhängend bleibt, wenn Verbindungen zwischen Knoten unterbrochen werden können, läßt sich leicht nach oben abschätzen, falls wir annehmen dürfen, daß diese Unterbrechungen s-unabhängig sind [14].

Es sei z_i^j der F-Zustand der j-ten vom i-ten Knoten ausgehenden Kante aus G und $y_i := \prod_{j=1}^{d_i} {}^B z_i^j$; $d_i > 0$, $i = 1,2,\ldots,n$, sei vorausgesetzt. Ferner sei $p = P\{z_j^i = 1\}$ für alle $1 \le i \le n$, $1 \le j \le d_i$. Mit Wahrscheinlichkeit $(1-p)^{d_i}$ hat der i-te Knoten keine intakte Verbindung zu anderen Knoten. Jeder Knoten sei zuverlässig. Dann gilt für die Zusammenhangswahrscheinlichkeit von G

$$h_G(p) \le 1 - P\{\sum_{i=1}^{n}{}^B y_i = 1\} \le 1 - \sum_i E(y_i) + \sum_{i<k} E(y_i \cdot y_k)$$

$$= 1 - \sum_{i=1}^{n} (1-p)^{d_i} + \sum_{i=1}^{n-1} \sum_{k=i+1}^{n} (1-p)^{d_i + d_k - d_{ik}} \tag{3.2}$$

mit d_{ik} der Anzahl der direkten Verbindungen zwischen dem i-ten und dem k-ten Knoten des Netzwerks. Nach der Methode der Inklusion-Exklusion [8] gilt nämlich $Y^1 \ge Y \ge Y^1 - Y^2$ mit

$Y^k = \sum_{1 \le i_1 \le i_2 \le \ldots \le i_k \le n} P\{y_{i_1} \cdot y_{i_2} \cdot \ldots \cdot y_{ik} = 1\}$. $Y = P\{\sum_{i=1}^{n}{}^B y_i = 1\}$ ist die Wahrscheinlichkeit, mit der ein Knoten vom Rest des Netzwerks gänzlich isoliert wird. Man beachte $P\{y_i \cdot y_k=1\} = (1-p)^{d_i}(1-p)^{d_k-d_{ik}}$. Beispielsweise erhält man für einen Ring mit $p = .9$ und $n = 8$ ($d_i = 2$, $d_{ik} = 1$) die Abschätzung $.0712 \geq Y \geq .0700$, also $h_G(p) \leq .93$. Vergleiche Tabelle 3.4 ($p = .9$, $n = 8$).

d_i	d_{ik}	$h_G(p)$	Beispiel
2	1	$\leq .930$	Ring
exakt		.813	
1	1	$\leq .510$	Stern
$d_1 = 7$			
exakt		.478	

Tab. 3.4

Wenn diese Abschätzung auch nicht besonders gut ist, ist sie dennoch nützlich, denn $h_G(p)$ exakt zu berechnen, kann überaus mühselig sein. In den meisten Fällen muß man sich mit Simulationen helfen. Ein exakter Ausdruck für $h_G(p)$ wäre z. B.

$$h_G(p) = 1 - Q = 1 - \sum_{i=v_k}^{g} B_i \, (1-p)^i \, p^{g-i} \qquad (3.3)$$

mit B_i der Anzahl nicht zusammenhängender Untergraphen von G mit g-i Kanten und n Knoten. (g (n) ist die Anzahl der Kanten bzw. Knoten von G). Dagegen ist Y die Wahrscheinlichkeit dafür, daß wenigstens ein Netzwerkknoten durch Ausfälle von Kanten vom Rest des Netzwerks isoliert wird. Diese Wahrscheinlichkeit ist sicherlich kleiner oder höchstens gleich Q, der Wahrscheinlichkeit dafür, daß das Netzwerk zerfällt. Für p nahezu 1 (und dies ist in Anwendungen meistens der Fall) folgt aus (3.3)

$$h_G(p) \leq 1 - B_{v_k} \, (1-p)^{v_k} \, p^{g-v_k}. \qquad (3.4)$$

Für den Ring mit $n = 8$ und $p = .9$ erhalten wir aus (3.4) $h_G(p) \leq 1 - \frac{n(n-1)}{2} (1-p)^2 \, p^6 = .852$ und für den entsprechenden Stern $h_G(p) \leq 1 - 7(1-p) \, p^6 = .628$. Allerdings ist es nicht immer so einfach, wie in diesen beiden Beispielen, v_k und insbesondere B_{v_k} zu finden. In [22] wird ein (nicht-enumerativer) Algorithmus zur Bestimmung von v_k angegeben. Unsere Überlegungen zeigen aber, daß für p nahezu 1 ein hinsichtlich seiner Zuverlässigkeit gutes Netzwerk mit g Kanten und n Knoten zwar $v_k = \lfloor \frac{2g}{n} \rfloor$, jedoch eine möglichst kleine Anzahl kritischer Kantenmengen haben soll.

Eine weitere Komplikation kommt hinzu, wenn die Kanten zwar s-unabhängig ausfallen, aber nicht alle Kanten gleich zuverlässig sind. Angenommen, wir kennen einen Algorithmus, der alle G aufspannenden Bäume generiert (siehe dazu AL 4 im Anhang A.1 und [23, 24]).
Es sei dann

$$t_i := \prod_k^B z_{i_k}, \tag{3.5}$$

wobei das Und über alle Kanten des i-ten Baumes zu bilden ist. Die Zusammenhangswahrscheinlichkeit ist nun gleich der Wahrscheinlichkeit für wenigstens einen intakten, G aufspannenden Baum:
$h_G(\underline{p})$ = P{wenigstens ein Baum ist intakt} = $P\{\sum_{i=1}^{\beta B} t_i = 1\}$ mit β der Anzahl aller G aufspannenden Bäume. Mit der Methode der Inklusion-Exklusion kann nun h_G wieder näherungsweise berechnet werden. Denn (T^k ist analog zu Y^k definiert, jedoch mit t_i anstelle von y_i):

$$h_G = \sum_i^{\beta} (-1)^{i-1} T^i \quad \text{und} \tag{3.6}$$

$h_G \leq T^1,\ T^1 - T^2 + T^3$, etc.

$h_G \geq T^1 - T^2,\ T^1 - T^2 + T^3 - T^4$, etc.

T^k ist eine Summe aus Produkten der entsprechenden Kantenzuverlässigkeiten. (Warnung: Nicht immer fallen (wachsen) diese oberen (unteren) Schranken mit fortschreitendem i. Man berechne z. B. diese Schranken für den Ring mit n = 8 und p = .9. Für einen Ring gilt $\beta = n$, für einen Stern $\beta = 1$).

Bisher haben wir den Fall betrachtet, daß die Knoten eines Graphen zuverlässig und dessen Kanten unzuverlässig sind. Umgekehrt kann man sich für die Zusammenhangswahrscheinlichkeit eines Graphen interessieren mit zuverlässigen Kanten, aber unzuverlässigen Knoten. Wir wollen darauf aber nicht näher eingehen, da sich keine wesentlich neuen Gesichtspunkte mehr ergeben würden. Sind sämtliche Komponenten eines fehlertoleranten Systems Σ unzuverlässig (und in ihren Ausfällen s-unabhängig), dann ist die Funktionswahrscheinlichkeit h_Σ des Gesamtsystems eine Funktion sowohl der Intaktwahrscheinlichkeit des Systems hinsichtlich seiner Untereinheiten (Knoten) als auch der entsprechenden Zusammenhangswahrscheinlichkeiten. Im folgenden werden wir aber immer voraussetzen, daß Verbindungen (Kanten) zuverlässig sind und nur den Fall unzuverlässiger Einheiten betrachten. Zuweilen mag es möglich sein, einen Knoten zusammen mit seinen Kanten als eine Systemeinheit anzusehen und so die Unzuverlässigkeit der Kanten mit zu berücksichtigen. Unter Redundanz sei nun immer Redundanz an Knoten verstanden.

3.3 Selbstdiagnose

Offensichtlich ist es für die Verfügbarkeit eines Systems wesentlich, inwieweit die vorhandene Reserve - eventuell unnötigerweise - verbraucht und defekte Einheiten übersehen wurden. Deshalb interessieren wir uns für die Wahrscheinlichkeit dafür, daß bei einer Selbstdiagnose

- alle defekten Einheiten lokalisiert und
- intakte Einheiten nicht fälschlicherweise als defekt angesehen

werden. Diese Wahrscheinlichkeit, die Wahrscheinlichkeit für eine korrekte Selbstdiagnose, wollen wir die Diagnostizierbarkeit D des Systems nennen. Sie ist, wie auch die Systemverfügbarkeit, eine Funktion der Verfügbarkeiten der testenden Einheiten und der Diagnoseeinheit. Wir nehmen an, daß die Diagnoseeinheit zur Hardcore des Systems zählt und unter Einheit sei im folgenden immer ein Systemteil verstanden, der als Ganzes getestet und erneuert werden kann. Das System Σ bestehe aus n solchen Einheiten.

Vor allem zwei Aspekte zukünftiger Computerarchitektur haben das Interesse an der Selbstdiagnose verstärkt, nämlich die Höchstintegration und die Verteilung von Rechenkapazitäten (distributed processing). Die Hardware zukünftiger Computersysteme wird größtenteils aus VLSI-Komponenten bestehen. Die Fehlerwahrscheinlichkeit wächst aber mit zunehmender Integration. Zugleich schwindet die Möglichkeit, diese Komponenten von außen hinreichend auszutesten. Dazu enthalten sie viel zu wenige Eingangs- und Ausgangsstellen. Andererseits ist auf einem VLSI-Chip genügend Spielraum für nützliche Redundanz vorhanden. Was liegt dann näher als zu verlangen, daß sich solche Komponenten selbst diagnostizieren und im Falle eines Defekts ihre Redundanz sinnvoll ausnützen? Aber auch die Tendenz zu immer größeren und komplexeren Mehrrechnersystemen er-

erfordert, daß die Diagnose dieser Systeme automatisiert wird, damit sich möglichst schnell und ohne Eingriffe von außen defekte Einheiten isolieren lassen.

3.3.1 Testgraphen

Ein fehlertolerantes System Σ bestehe aus Einheiten (z. B. Prozessoren und Speichermedien), die fähig sind, andere Einheiten des Systems zu testen und/oder selbst getestet zu werden. Einheit E_i kann auf verschiedene Weise feststellen, ob Einheit E_j intakt ist, z. B. wenn E_i fehlerhafte Daten von E_j erhält, E_j Nachrichten nicht rechtzeitig übermittelt oder nicht akzeptiert (Zeitüberwachung) oder dadurch, daß E_i in E_j ein Testprogramm anstößt. Auf Einzelheiten der Fehlererkennung soll nicht näher eingegangen werden, vgl. dazu [36]. Wir stellen uns vor, daß auf diese oder ähnliche Weise der F-Zustand einer jeden Einheit regelmäßig überprüft und das Ergebnis der Diagnoseeinheit (z. B. der NCU) gemeldet wird. Diese ermittelt dann den F-Zustand des Gesamtsystems und isoliert oder ersetzt die defekten Einheiten.

Die Testanordnung von Σ läßt sich durch einen gerichteten Graphen $G_\Sigma = (V,K)$ beschreiben [37] mit der Knotenmenge $V = \{E_1,E_2,...,E_n\}$ und der Kantenmenge $K \subseteq V \times V$. Den Systemeinheiten werden die Knoten E_i aus V zugeordnet, den Testverbindungen die Kanten aus K. Das heißt, Einheit E_i testet Einheit E_k, falls $(E_i,E_k) \in K$. Das Testergebnis t_{ik} ist 1 (intakt) oder 0 (defekt). Es ist also t_{ik} das Urteil von E_i über E_k. Einheit E_i ist im F-Zustand $x_i = 1$, falls sie intakt ist, sonst im F-Zustand $x_i = 0$. Das geordnete Tupel $\Gamma = (t_{ik})$ aller Testurteile zu einem Testzeitpunkt heiße ein Syndrom (oder Testergebnis) von Σ. Nur Urteile intakter Einheiten sind vertrauenswürdig. Die Gesamtheit der defekten Einheiten nennen wir Fehlermuster. Fehlermuster, die das Syndrom Γ bewirken können, sollen zu Γ konsistent heißen. Unter Systemzustand sei das Tupel $\underline{x} = (x_1,...,x_n)$ verstanden.

Beispiel: In einer hitzigen Diskussionsrunde behauptet jeder Teilnehmer von seinem rechten Nachbarn, er sei kompetent (1) oder nicht kompetent (0). Wer ist nun tatsächlich kompetent? Die Runde bestehe aus 5 Teilnehmern: H, S, E, F und G. Fig. 3.18 gibt den Testgraph mit dem Syndrom $\Gamma = (1,0,1,0,1)$ wieder.

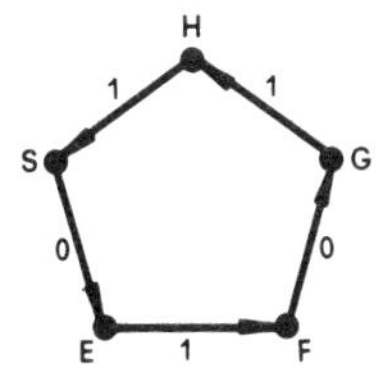

Fig. 3.18 Testgraph $G_{\Sigma 1}$

Bemerkung: Es ist nicht notwendig, den Begriff "Testkante" so eng zu fassen, wie wir es hier getan haben. Ist beispielsweise (E_i, E_k) Kante eines Testgraphs, so genügt es, wenn ihr folgende Bedeutung zukommt, ohne daß gesagt zu werden braucht, wer den entsprechenden Test auswertet: "Einheit E_i (z. B. ein ROM) muß intakt sein, damit Einheit E_k getestet werden kann". Solange das Testergebnis immer korrekt ist, wenn E_k verfügbar ist, wird sich nichts an unseren Überlegungen ändern. In der Regel aber müssen mehrere Systemeinheiten für einen Test verfügbar sein. Diese Erweiterung werden wir in Kapitel 3.3.3 vornehmen.

t-Diagnostizierbarkeit eines Testgraphen

Ein sich selbst diagnostizierendes System, bzw. ein Testgraph, heißt t-diagnostizierbar, wenn es zu jedem Syndrom genau ein konsistentes Fehlermuster gibt mit höchstens t defekten Einheiten. Es, bzw. er, heiße sequentiell t-diagnostizierbar, wenn bis zu t Einheiten ausfallen können und dennoch jedes Syndrom wenigstens eine defekte Einheit eindeutig lokalisiert, vorausgesetzt, es ist eine Einheit ausgefallen. Falls Σ sequentiell t-diagnostizierbar ist, lassen sich durch eine Folge von höchstens t Tests und Erneuerungen alle defekten Einheiten lokalisieren. Dagegen genügt ein einziger Systemtest, wenn das System t-diagnostizierbar ist und höchstens t Einheiten ausfallen können. Die Diagnostizierbarkeit D ist dann gleich 1. Es gilt der folgende Satz. Sein Beweis findet sich im Anhang A.5.

Satz: Ein System aus n Einheiten, von denen keine sich selbst testet, sei t-diagnostizierbar. Dann gilt
(1) $t < \frac{1}{2}(n-1)$ und es wird
(2) jede Einheit von wenigstens t anderen getestet.
Die zweite Bedingung ist auch hinreichend, falls sich keine zwei Einheiten gegenseitig testen, die erste auch notwendig für die sequentielle t-Diagnostizierbarkeit des Systems.

Beispiel: Diskussionsrunde.
Der Testgraph $G_{\Sigma 1}$ ist 1-diagnostizierbar, jedoch nicht 2-diagnostizierbar. Angenommen, auch E und F äußern jetzt ihre Meinung über H. Aus Fig. 3.18 wird Fig. 3.19. Der Testgraph $G_{\Sigma 2}$ ist sequentiell 2-diagnostizierbar, wie man dem folgenden Satz entnehmen kann.

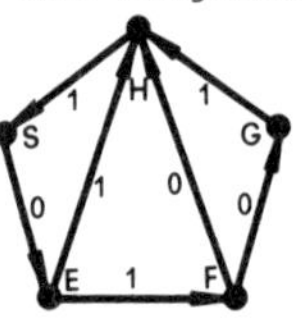

Fig. 3.19 Testgraph $G_{\Sigma 2}$

Für streng zusammenhängende Testgraphen gilt der

Satz: Es sei G = (V,K) ein streng zusammenhängender Testgraph, mit $|V| = n \geq 2$ und t sei eine natürliche Zahl, die der Beziehung $\lfloor (\frac{t+2}{2})^2 \rfloor = n-1$ genügt. Dann ist G sequentiell t-diagnostizierbar.

Die Gültigkeit dieses Satzes folgt aus dem im Anhang A.5 bewiesenen Lemma, welches besagt, daß (mit obiger Voraussetzung) der Durchschnitt mehrerer Fehlermuster mit t oder weniger defekten Einheiten nicht leer sein kann, wenn sie dasselbe Syndrom hervorrufen. Es ist daher möglich, wenigstens eine defekte Einheit zu lokalisieren. Tabelle 3.5 zeigt für einige n das gesuchte $t = t^*$.

n	2	3	4	5	6	7	8	9	10
t^*	0	1	1	2	2	3	3	3	4

Tab. 3.5

Übung: Testgraph G habe n Einheiten und den Zusammenhangsgrad κ. Man zeige: G ist $\min\{\kappa, \lfloor .5(n-1) \rfloor\}$-diagnostizierbar. Zum Beweis verwende man das Theorem aus Anhang A.5.

G hat den Zusammenhangsgrad κ, wenn es von jedem Knoten aus V zu jedem anderen Knoten wenigstens κ kantendisjunkte Wege gibt.

Optimale Testgraphen

Die Testanordnung eines sich selbst diagnostizierenden Systems sei wieder durch den Testgraphen G = (V,K) mit $|V| = n$ und $|K| = k$ gegeben. Für die Systemdiagnose sind dann k Einzeltests durchzuführen. Dabei ist die Anzahl, der von der i-ten Einheit durchzuführenden Tests, gleich d_i^+ (= Zahl der von E_i auslaufenden Kanten). Um den Aufwand, den die Selbstdiagnose mit sich bringt, möglichst gering zu halten, wird man natürlich versuchen, $k = \sum_{i=1}^{n} d_i^+$ und $b^+(G) = \max_i\{d_i^+\}$ so klein wie möglich zu wählen. Testgraph G heiße deshalb (sequentiell) t-optimal, wenn er (sequentiell) t-diagnostizierbar ist und wenn k, wie auch $b^+(G)$, hinsichtlich aller (sequentiell) t-diagnostizierbaren Testgraphen mit n Knoten minimal sind. Einen $\lfloor\frac{n-1}{2}\rfloor$-optimalen Testgraphen nennen wir optimal.

Satz / Beispiel: Der Testgraph $G^+ = (V^+, K^+)$ mit den folgenden Eigenschaften ist t-optimal.

(a) $|V^+| = n^+ \geq 3$.

(b) $(E_i, E_j) \in K^+$ dann und nur dann, wenn $i - j = m \pmod{n^+}$, $m = 1,2,3,\ldots,t$ und

(c) $t \leq \frac{1}{2}(n^+-1)$.

Zum Beispiel ist jeder Testring (mit mehr als zwei Einheiten) 1-optimal und sequentiell t^*-optimal, siehe Tab. 3.5.

Beweis: G^+ hat keine Schleife und keine zwei Einheiten testen sich gegenseitig. Da außerdem $d_i^- = t$ für alle $E_i \in V^+$ gilt, ist G^+ t-diagnostizierbar; $b^+(G^+) = t$ und $|K^+| = n^+ \cdot t$. Aus dem vorhergehenden Satz folgt jedoch für alle t-diagnostizierbaren Testgraphen mit n Knoten und k Kanten notwendigerweise $d_i^- \geq t$, daher ist auch $k \geq nt$ und $b^+(G) \geq t$. (Anderenfalls wäre $k \leq n \cdot b^+(G) < nt$). Also sind $b^+(G^+)$ und $|K^+|$ minimal. □

Fig. 3.20 zeigt einen optimalen Testgraphen G^+ ($n^+ = 5$, $t = 2$).

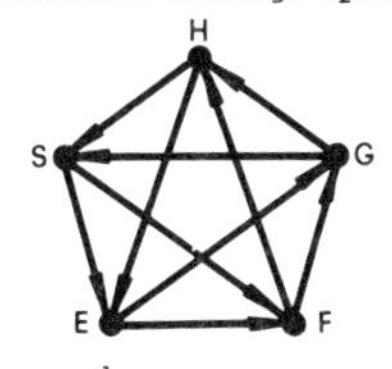

Fig. 3.20 Optimaler Testgraph

P r e p a r a t a et al. [37] folgend bezeichnen wir die Klasse aller Testgraphen der Gestalt G^+ mit D_{1t}.

Übung: Man zeige: Der Testgraph der Figur 3.21 ist sequentiell optimal. Hinweis: Man verwende Tab. 3.5 für beide Zyklen.

Übung: Man zeige: Es gibt keinen t-diagnostizierbaren, zyklenfreien Testgraphen mit $t > 0$.

Fig. 3.21 Sequentiell optimaler Testgraph

3.3.2 Diagnosealgorithmen

Wir wollen uns jetzt überlegen, wie wir (oder die Diagnoseeinheit) aus dem Ergebnis eines Systemtests den Zustand des Systems ermitteln können. Der Systemtest liefere das Syndrom Γ. Zunächst sei angenommen, daß wir uns keine weitere Information über den Systemzustand beschaffen können. In Abschnitt 3.3.4 werden wir dagegen voraussetzen, daß zusätzlich wenigstens die Ausfallraten der Systemeinheiten bekannt sind. Die zu Γ konsistenten Zustände finden wir als Lösungen folgender Boolescher Gleichung

$$\prod_{K}^{B}[t_{ik}(\bar{x}_i + x_k) + \bar{t}_{ik}(\bar{x}_i + \bar{x}_k)] = 1. \tag{3.7}$$

Denn entweder ist E_i fehlerhaft ($x_i=0$) oder aber $x_k = 1$ (0), falls ein Test den Wert $t_{ik} = 1$ (0) ergibt. Also gilt $\bar{x}_i + t_{ik}x_ix_k + \bar{t}_{ik}x_i\bar{x}_k = 1$ für alle $(E_i,E_k) \in K$ und somit (3.7).

Beispiel: Diskussionsrunde

1. Fall $G_{\Sigma 1}$: $(\bar{x}_H+x_S)\cdot(\bar{x}_S+\bar{x}_E)\cdot(\bar{x}_E+x_F)\cdot(\bar{x}_F+\bar{x}_G)\cdot(\bar{x}_G+x_H) =$

$$\bar{x}_E\bar{x}_G(\bar{x}_H+x_S) + x_Hx_S\bar{x}_E\bar{x}_F + \bar{x}_H\bar{x}_Sx_F\bar{x}_G = 1.$$

	x_H	x_S	x_E	x_F	x_G	Fehlermuster
Minimale Lösungen:	1	1	0	0	1	{E,F}
	1	1	0	1	0	{E,G}
Konsistent sind aber auch:	0	1	0	1	0	{H,E,G}
	0	0	1	1	0	{H,S,G}
	1	1	0	0	0	{E,F,G}

Tab. 3.6

2. Fall $G_{\Sigma 2}$: $\bar{x}_E[\bar{x}_G\bar{x}_H + \bar{x}_G\bar{x}_S\bar{x}_F + x_S x_H \bar{x}_F] = 1$.
Der Diskussionsleiter hätte E nicht einladen sollen, denn $x_E \equiv 0$.

Der tatsächliche, Syndrom Γ verursachende Systemzustand ist unter der Lösungsmenge zu suchen. Dazu benötigen wir weitere Information, die uns das Syndrom allein nicht liefern kann.

Ein Diagnosealgorithmus für D_{1t} [38, 39]

Gegeben ein Testgraph $G^+ = (V^+, K^+)$ aus D_{1t}, es sei $V^+ = \{E_0, E_1, \ldots, E_{n-1}\}$ und $t \leq \frac{1}{2}(n-1)$. Ferner liege ein Syndrom $\Gamma = (t_{ij})$ vor. Mit dem folgenden Algorithmus erhalten wir zunächst für jede Einheit E_i eine Liste $L_i = (L_{i0}, \ldots, L_{i(n-1)})$, $L_{ij} \in \{0,1\}$, von der Art, daß L_i zugleich der tatsächliche Systemzustand ist, falls E_i intakt ist und nicht mehr als t Einheiten defekt sind. Deshalb sind mindestens $n-t \geq t+1$ dieser Listen identisch. Wegen $n \geq 2t+1$ gibt es jedoch höchstens einen Satz S mit mindestens n-t identischer Listen. (Gäbe es mehr als einen solchen Satz, so wäre $n \geq 2n-2t \geq 2n-n+1 = n+1$. Widerspruch! Andererseits können höchstens t fehlerhafte Listen identisch sein. Es ist jedoch $n-t > t$). Jede Liste aus S gibt also den tatsächlichen Systemzustand wieder. Im zweiten Teil des Algorithmus' werden daher die Listen verglichen.

Erster Teil - dieser Teil ist für jedes $i \in \{0,1,\ldots,n-1\}$ genau einmal auszuführen. Wähle i.

(1) Setze L_{ij} gleich 1 $(j=0,1,2,\ldots,n-1)$, a gleich 0, k gleich $i+1 \pmod n$, j gleich i
(2) Falls $a \geq t$ oder $k = i$, goto (6)
(3) Falls $t_{jk} = 0$, setze L_{ik} gleich 0 und a gleich a+1, goto (5)
(4) Setze j gleich k
(5) Setze k gleich $k+1 \pmod n$, goto (2)
(6) Stop (AL 3)

Zweiter Teil

(7) Setze j gleich 0, ℓ gleich 0
(8) Setze γ_j gleich $|\{i \mid L_{ij} = 0\}|$
(9) Falls $\gamma_j \geq t+1$, setze ℓ gleich $\ell+1$ {Einheit E_j ist defekt,

denn es gibt höchstens t defekte Einheiten}

(10) Setze j gleich j+1

(11) Solange $j < n$ und $\ell < t$, wiederhole (8) bis (10)

(12) Stop

Übung: Man zeige:
(a) L_i ist Systemzustand, falls E_i intakt und $2t \leq (n-1)$ ist.
(b) Der Diagnosealgorithmus hat eine Laufzeit proportional zu n^2; er ist also effektiv.

Übung: Man wende AL 3 auf Fig. 3.20 an mit $\Gamma = (t_{HS}, t_{HE}, t_{SE}, t_{SF}, t_{EF}, t_{EG}, t_{FG}, t_{FH}, t_{GH}, t_{GS}) = (0,1,1,1,1,0,0,0,1,1)$.

Komplexität von Diagnosealgorithmen

Nach Cook [40] ist das Problem festzustellen, ob für irgendein binäres Tupel (t_{ik}) der Boolesche Ausdruck (3.7) erfüllt werden kann, P-berechenbar. Deshalb kann auch die Frage effektiv beantwortet werden, ob bei einem gegebenen Syndrom Γ eine Einheit, z. B. E_i, mit Sicherheit als ausgefallen angesehen werden kann. Man setze in (3.7) $x_i = 1$ - und überprüfe, ob der resultierende Boolesche Ausdruck erfüllbar ist. Dagegen gehört das Aufsuchen eines zu Γ konsistenten minimalen Fehlermusters F_0 (d. h. mit möglichst wenig defekten Einheiten) zu den NP-vollständigen Problemen. Wenn wir annehmen dürfen, die Verfügbarkeit der Systemeinheiten ist groß, dann ist F_0 das wahrscheinlichste Fehlermuster und Diagnose bedeutet dann, für beliebige Testgraphen und Syndrome das jeweilige F_0 zu finden. Nach dem soeben Gesagten ist es unwahrscheinlich, daß es dafür einen effektiven Algorithmus gibt. Begnügt man sich dagegen mit speziellen Klassen von Testgraphen und schränkt die Anzahl möglicher Fehler ein, dann kann es durchaus effektive Diagnosealgorithmen geben, wie wir gesehen haben.

3.3.3 Erweiterte Testgraphen [41, 44]

Gemeinsame Urteile

Man kann daran denken, Tests so einzurichten, daß mehrere Einheiten ein gemeinsames Urteil über die zu testende Einheit abgeben. Dieses Urteil kann z. B. auf einer Und- oder einer Majoritätsbasis zustande kommen. Im ersten Fall überprüfen verschiedene Einheiten verschiedene Funktionen oder Speicherbereiche der zu testenden Einheit; im zweiten Fall überprüfen sie dieselbe Funktion. Oder anders interpretiert, für den Test einer Systemeinheit müssen mehrere Einheiten verfügbar sein. So kann z. B. für den Test eines Prozessors notwendig sein, daß ein entsprechendes ROM und wenigstens einer von mehreren Input-Output-Prozessoren intakt sind. Auch diese Testanordnung läßt sich durch einen Testgraphen beschreiben, dessen Kanten jedoch anders zu bewerten sind.

Es sei Testgraph G = (V,K) gegeben und für Einheit $E_i \in V$ seien $\sigma(i)$ Tests vorgesehen. Jeder dieser Tests ist nun durch eine Teilmenge T_i^α von K mit $pr_2\, T_i^\alpha = E_i$ definiert, $1 \leq \alpha \leq \sigma(i)$ (pr_j sind Projektionen, z. B. $pr_2(x,y)=y$). Die Kanten aus T_i^α werden mit dem Testergebnis $t_i^\alpha \in B_2$, dem gemeinsamen Urteil der Einheiten aus $pr_1\, T_i^\alpha$ über E_i, bewertet. Der Aussagewert dieses Urteils sei

$u_i^\alpha \in B_2$, d. h. $u_i^\alpha = \begin{cases} 0, \text{ wenn } t_i^\alpha \text{ unbrauchbar ist} \\ 1 \text{ sonst.} \end{cases}$

Z. B. gilt für ein Urteil der Einheiten E_1, E_2 und E_3 über E_4 auf Majoritätsbasis: $u_4^\alpha = x_1x_2 + x_1x_3 + x_2x_3$. Ist $\Gamma = (t_i^\alpha)$ ein Syndrom, das aus dieser Testanordnung resultiert, dann müssen die zu Γ konsistenten Systemzustände folgende Boolesche Gleichung erfüllen (Ob diese erweiterte Gleichung erfüllt werden kann, ist ein NP-vollständiges Problem [40]):

$$\prod_{E_i \in V}^{B} \left[\prod_{\alpha=1}^{\sigma(i)}{}^{B} \left(t_i^\alpha(\bar{u}_i^\alpha + x_i) + \bar{t}_i^\alpha(\bar{u}_i^\alpha + \bar{x}_i)\right)\right] = 1. \tag{3.8}$$

Fig. 3.22 zeigt ein Beispiel. (Da $\sigma(i) = 1$ für i=1,2,...,6 angenommen wurde, setzen wir $t_i^1 = t_i$).

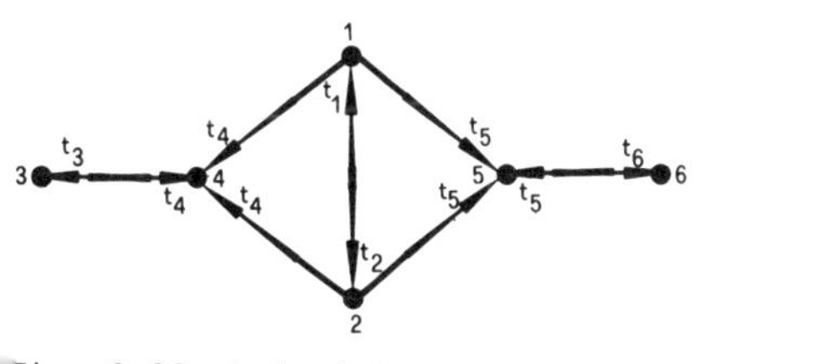

$u_1 = x_2$
$u_2 = x_1$
$u_3 = x_4$
$u_4 = (x_1+x_2)x_3$
$u_5 = (x_1+x_2)x_6$
$u_6 = x_5$

Fig. 3.22 Beispiel eines erweiterten Testgraphen

Für den Test beispielsweise von E_4, $T_4^1 = \{(E_1,E_4),(E_2,E_4),(E_3,E_4)\}$, müssen E_1 und E_3 oder aber E_2 und E_3 intakt sein.

Ein Systemtest liefere das Syndrom $\Gamma = (0,1,1,0,1,1)$. Dann genügen die konsistenten Zustände folgender Gleichung

$$\bar{x}_1(\bar{x}_2x_3\bar{x}_5 + \bar{x}_2x_3x_6 + \bar{x}_2\bar{x}_4\bar{x}_5 + \bar{x}_2\bar{x}_4x_6 + \bar{x}_4x_5x_6 + \bar{x}_4\bar{x}_5\bar{x}_6) = 1.$$

Die kleinsten, konsistenten Fehlermuster sind $F_1 = \{E_1, E_2\}$ und $F_2 = \{E_1, E_4\}$. Einheit E_1 ist auf jeden Fall defekt.

Bemerkung: In diesem Beispiel hätte man auch erst das Teilsyndrom $\Gamma' = (t_1,t_2)$ auswerten und sofort die Erneuerung von E_1 veranlassen können. Im nächsten Schritt kann die Diagnose vervollständigt werden. Ein schrittweises Vorgehen ist besonders dann angebracht, wenn das System aus Komponenten unterschiedlicher Zuverlässigkeit besteht. Relativ fehlersichere Einheiten (die Hardcore) überprüfen die Funktionszustände derjenigen Einheiten, die für eine weitergehende Diagnose gebraucht werden. Nach einer notwendigen Reparatur wird im nächsten Schritt die Diagnose auf andere Einheiten ausgedehnt, bis schließlich das System vollständig getestet ist (boot strap).

Übung: In [45] wurde ein sich selbst diagnostizierender Minicomputer vorgestellt, dem der Testgraph der Fig. 3.23 zugrunde liegt. Im ersten Diagnoseschritt werden die Einheiten mit geradem, im zweiten die mit ungeradem Index getestet. Es sei $u_i = x_{i-1} \cdot x_{i+1}$ (Indexoperationen werden mod n verstanden). Für $n = 4$ bestimme man die zu $\Gamma = (0,1,1,0)$ konsistenten Fehlermuster.

Grobdiagnose

Oft ist es nicht notwendig, jeden Defekt zu lokalisieren. Es genügt diejenigen Systemteile (Steckkarten, Chips, etc.) herauszufinden, die defekte Einheiten enthalten und austauschbar sind. Dies führt zu einer Einteilung der Menge V der Systemeinheiten in Untermengen V_i, die den austauschbaren Systemteilen entsprechen. Dabei kann oft vorausgesetzt werden, daß V_i höchstens t^i defekte Einheiten enthält. Man steht dann vor folgenden Fragen. (Näheres zur Beantwortung dieser Fragen findet man in [42]):

Gegeben sei ein Testgraph $G = (V,K)$, eine Partition $\Pi = \{V_i\}$ von V und eine Liste $t = (t^1,t^2,\ldots,t^{|\Pi|})$ ganzer Zahlen. Ist es möglich, für jedes Syndrom von G alle Teile mit defekten Einheiten zu lokalisieren vorausgesetzt, V_i enthält höchstens t^i defekte Einheiten? Wie groß ist $\max\{\sum_i t^i\}$, so daß dies noch möglich ist? Welche Testgraphen sind in diesem Sinne optimal? Wie findet man für ein gegebenes Syndrom die Teile mit defekten Einheiten (konsistente Fehlermuster)?

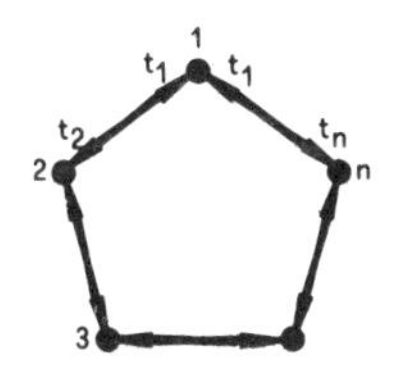

Fig. 3.23 Beispiel für eine schrittweise Selbstdiagnose

Übung: Man bestimme das maximale t, für das der Testgraph der Fig. 3.23 (a) (sequentiell) t-diagnostizierbar ist (n = 1,2,3,4). NCU ist die Netzwerkkontrolleinheit, AP_i sind Prozessoren für Anwenderaufgaben, vgl. dazu Kapitel 4.5.4.

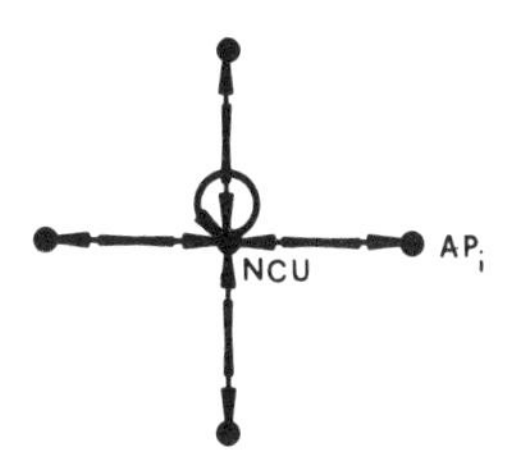

Fig. 3.23 (a) Stern

Beispiel für selbsttestende Logik:

Fig. 3.23 (b) zeigt ein sich selbsttestendes Exclusive-Or-Gatter für Variable $x = (x_1,x_2)$, $y = (y_1,y_2)$, die nur die beiden Werte (0,1) oder (1,0) annehmen dürfen, z. B. Verwendung von zwei Zustandsbits für Schaltelemente. Dadurch können z. B. Unterbrechungen erkannt werden (s.u.).

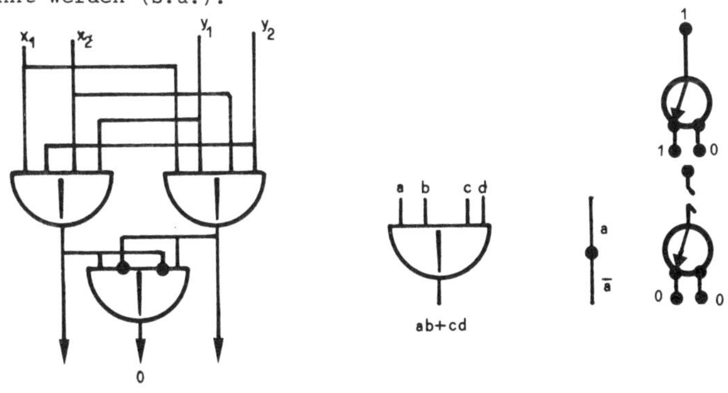

Fig. 3.23 (b) Ein selbsttestendes Exclusive-Or-Gatter

3.3.4 Diagnostizierbarkeit

Das Syndrom eines sich selbst testenden Systems gibt uns - zumindest partiell - Auskunft über den augenblicklichen Systemzustand. Die Aufgabe der Diagnoseeinheit wäre es, an Hand des Syndroms diesen Zustand zu ermitteln. Die in einem Syndrom enthaltene Information reicht dazu im allgemeinen jedoch nicht aus. Ob ein einzelnes Testergebnis aus Γ für die Diagnose brauchbar ist, hängt nämlich, wie wir gesehen haben, von F-Zustand und damit von der Verfügbarkeit der testenden Einheit ab. Die Diagnostizierbarkeit des Systems ist somit eine Funktion dieser Zustände und wird natürlich durch die Wahl der Diagnosefunktion beeinflußt. Wir haben somit eine Aufgabenstellung aus der Nutzen- und Entscheidungstheorie vor uns - nämlich diejenige Diagnosefunktion zu finden, mit der wir das geringste Risiko eingehen, die beispielsweise die größte Diagnostizierbarkeit des Systems bewirkt.

Vorgegebene Diagnosefunktion

Zunächst wollen wir die Diagnostizierbarkeit eines Systems Σ bei gegebener Diagnosefunktion δ bestimmen. Dazu definieren wir die beiden stochastischen Variablen:

X_t Systemzustand zu einem Testzeitpunkt t und

Γ_t das erzeugte Syndrom. Ferner sei

$n_\delta(\underline{x})$ die Anzahl der Syndrome, die δ dem Zustand $\underline{x}$ zuordnet,

$p_t(\underline{x}) = P\{X_t=\underline{x}\}$ die Wahrscheinlichkeit dafür, daß sich Σ zur Testzeit t im Zustand $\underline{x}$ befindet, falls δ der Systemdiagnose und Reparatur zugrunde gelegt wird ($p_t(\underline{x})$ ist also von der Wahl von δ abhängig), und

G der Testgraph des Systems.

Die Diagnostizierbarkeit von Σ zur Zeit t, d. h. die Wahrscheinlichkeit für eine korrekte Diagnose, ist gleich der Wahrscheinlichkeit, mit der δ, auf Γ_t angewandt, denselben Wert wie X_t annimmt,

$$D(t) = \sum_{\underline{x}} P\{\delta(\Gamma_t) = \underline{x} \text{ und } X_t = \underline{x}\}.$$

Die Summe ist über alle Zustände des Systems zu bilden. Nach der Bayes-Regel gilt

$$D(t) = \sum_{\underline{x}} P\{\delta(\Gamma_t) = \underline{x} | X_t = \underline{x}\}\ p_t(\underline{x});\ \text{also}$$

$$D(t) = \sum_{\underline{x}} \sum_{\Gamma} P\{\delta(\Gamma)=\underline{x} | \Gamma_t=\Gamma,\ X_t=\underline{x}\} P\{\Gamma_t=\Gamma | X_t=\underline{x}\} p_t(\underline{x}). \qquad (3.9)$$

Der erste Faktor ist - unabhängig von jeder Bedingung - 1 oder 0, je nachdem, ob $\delta(\Gamma) = \underline{x}$ gilt oder nicht. Wir setzen noch voraus, daß das Urteil einer defekten Einheit mit gleicher Wahrscheinlichkeit 0 oder 1 ergibt und zwar unabhängig sowohl vom F-Zustand der getesteten Einheit, wie auch von vorangegangenen Testergebnissen. Dann erhalten wir $P\{\Gamma_t=\Gamma | X_t=\underline{x}\} = d(\underline{x}) := 2^{(\underline{x}-\underline{e})\cdot\underline{d}}$, falls $\underline{x}$ und Γ konsistent sind und 0 sonst. ($\underline{e} = (1,1,\ldots,1)$; $\underline{d} = (d_1^+, d_2^+, \ldots, d_n^+)$; d_i^+ Ausgangsgrad des i-ten Knotens von G). Es ist offensichtlich $-(\underline{x}-\underline{e})\cdot\underline{d}$ gleich der Anzahl der Testkanten, die von im Zustand $\underline{x}$ defekten Einheiten ausgehen. Wir nennen $d(\underline{x})$ Bestimmtheitsfaktor von G hinsichtlich des Systemzustandes $\underline{x}$.

Stellt sich ein Gleichgewicht mit der Zustandsverteilung $\underline{p}_\delta = \lim_{t\to\infty} \underline{p}_t$ ein, mit $\underline{p}_t = (p_t(\underline{x}))$, dann folgt aus (3.9):

$$D = \lim_{t\to\infty} D(t) = \sum_{\underline{x}} \sum_{\Gamma\in\delta^{-1}(\underline{x})} d(\underline{x}) p_\delta(\underline{x}) = \sum_{\underline{x}} d(\underline{x})\ n_\delta(\underline{x})\ p_\delta(\underline{x}). \qquad (3.10)$$

Die Werte von $d(\underline{x})$ und $n_\delta(\underline{x})$ sind durch G bzw. δ vorgegeben. Unser Ziel war, δ so zu wählen, daß D möglichst nahe bei 1 liegt. Die Wahl einer optimalen Diagnosefunktion ist aber, wie wir jetzt sehen, ohne zusätzliche (a priori) Information über die Systemzustände nicht möglich. Dazu ein Beispiel.

Beispiel: Duplexsystem (Fig. 3.12 und 3.24). Beide Prozessoren, E_a und E_b, überprüfen ständig ihre Ausgaben auf Übereinstimmung. Wenn keine Übereinstimmung besteht, wird der normale Arbeitsmodus unterbrochen und beide Einheiten testen sich selbst. (Danach meldet sich der defekte Prozessor mit einer Liste möglicher Fehlerquellen und wartet auf Reparatur). Dieses System ist nicht 1-diagnostizierbar, wie auch Tabelle 3.7 zeigt. (Im folgenden werden die Zustände $\underline{x} = (x_a, x_b)$ mit $i = 2x_a + x_b$ und die Syndrome $\Gamma = (t_1, t_2, t_3, t_4)$ mit $j = 8t_1 + 4t_2 + 2t_3 + t_4$ gekennzeichnet. Außerdem sei $\Gamma(j)$ die Menge aller zu $\underline{x}_j$ konsistenten Syndrome). Die konsistenten Zustände sind in Tab. 3.7 aufgelistet. Damit unser Vorgehen überhaupt sinnvoll ist, müssen p(1) und p(2) größer p(0) sein. Dann aber sind nur noch die beiden Diagnosefunktionen aus Tab. 3.8 sinnvoll.

Fig. 3.24 Testgraph eines Duplexsystems $\underline{d} = (\underline{2},\underline{2})$

Γ	$\underline{x}$	
1111	11	3
	00	0
1110, 0100, 0110	01	1
	00	0
1101, 1001, 1000	10	2
	00	0

Γ	$\underline{x}$	
1100	10	2
	01	1
	00	0
sonst	00	0

Tab. 3.7

Γ	δ_1	δ_2
15	3	3
13, 9, 8	2	2
12	2	1
14, 6, 4	1	1
sonst	0	0

$\underline{x}$	$d(\underline{x})$
3	1
2	1/4
1	1/4
0	1/16

Tab. 3.8

Bei Strategie δ_1 ist die Diagnostizierbarkeit des Duplexsystems gleich

$$D_1 = p_{\delta_1}(3) + \frac{4}{4}p_{\delta_1}(2) + \frac{3}{4}p_{\delta_1}(1) + \frac{8}{16}p_{\delta_1}(0) = 1 - \frac{1}{4}p_{\delta_1}(1) - \frac{1}{2}p_{\delta_1}(0)$$

und für δ_2 gilt: $D_2 = 1 - \frac{1}{4}p_{\delta_2}(2) - \frac{1}{2}p_{\delta_2}(0)$.

<u>Bestimmung der Zustandswahrscheinlichkeiten an Hand zeitdiskreter Markov-Ketten</u> (vgl. Anhang A.6) [46]

Es sei X_t^N der Zustand nach erfolgter Diagnose und Erneuerung zum Zeitpunkt t und t, t' seien zwei benachbarte Testzeiten. Wiederherstellungszeit und Testdauer seien im Vergleich zu t'-t und der mittleren Intaktzeiten der Einheiten vernachlässigbar. Gesucht sind zunächst die Übergangswahrscheinlichkeiten:

$$p_{ji}(t,t') = P\{X_{t'}=\underline{x}_i | X_t=\underline{x}_j\}. \qquad (3.11)$$

Es gilt

$$p_{ji}(t,t') = \sum_k P\{X_{t'}=\underline{x}_i | X_t=\underline{x}_j, X_t^N=\underline{x}_k\} \cdot P\{X_t^N=\underline{x}_k | X_t=\underline{x}_j\}.$$

In dieser Summe kennzeichnet der zweite Faktor die Diagnose- und Erneuerungsstrategie. Für zeitunabhängige Strategien ist dieser Term t-unabhängig. Ferner kann vorausgesetzt werden, daß der Systemzustand nicht mehr von dem Zustand abhängt, den das System vor der letzten (vollständigen) Erneuerung angenommen hatte. Dann ist der erste Faktor allein durch die Ausfallwahrscheinlichkeiten der Systemeinheiten bestimmt. Für exponential verteilte, s-unabhängige Ausfallzeiten ist $p_{ij}(t,t')$ eine Funktion der Differenz $\tau=t'-t$ und hängt nicht noch von t ab. Insgesamt erhalten wir

$$p_{ji}(\tau) = \sum_k q_{ki}(\tau)\ r_{jk}^{\delta} \qquad (3.12)$$

mit

$$q_{ki}(\tau) = P\{X_\tau=\underline{x}_i | X_0^N=\underline{x}_k\} \text{ und } r_{jk}^{\delta} = P\{X^N=\underline{x}_k | X=\underline{x}_j\}.$$

In Matrixschreibweise

$$P_\delta(\tau) = R_\delta \cdot Q(\tau) \qquad (3.13)$$

mit

$$P_\delta = (p_{ji}),\ Q = (q_{ji}) \text{ und } R_\delta = (r_{ji}^{\delta}).$$

Wir können noch einen Schritt weitergehen:

$$r_{jk}^{\delta} = \sum_\Gamma P\{X^N=\underline{x}_k | X=\underline{x}_j, \Gamma\} \cdot P\{\Gamma | X=\underline{x}_j\} =$$

$$\sum_{\Gamma\in\bar{\Gamma}(j)} d(\underline{x}_j)\ P\{X^N=\underline{x}_k | X=\underline{x}_j, \Gamma\} = d(\underline{x}_j) \sum_{\Gamma\in\bar{\Gamma}(j)} r_{jk}^{\delta}(\Gamma),$$

mit $r_{jk}^{\delta}(\Gamma) = P\{X^N=\underline{x}_k | X=\underline{x}_j, \Gamma\}$.

Beispiel: Duplexsystem

Es sei $\Delta = t'-t$ ein konstanter Testabstand und $F_T(t) = 1-e^{-\lambda t}$ die Verteilungsfunktion der Intaktzeiten beider Einheiten. Dann ist $q = e^{-\lambda\Delta}$ die Wahrscheinlichkeit, mit der jede der beiden Einheiten das Testintervall überdauert. Für die Ausfallmatrix $Q(\Delta)$ erhalten wir (wegen der Gedächtnislosigkeit der Exponentialverteilung)

$$\begin{matrix} 3 \\ 2 \\ 1 \\ 0 \end{matrix} \begin{bmatrix} q^2 & q(1-q) & q(1-q) & (1-q)^2 \\ 0 & q & 0 & (1-q) \\ 0 & 0 & q & (1-q) \\ 0 & 0 & 0 & 1 \end{bmatrix} = Q(\Delta)$$
$$\quad\; 3 \qquad 2 \qquad 1 \qquad 0$$

Was die Erneuerungsstrategie anbetrifft sei angenommen, daß eine als defekt angesehene Einheit ohne Zeitverlust durch eine intakte Reserveeinheit ersetzt wird. Dann liest man aus Tab. 3.7 ab, daß für δ_1 z. B. gilt $r_{23}^{\delta}(\Gamma) = 1$, falls Γ konsistent zu 2 ist ($r_{23}^{\delta}(\Gamma)$=0 sonst) und $r_{11}^{\delta}(12)=1$, da in diesem Fall der Ausfall von E_1 nicht erkannt wird.
Insgesamt erhalten wir für die Reparaturmatrix R_{δ}:

$$R_{\delta_1} = \begin{bmatrix} 1 & 0 & 0 & 0 \\ 1 & 0 & 0 & 0 \\ 3/4 & 0 & 1/4 & 0 \\ 1/2 & 3/16 & 1/4 & 1/16 \end{bmatrix} \text{ bzw. } R_{\delta_2} = \begin{bmatrix} 1 & 0 & 0 & 0 \\ 3/4 & 1/4 & 0 & 0 \\ 1 & 0 & 0 & 0 \\ 1/2 & 1/4 & 3/16 & 1/16 \end{bmatrix}.$$

Existiert die Grenzverteilung vor einer Erneuerung

$\underline{p}_{\delta} = \lim_{n\to\infty} \underline{p}^{O} \cdot P_{\delta}^{n}$ mit der Anfangsverteilung $\underline{p}^{O} = (1,0,0,0)$,

so gilt $\underline{p}_{\delta} \cdot P_{\delta} = \lim_{n\to\infty} \underline{p}^{O} \cdot P_{\delta}^{n+1} = \underline{p}_{\delta}$.

Die stationäre Zustandsverteilung vor einer Erneuerung ist also Eigenvektor von P_{δ}. Diese Grenzverteilung existiert, wenn P_{δ} wenigstens eine Zeile hat, deren sämtliche Komponenten nicht verschwinden [47].

Wir gehen in unserem Beispiel einen Schritt weiter und setzen $q = .5$. Das Ergebnis ist (für $\delta = \delta_1$)

$$P_{\delta_1} = \begin{bmatrix} .25 & .25 & .25 & .25 \\ .25 & .25 & .25 & .25 \\ .1875 & .1875 & .3125 & .3125 \\ .125 & .21875 & .25 & .40625 \end{bmatrix}$$

und $\underline{p}_{\delta} = (p_{\delta}(3), p_{\delta}(2), p_{\delta}(1), p_{\delta}(0)) = (.194, .223, .267, .316)$. $D = .775$ ist die Diagnostizierbarkeit unter Strategie δ_1 und die stationäre Intaktwahrscheinlichkeit vor Erneuerung ist $h = .684$;

denn $h = 1 - \underline{p}_{\delta_1}(0)$ bei einem 1 aus 2 - Z-Netz.

In anderen Worten, mit Wahrscheinlichkeit h = .684 übersteht das System (im stochastischen Gleichgewicht) ein Testintervall. Dagegen ist seine Intaktwahrscheinlichkeit nach der Wiederherstellung $h^N = 1 - \underline{p}_\delta^N(0)$ mit $\underline{p}_\delta^N = \underline{p}_\delta R_\delta$. Für das Duplexsystem ergibt sich $\underline{p}_\delta^N = (.775, .059, .146, .02)$ und $h_\delta^N = .98$.

Bemerkung: Durch periodische Tests läßt sich nicht feststellen, wann (während eines Testintervalls) das System ausfiel. Will man sicher gehen, erklärt man am besten das System im ganzen vorangegangenen Testintervall für defekt, sobald ein Ausfall erkannt wurde. Dann ist der relative Zeitanteil A, in dem das System als intakt gelten kann, gleich $A_\delta = \Delta h(\underline{p}_\delta)/\Delta = h(\underline{p}_\delta)$. Man nennt A_δ auch Verfügbarkeitskoeffizient des Systems.

Subjektive Wahrscheinlichkeiten und die Bayes-Entscheidungsregel

Wie wir gesehen haben, ist es im allgemeinen ohne zusätzliche a priori Information nicht möglich, eine optimale Diagnosefunktion auszuwählen. Fehlen objektive Anhaltspunkte, die diese Information liefern könnten, so kann man sich mit der Vorgabe subjektiver (persönlicher) a priori Wahrscheinlichkeiten, sogenannter Glaubwürdigkeitsziffern, helfen. Zunächst können wir wie folgt vorgehen

$$D(t) = \sum_\Gamma P\{\Gamma_t = \Gamma \text{ und } X_t = \delta(\Gamma)\} =$$

$$\sum_\Gamma P\{\Gamma_t = \Gamma | X_t = \delta(\Gamma)\} p_t(\delta(\Gamma));$$

also folgt mit $\underline{x}^\Gamma := \delta(\Gamma)$

$$D = \sum_\Gamma d(\underline{x}^\Gamma)\; p_\delta(\underline{x}^\Gamma). \tag{3.14}$$

Daraus erkennt man, daß D optimal ist, wenn wir δ so wählen, daß jeder Summand $s(\underline{x}^\Gamma) = d(\underline{x}^\Gamma) p_\delta(\underline{x}^\Gamma)$ maximal wird. In Worten, die Zustände mit den größten Bestimmtheitsfaktoren sollen unter Strategie δ am wahrscheinlichsten werden.

Wir wollen nun Wahrscheinlichkeiten

$$p_\delta(\underline{x}) = \prod_{i=1}^n p_i^{x_i}(1-p_i)^{1-x_i}, \quad 0 < p_i < 1$$

vorgeben, in der Hoffnung, daß die Annahme der s-Unabhängigkeit näherungsweise gilt. Die Intaktwahrscheinlichkeit p_i der i-ten Einheit während eines Tests können wir aus der Ausfallrate dieser Einheit gewinnen. Für die Summanden $s(\underline{x})$ gilt nun

$$s(\underline{x}) := d(\underline{x})\ p_\delta(\underline{x}) = 2^{-\underline{ed}} \prod_{i=1}^{n} [2^{x_i d_i^+}\ p_i^{x_i}\ (1-p_i)^{(1-x_i)}]$$

oder $\log_2 s(\underline{x}) = c + \underline{x}(\underline{d}+\underline{a})$ mit $a_i = \log_2 (\frac{p_i}{1-p_i})$ und c einer Konstanten. Also erhält man das (subjektiv) wahrscheinlichste, zu Γ konsistente Fehlermuster, wenn $G(\underline{x}) = \underline{x}(\underline{d}+\underline{a})$ unter der Nebenbedingung (3.7) (d. h. $\underline{x}$ muß zu Γ konsistent sein) maximiert wird. Diese Pseudo-Boolesche Optimierungsaufgabe gehört wieder zu den NP-vollständigen Problemen. Bezüglich ihrer Behandlung siehe [48].

Beispiel: Duplexsystem

Für das Duplexsystem gilt mit der Annahme $p_a = .9$ und $p_b = .95$: $G(3) = 6.2$, $G(2) = 3$, $G(1) = 3.3$ und $G(0) = 0$. Daraus ergibt sich δ_2 als optimale Diagnosefunktion und für $p_b > p_a > .5$ folgt aus (3.14) für die subjektive Diagnostizierbarkeit

$$D_{sub} = p_a p_b + 3\tfrac{1}{4}(1-p_b)p_a + \tfrac{4}{4}p_b(1-p_a) + \tfrac{8}{16}(1-p_b)(1-p_a) =$$

$$\tfrac{1}{4}(2 + 2p_b + p_a - p_b p_a)\ ;\ \text{z. B. } D(.9, .95)_{sub} = .986,$$

vgl. dazu Fig. 3.25.

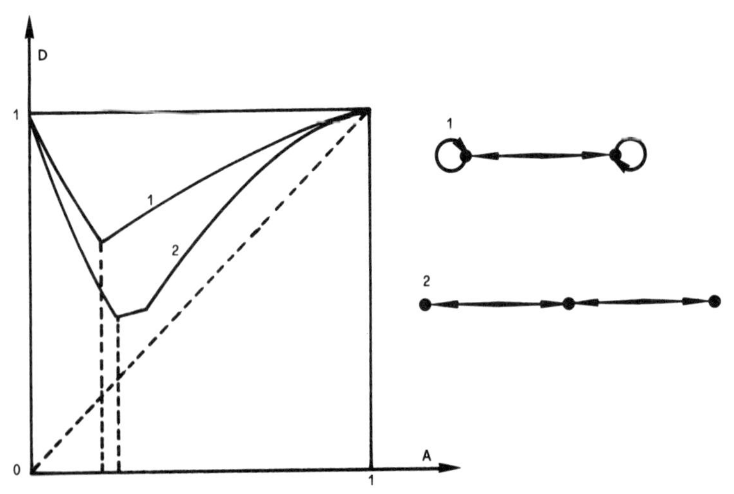

Fig. 3.25 Subjektive Diagnostizierbarkeit zweier Testgraphen

Diagnose bei Risiko

Im allgemeinen entsteht ein Verlust an Systemleistung, wenn der F-Zustand einer Systemkomponente nicht richtig erkannt wird. Dieser Verlust variiert in der Regel von Komponente zu Komponente und ist bei leicht- und schwerwiegenden Diagnosefehlern verschieden. (Ein leichter (schwerer) Diagnosefehler liegt vor, wenn eine intakte (defekte) Einheit für defekt (intakt) gehalten wird). Es sei $L(\underline{x},\underline{y}) \geq 0$ der Verlust, der durch eine Zuordnung $\Gamma_x \to \underline{y}$ entsteht, wenn Zustand $\underline{x}$ das Syndrom Γ_x hervorruft. Im Limes $t\to\infty$ ist dann

$$R(\delta) = \sum_{\underline{x}} [\sum_{\Gamma_x} L(\underline{x},\delta(\Gamma_x))\ p(\Gamma_x|\underline{x})]p_\delta(\underline{x}) \qquad (3.15)$$

das mittlere, durch die Wahl von δ bedingte Risiko. Gesucht ist die Diagnosefunktion δ_m, die dieses Risiko minimiert. Dies ist offensichtlich der Fall, wenn δ_m wie folgt gewählt wird:

$\delta_m(\Gamma) = \underline{x}^\Gamma$ g.d.w. $R(\Gamma,\underline{x}^\Gamma)$ minimal ist bzüglich aller zu Γ konsistenten $\underline{x}$, mit $R(\Gamma,\underline{y}) = \sum_{\underline{x}} L(\underline{x},\underline{y})p(\Gamma|\underline{x})p_{\delta_m}(\underline{x}) = \sum_{\underline{x}} L(\underline{x},\underline{y})d(\underline{x})p_{\delta_m}(\underline{x})$.

(Gibt es mehrere Lösungen, so kann aus diesen eine beliebige, aber feste ausgewählt werden).

Nimmt man nun als Verlustfunktion (0-1-loss) $L(\underline{x},\underline{y}) = \begin{cases} 1 & \text{für } \underline{x}\neq\underline{y} \\ 0 & \text{für } \underline{x}=\underline{y} \end{cases}$ so ist

$R(\Gamma,\underline{x}) = p(\Gamma) - p(\Gamma|\underline{x})p_\delta(\underline{x}) = p(\Gamma)(1-p(\underline{x}|\Gamma))$.

Es ist also wiederum $p(\underline{x}|\Gamma)$ bzw. $s(\underline{x}) = d(\underline{x})p_\delta(\underline{x})$ unter der Nebenbedingung zu maximieren. In diesem Fall gilt $R(\delta) = \sum_\Gamma R(\Gamma,\underline{x}^\Gamma) = \sum_\Gamma p(\Gamma) - \sum_\Gamma d(\underline{x}^\Gamma)p_\delta(\underline{x}^\Gamma) = 1-D$.

Übung: Man zeige: Bei Berücksichtigung eines subjektiven Risikos, das soll heißen, unter Annahme der s-Unabhängigkeit, ist δ_m wie folgt gegeben:

$\delta_m(\Gamma) = \underline{x}^\Gamma$ g.d.w. $G(\underline{x}^\Gamma-\underline{x}) > C(\underline{x},\underline{x}^\Gamma)$ für alle $\underline{x}\neq\underline{x}^\Gamma$, $\underline{x}$ und $\underline{x}^\Gamma$ zu Γ konsistent, und $C(\underline{x},\underline{x}^\Gamma) := \log_2 \dfrac{L(\underline{x},\underline{x}^\Gamma)-L(\underline{x},\underline{x})}{L(\underline{x}^\Gamma,\underline{x})-L(\underline{x}^\Gamma,\underline{x}^\Gamma)}$.

Falls keine a priori Wahrscheinlichkeiten angegeben werden können (falls z. B. die Annahme der s-Unabhängigkeit nicht gerechtfertigt ist), kann man nach der Minimax-Regel vorgehen. Ist auch die Verlustfunktion nicht bekannt, kann die Regel von Neumann-Pearson verwendet werden [49].

3.3.5 Informationswert der Selbstdiagnose

Um den Wert der Selbstdiagnose zu veranschaulichen, vergleichen wir das Risiko, das die Selbstdiagnose mit sich bringt, mit Risiken bei Erneuerungsstrategien, die ohne Selbstdiagnose auskommen.

Minimax-Regel

Gegeben sei eine Verlustfunktion $L(\underline{x},\underline{y})$ für Σ. Wird ein Defekt bemerkt, so gehe man bei der Erneuerung von einem Zustand $\underline{x}^M$ aus, für den gilt

$$\max_{\underline{x}} L(\underline{x},\underline{x}^M) = \min_{\underline{y}} \max_{\underline{x}} L(\underline{x},\underline{y}).$$

Mit dieser Regel wird der größtmögliche Verlust minimiert.

Bayes-Regel (ohne Diagnose)

Gegeben sei eine Verlustfunktion $L(\underline{x},\underline{y})$ und die (subjektiven) Funktionswahrscheinlichkeiten p_i der Systemeinheiten. Macht sich ein Fehler bemerkbar, so gehe man von einem Zustand $\underline{x}^B$ aus für den gilt

$$\phi(\underline{x}^B) = \min_{\underline{x}} \phi(\underline{x}) \text{ mit } \phi(\underline{x}) = \sum_{\underline{y}} p(\underline{y})\ L(\underline{y},\underline{x}).$$

Diese Regel minimiert den mittleren, subjektiven Verlust.

Wir werden den größmöglichen Verlust bei einer Reparatur, den mittleren Verlust, sowie D bestimmen und mit den entsprechenden Größen eines sich selbstdiagnostizierenden Systems vergleichen, und zwar wollen wir dies an Hand des Beispiels aus Fig. 3.26 tun.

Bemerkung zu Fig. 3.26: Diese Realisierung eines sich selbstdiagnostizierenden Systems zeichnet sich dadurch aus, daß sie einmal billiger als das Duplexsystem ist und dennoch permanente Fehlerüberwachung gewährleistet. Andererseits ist aber die Güte der Diagnose nicht nur vom Mikroprozessorzustand abhängig, was bei einer alleinigen Prozessorselbstdiagnose der Fall wäre, und schließlich ist nicht zuletzt die ADL von geringer Komplexität und kann deshalb als zuverlässig angesehen werden. Die EDL überwacht Adressen, Daten und Kontrollsignale, z. B. mittels Paritätsüberprüfung. Sobald sich eine Unstimmigkeit bemerkbar macht (t_3=O), wird ein Selbsttest des Mikroprozessors angestoßen. Der Mikroprozessor ist sicherlich defekt, wenn sein Selbsttest den Wert t_1=0 ergibt. Andernfalls könnte der von der EDL gemeldete Fehler auch in der EDL selbst (oder in den Bussen) stecken. In diesem Fall testet der Mikroprozessor die EDL, z. B. indem er fehlerhafte Prüfworte erzeugt und so die EDL zu einer Fehlermeldung zwingt. Bleibt diese aus, ist t_2=0. Darüberhinaus lassen sich Selbsttests auch von außen anstoßen (RST). Fig. 3.27 zeigt den Testgraphen. (Eine detailierte Analyse dieses Systems würde die Beschreibung durch verallgemeinerte Testgraphen voraussetzen (vgl. 3.3.3), worauf hier jedoch verzichtet werden soll).

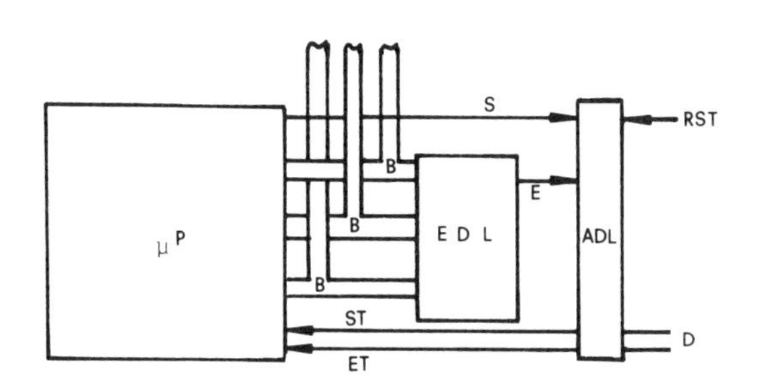

D
00: intakt
10: Tests laufen
01: wahrscheinlich EDL defekt
11: μP defekt

μP: Mikroprozessor
EDL: Fehlererkennungslogik (Error Detection Logic)
ADL: Alarm- und Diagnoselogik
B: Kontroll-, Daten-, Adressen-Busse
ET: EDL Testinitiierung
ST: Selbsttestinitiierung
E: Fehlersignal
S: Selbsttestergebnis
D: Diagnoseergebnis
RST: Reset

Fig. 3.26 Selbsttestender Mikroprozessor

Fig. 3.27 Testgraph

Übung: Man entwerfe ein Schaltnetzwerk für die Alarm- und Diagnoselogik.

Die konsistenten Zustände sind in Tabelle 3.9 aufgelistet. Es sei E_1 der Mikroprozessor und E_2 die EDL.

Γ	0	1	2	3	4	5	6	7	$2^2t_1 + 2t_2 + t_3$
	0	0	0	0	0	0	0	0	
$\underline{x}$	1	-	1	-	1	2	1	3	$2x_1 + x_2$
	-	-	-	-	2	-	-	-	

Tab. 3.9

Bei $p_1 = p_2 = A > .5$ ergibt (3.14) für die Bayes-Entscheidungsfunktion $D = \frac{1}{4}(1 + 4A - A^2)$. Die Verlustfunktion bestimmen wir aus folgender Bewertung (Tab. 3.10 und 3.11. Wird z. B. ein Defekt der EDL übersehen, so entsteht eine Verlusteinheit).

	Diagnosefehler		
Verlust	leichter	schwerer	kein
μP : E_1	1	2	0
EDL: E_2	.5	1	0

Tab. 3.10

1. Minimax-Regel

Nur wenn das Signal E auf einen Defekt hindeutet, soll eine Entscheidung $\underline{x} \neq (1,1)$ getroffen werden. Dann erhalten wir für die Minimax-Regel $\underline{x}^M = (0,0)$, vgl. Tab. 3.12. Es sei $e_{\underline{x}}(\alpha)=P\{E=\alpha|\underline{x}\}$.

	L(i,j)	j = 0	1	2	3
i	0	0	1	2	3
	1	.5	0	2.5	2
	2	1	2	0	1
	3	1.5	1	.5	0

Tab. 3.11

j	$\max_{i \neq 3} L(i,j)$
0	1
1	2
2	2.5
3	3

Tab. 3.12

Beispielsweise ist $e_1(0)=1$, da im Zustand (0,1) die EDL intakt ist und somit mit Sicherheit den μP-Defekt anzeigt, d.h., E = 0.
Es gilt $e_3(1) = e_1(0) = 1$, $e_2(0) = e_2(1) = e_0(0) = e_0(1) = .5$, $e_j(\alpha) = 0$ sonst. Die Wahrscheinlichkeit für eine korrekte Diagnose ist

$D = P\{\underline{x}^M, E = 0\} + P\{(1,1), E = 1\} = p(0)\, e_0(0) + p(3)\, e_3(1) = p(3) + 1/2\, p(0)$ und der zu erwartende Verlust beträgt

$$\bar{V} = \sum_j L(j,3)\, p(j)\, e_j(1) + \sum_j L(j.0)\, p(j)\, e_j(0), \text{ also} \tag{3.16}$$

$\bar{V} = p(2) + 1/2\ p(1) + 3/2\ p(0)$. (Wir schreiben p(i) statt $p_\delta(i)$). Der größmögliche Verlust ist zwar L(0,3) = 3. Es interessiert jedoch mehr der maximale Verlust $V_r = \max_{i \neq 3} L(i,0) = 1$ bei einer Reparatur. Zur Bestimmung von $\bar{V}$ müssen wir p(i) kennen.

2. Selbstdiagnose

Eine Selbstdiagnose würde bei Berücksichtigung der Verlusttafel folgende Entscheidungsfunktion nahelegen:

δ_1:

Γ :	0	1	2	3	4	5	6	7
$\underline{x}^\Gamma$:	1	0	1	0	1	0	1	3

$V_r = 1$, $\bar{V} = R(\delta_1) = 3/2\ p(2) + 7/8\ p(0)$, siehe (3.15), und
$D = 3/8\ p(0) + p(1) + p(3)$.

3. Bayes-Regel ohne Selbstdiagnose

Gemäß der Bayes-Regel bei bekanntem p(i), aber ohne Selbstdiagnose soll für E = α der Zustand gewählt werden, der

$$\phi_\alpha(i) = \sum_j L(j,i)\ P\{j|E=\alpha\} = \frac{1}{P\{E=\alpha\}} \sum_j L(j,i)\ p(j)\ e_j(\alpha)$$

oder $\hat{\phi}_\alpha(i) = \sum_j L(j,i)\ p(j)\ e_j(\alpha)$ minimiert.

Da uns p(j) von vorneherein nicht bekannt ist, müssen wir subjektive a priori Wahrscheinlichkeiten vorgeben. Dabei sei $p_1 < p_2$ angenommen, da die EDL wesentlich weniger komplex ist als der Mikroprozessor. Für $p_1 = .7$, $p_2 = .9$ und s-Unabhängigkeit erhalten wir z. B.:

x	0	1	2	3
$\hat{\phi}_0(i)$	.17	.085	.705	.620
$\hat{\phi}_1(i)$	.98	.715	.345	.08

Also $\underline{x}^B = (0,1)$, falls E = 0, und $\underline{x}^B = (1,1)$, falls E = 1.
$V_r = 2$, $\bar{V} = \frac{3}{2}p(2) + 2p(0)$ nach (3.16) und $D = p(1) + p(3)$, während $\bar{V}_{sub} = .165$ und $D_{sub} = .66$ ist.

4. Bayes-Regel mit Selbstdiagnose

Schließlich ergibt sich bei einer Selbstdiagnose für $p_1 < p_2$ und s-Unabhängigkeit als optimale Entscheidungsfunktion

δ_2

Γ :	0	1	2	3	4	5	6	7
$\underline{x}$:	1	0	1	0	1	2	1	3

Also $V_r = 2$, $\bar{V} = R(\delta_2) = p(2) + \frac{9}{8}\ p(0)$ und

$D = \frac{1}{4}\, p(0) + p(1) + \frac{1}{2}\, p(2) + p(3).$
Für $p_1 = .7$, $p_2 = .9$ ist damit $D_{sub} = .9425$ und $\bar{V}_{sub} = .104$, siehe (3.14).

Numerisches Beispiel: Es sei $q_1 = e^{-\lambda_1 \Delta} = .7$ und $q_2 = e^{-\lambda_2 \Delta} = .9$. Für $Q(\Delta)$ erhalten wir

$$Q(\Delta) = \begin{bmatrix} .63 & .07 & .27 & .03 \\ 0 & .70 & 0 & .30 \\ 0 & 0 & .90 & .10 \\ 0 & 0 & 0 & 1 \end{bmatrix} \begin{matrix} 3 \\ 2 \\ 1 \\ 0 \end{matrix}$$

Die Bestimmtheitsfaktoren sind
$d(3) = 1$, $d(2) = 1/2$, $d(1) = 1/4$, $d(0) = 1/8$.

1) Minimax-Regel: $r_{ij} := r^{\delta}_{ij}$ s. (3.12).
$r_{3i} = \delta_{3i} = r_{1i}$, $r_{23} = e_2(0)$, $r_{22} = e_2(1)$, $r_{03} = e_0(0)$, $r_{00} = e_0(1)$
$r_{ij} = 0$ sonst.
Die Lösung der Eigenvektoraufgabe ergibt folgende stationäre Zustandsverteilung
$\underline{p} = (p(3), p(2), p(1), p(0)) = (.573, .098, .245, .084)$.
Daraus erhält man die Kenngrößen der Tab. 3.13.

2) Selbstdiagnose:
$r_{3i} = \delta_{3i} = r_{1i}$, $r_{23} = r_{22} = \frac{1}{2}$, $r_{03} = \frac{3}{8}$, $r_{02} = \frac{4}{8}$, $r_{00} = \frac{1}{8}$,
$r_{ij} = 0$ nach (3.12).
Damit erhalten wir $\underline{p} = (.564, .131, .241, .064)$, siehe Tab. 3.13.

3) Bayes-Regel ohne Selbstdiagnose:
$r_{3i} = \delta_{3i} = r_{1i}$, $r_{22} = e_2(0) + e_2(1)$, $r_{02} = e_0(0)$, $r_{00} = e_0(1)$,
$r_{ij} = 0$ sonst und $\underline{p} = (0, .538, 0, .463)$, siehe Tab. 3.13.

4) Bayes-Regel mit Selbstdiagnose:
$r_{3i} = \delta_{3i} = r_{1i}$, $r_{03} = \frac{1}{4}$, $r_{02} = \frac{1}{2}$, $r_{23} = r_{22} = \frac{1}{2}$, $r_{01} = \frac{1}{8} = r_{00}$,
$r_{ij} = 0$ sonst, und $\underline{p} = (.558, .130, .247, .065)$, siehe Tab. 3.13.

Jedesmal ist $A = p(3) + p(2)$ und $h^N = (\underline{p}R_\delta)_3 + (\underline{p}R_\delta)_2$, d. h. das System ist funktionstüchtig, wenn der Mikroprozessor intakt ist.

	D	$\bar{V}$	A	h^N
1	.615	.3465	.671	.958
2	.829	.2525	.695	.993
3	.0	1.731	.538	.769
4	.886	.2031	.688	.979
D=1	1	0	.700	1

Tab. 3.13 Kenngrößen

Die Bayes-Regel (4) liefert die größte Diagnostizierbarkeit und den geringsten Verlust. Sie hat aber gegenüber (2) geringere Intaktwahrscheinlichkeiten zur Folge. Ein Verzicht auf Selbstdiagnose würde (im Fall (3)) den zu erwartenden Verlust auf lange Sicht nahezu verzehnfachen. Zum Vergleich zeigt Tab. 3.14 die entsprechenden Kenngrößen für das Duplexsystem (mit δ_2). Tab. 3.15 entspricht der Verlusttafel Tab. 3.11 und A = p(3) + p(2) + p(1) (1 aus 2 System), $\bar{V} = \frac{3}{4}\, p(2) + \frac{9}{8}\, p(0)$.

	D	$\bar{V}$	A	h^N
$q_1=q_2=.7$	.877	.323	.879	.992
$q_1=q_2=.9$	.964	.103	.985	.9991

Tab. 3.14 Kenngrößen des Duplexsystems

L(i,j)	0	1	2	3
0	0	2	2	4
1	1	0	3	2
2	1	3	0	2
3	2	1	1	0

Tab. 3.15 Verlusttafel

4 Verfügbarkeit fehlertoleranter Systeme

Für fehlertolerante Systeme ist in erster Linie die Verfügbarkeit ihrer Komponenten ausschlaggebend, d. h. die Wahrscheinlichkeit dafür, daß diese zu einem bestimmten Zeitpunkt intakt sind. Da kurze Ausfälle der Komponenten bewußt in Kauf genommen werden, um die Möglichkeit zu haben, Defekte zu lokalisieren, ist der Zeitpunkt des ersten Ausfalls, ihre Lebensdauern also und dementsprechend die Zuverlässigkeit, für die Beurteilung des Gesamtsystems weniger maßgebend. Ist nun $z(t)$ der F-Zustand einer Systemkomponente (oder eines Systems) zur Zeit t, so gilt für deren Verfügbarkeit (availability)

$$A(t) = P\{z(t) = 1\} = E(z(t)). \tag{4.1}$$

Offensichtlich ist $A(t) = R(t)$ für ein System mit monotonem Z-Netz bei dem keine Reparaturen möglich sind (vgl. Kapitel 2). Im allgemeinen unterscheiden sich jedoch beide Zuverlässigkeitsmaße. Es interessiert vor allem die mittlere Verfügbarkeit während einer Arbeitsperiode und nicht so sehr die Verfügbarkeit zu einem bestimmten Zeitpunkt.

4.1 Mittlere Verfügbarkeit

Die mittlere Verfügbarkeit während des Zeitintervalls $[t,t+\tau]$ ist

$$A_{\tau,t} = \frac{1}{\tau} \int_t^{t+\tau} A(t)\,dt. \tag{4.2}$$

Andererseits ist $\tau_t = \int_t^{t+\tau} z(t)\,dt$ derjenige Anteil an diesem Intervall, in dem das System (oder die Komponente) intakt ist. Bildet man davon den Erwartungswert, dann erhält man

$$E(\tau_t) = E(\int_t^{t+\tau} z(t)\,dt) = \int_t^{t+\tau} E(z(t))\,dt = \int_t^{t+\tau} P\{z(t)=1\}\,dt =$$

$$\int_t^{t+\tau} A(t)\,dt, \text{ also}$$

$$A_{\tau,t} = \frac{1}{\tau} E(\tau_t). \tag{4.3}$$

Häufig wird das Zuverlässigkeitsverhalten eines fehlertoleranten Systems nach einer Einschwingphase stationär. Dann interessiert der Limes $A_\infty := \lim_{t\to\infty} A(t)$, falls dieser von 0 verschieden ist.

Existiert dieser Limes, so erhält man sofort die Beziehung

$$A_\infty = \lim_{t\to\infty} A_{\tau,t} = \frac{1}{\tau} \lim_{t\to\infty} E(\tau_t) \quad (\tau \text{ fest}) \tag{4.4}$$

aus folgender Abschätzung:

$$|A_\infty - A_{\tau,t}| \le \frac{1}{\tau} \int_t^{t+\tau} |A_\infty - A(s)|\,ds.$$

Ein weiteres Maß für die Zuverlässigkeit eines fehlertoleranten Systems ist das Verhältnis A der zu erwartenden Intaktzeit zum Erwartungswert des Ausfallabstands, d. h. der Verfügbarkeitskoeffizient:

$$A = \frac{E(T)}{E(T+W)} . \tag{4.5}$$

Dabei bedeutet
T die Intaktzeit nach einer (vollständigen) Erneuerung
(die Lebensdauer werden wir von nun an mit L bezeichnen) und
W die Wiederherstellungszeit nach einem Ausfall.
Man bezeichnet T+W als Ausfallabstand, E(T) als MTTF (Mean Time To Failure) und E(W) als MTTR (Mean Time To Repair). Also gilt

$$A = \frac{MTTF}{MTTF + MTTR} . \tag{4.6}$$

MTBF (Mean Time Between Failures) ist der mittlere Ausfallabstand. Entsprechend wollen wir mit MTFF (Mean Time To First Failure) die mittlere Lebensdauer E(L) bezeichnen, die sich im allgemeinen von der mittleren Intaktzeit sehr wohl unterscheidet. Wie (4.3) vermuten läßt, gilt, falls ein stationäres Gleichgewicht erreicht wird, unter recht allgemeinen Voraussetzungen (siehe Kapitel 5)

$$A = \lim_{\substack{t\to\infty \\ \tau \text{ fest}}} A_{\tau,t} = A_\infty.$$

Im stationären Zuverlässigkeitsverhalten kann also der Verfügbarkeitskoeffizient A sowohl als mittlerer Anteil der Zeiteinheit gedeutet werden (τ = Zeiteinheit), während dessen das System funktioniert, wie auch als Wahrscheinlichkeit dafür, daß das System (zu einem beliebigen Zeitpunkt) intakt ist. Der Verfügbarkeitskoeffizient A eines fehlertoleranten Systems ist von großer, praktischer Bedeutung, da er für Messungen verhältnismäßig leicht zugänglich ist und sich andererseits in vielen Fällen mühelos berechnen läßt, wie wir noch sehen werden.

Bemerkung: Der Gebrauch der Abkürzungen ist nicht einheitlich. Statt MTTR wird z. B. auch MDT (Mean Down Time), statt MTTF auch MUT (Mean Up Time) oder MTBF (Mean Time Before Failure) gebraucht.

Es sei $A_\Sigma := \frac{MTTF(\Sigma)}{MTTF(\Sigma) + MTTR(\Sigma)}$ der Verfügbarkeitskoeffizient des Systems Σ. Seine Werte veranschaulicht Fig. 4.1. Man beachte, daß eine Erhöhung der Zuverlässigkeit von .99 auf .999 unwesentlich erscheint, dies aber eine zehnfach geringere Unzuverlässigkeit bedeutet. Oft wird A_Σ als Verfügbarkeit schlechthin bezeichnet.

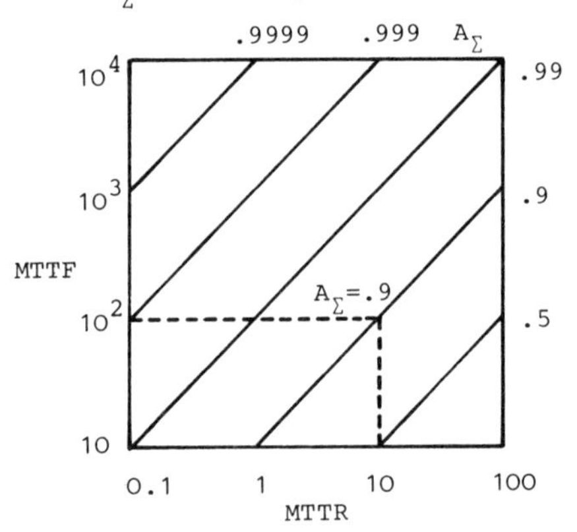

Fig. 4.1 Verfügbarkeitskoeffizient

Im allgemeinen kommen bei der Erneuerung einer Systemkomponente oder eines Systems die folgenden Zeitgrößen ins Spiel (vgl. Fig. 4.2).

T_D: Zeitspanne zwischen Ausfall und dem nächsten Systemtest

T_L: Dauer eines Funktionstests

T_R: Reparatur- oder Erneuerungsdauer (einschließlich der Diagnose)

T_A: Zeitdauer zwischen Erneuerung und der Wiederaufnahme der Systemfunktion (Wiederanlaufzeit) und schließlich

Δ : Zeitspanne zwischen zwei Systemtests.

Es ist dann $W = T_D + T_L + T_R + T_A$ die Wiederherstellungszeit. Diese Zeitgrößen bestimmen den Diagnose- und Erneuerungszyklus eines fehlertoleranten Systems.

Besonders kritisch ist die rechtzeitige und eindeutige Lokalisierung ausgefallener Einheiten. Wir stellen uns wieder vor, daß die

Lokalisierung durch spezielle Diagnoseeinheiten erfolgt.

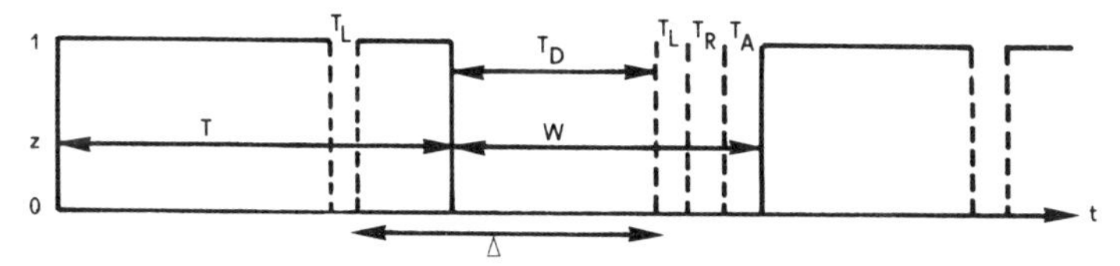

Fig. 4.2 Zuverlässigkeitsverhalten

Bemerkung: Die Annahme der s-Unabhängigkeit dieser Zeitgrößen wird für das Folgende von entscheidender Bedeutung sein. Die Annahme ist nicht zulässig, wenn z. B. der Ausfall der meisten Systemkomponenten den F-Zustand des Gesamtsystems nicht ändert (sondern dessen Funktionstüchtigkeit nur vermindert), jedoch nur Ausfälle bestimmter Teile zum Systemausfall und damit zu einer Reparatur des Systems führen. Nach einer längen Lebensdauer wird dementsprechend die Wiederherstellungszeit groß, denn es werden auch mehr der weniger wichtigen Komponenten zu erneuern sein.

Systemverfügbarkeit

Wir wollen nun ein fehlertolerantes System betrachten, dessen Zuverlässigkeitsstruktur durch ein monotones Z-Netz $z(\underline{x})$ und dessen Funktionswahrscheinlichkeit durch $h(\underline{p})$ beschrieben wird (statische Redundanz auf Systemebene). Es wird angenommen, daß die Systemkomponenten jederzeit erneuert oder ersetzt werden können (dynamische Redundanz auf Komponentenebene) und daß für jede Komponente die stationäre Verfügbarkeit existiert. Es wird ferner vorausgesetzt, daß Wiederherstellungs- und Intaktzeiten einer Systemkomponente nicht von den F-Zuständen der restlichen Komponenten abhängen. Dann gewinnt man die Systemverfügbarkeit $A_\Sigma(t)$ aus $h(\underline{p})$ durch Ersetzen von p_i durch $A_i(t)$:

$$A_\Sigma(t) = P\{z(\underline{x}(t))=1\} = h(\underline{A}(t)) \qquad (4.7)$$

und die stationäre Verfügbarkeit aus

$$A_{\Sigma\infty} = \lim_{t\to\infty} A_\Sigma(t) = h(\underline{A}_\infty). \qquad (4.8)$$

Unter der erwähnten Voraussetzung gilt also mit

$A_i = \frac{MTTF(i)}{MTTF(i) + MTTR(i)}$, dem Verfügbarkeitskoeffizienten der i-ten Komponente,

$$A_{\Sigma\infty} = A_\Sigma = h\left(\frac{MTTF(1)}{MTTF(1) + MTTR(1)}, \ldots, \frac{MTTF(n)}{MTTF(n) + MTTR(n)}\right). \qquad (4.9)$$

Es bleibt somit die Aufgabe, die Verfügbarkeiten der Systemkomponenten zu bestimmen.

Beispiel: Es sei Σ ein m aus n redundantes System. Für den Fall, daß alle Einheiten dieselbe Verfügbarkeit A(t) besitzen, folgt

$$A_\Sigma(t) = \sum_{k=m}^{n} \binom{n}{k} A(t)^k (1-A(t))^{n-k}$$

und $A_\Sigma = A^n \sum_{k=0}^{n-m} \binom{n}{k} \rho^k$ mit ρ = MTTR/MTTF.

Für die Empfindlichkeit des Systems erhält man

$S(t) = \binom{n}{m} m\, A(t)^{m-1} (1-A(t))^{n-m}$; $S_\infty = \lim_{t\to\infty} S(t) = nx \left[\frac{MTTF}{MTBF}\right]^{n-1}$ für ein Seriensystem (m=n); $S_\infty = nx \left[\frac{MTTR}{MTBF}\right]^{n-1}$ für ein Parallelsystem (m=1).

Ein Zahlenbeispiel: Im Mittel 1 Ausfall pro Jahr, mittlere Wiederherstellungszeit 2 Tage.

	A_Σ	S_∞	A
n=3, m=2	.99991	.033	.9945
Seriensystem m=3	.9837	2.98	.9945
Parallelsystem m=1	.99999	.016	.9945

Tab. 4.1

In den Kapiteln 4.3 und 4.5 werden wir sehen, wie sich die Systemverfügbarkeit auch dann bestimmen läßt, wenn die Einheiten nicht jederzeit - also insbesondere auch nicht beliebig oft - erneuert werden können oder, wenn ihre Wiederherstellungszeiten von den F-Zuständen anderer Einheiten abhängen. In diesem Zusammenhang werden wir uns Wiederherstellungsprozesse folgendermaßen vorstellen: Sobald eine Systemeinheit ausfällt, schickt sie (oder die Diagnoseeinheit) einen entsprechenden Erneuerungsauftrag an eine Wartungseinheit. Die defekte Einheit bleibt solange inaktiv, wie die Wartungseinheit mit ihrer Wiederherstellung beschäftigt ist. Ist die Wiederherstellung vollzogen, schickt die Wartungseinheit einen Bereitschaftsauftrag an die nun erneuerte Einheit zurück, die dann entweder wieder aktiviert wird (z. B. als heiße Reserve) oder aber als kalte Reserve in Bereitschaft bleibt. Unter kalter Reserve versteht man Reserveeinheiten, die nicht ausfallen können, solange sie nicht benötigt werden, die z. B. im Reservezustand nicht belastet werden.

4.2 Tests und präventive Erneuerungen

4.2.1 Periodische Tests

Die zu erwartende Wiederherstellungszeit und damit auch der Verfügbarkeitskoeffizient kann offensichtlich durch die Länge des Testintervalls beeinflußt werden. Nehmen wir einmal an, daß eine Einheit E periodisch getestet wird und daß ihre Intaktzeit exponential verteilt ist. Dann ist die Wahrscheinlichkeit für einen Ausfall während eines Tests der Dauer Δt proportional zu Δt. Wir nehmen nun an, daß das Testen keine Zeit benötigt und die Einheit, wenn erforderlich, vollständig und ohne Verzögerung erneuert wird.

Wir betrachten die Einheit zwischen zwei aufeinanderfolgenden Erneuerungen, die auf eine nicht verschwindende Ausfallzeit folgen (Fig. 4.3).

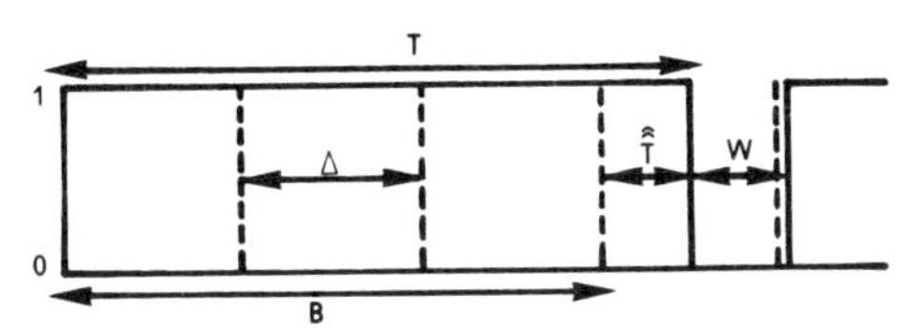

Fig. 4.3 Erneuerungszyklus

Die Wahrscheinlichkeit, daß E zu einem Testzeitpunkt ausfällt, ist 0. Außerdem ist ihre Restlebensdauer nach einem Test wie ihre Intaktzeit T verteilt (Exponentialgesetz). Ist nun $\hat{\hat{T}}$ die Restlebensdauer nach dem letzten Test vor dem Ausfall, so gilt

$E(\hat{\hat{T}}) = E(T \mid T \leq \Delta)$ und (vgl. Fig. 4.3)

$$E(W) = \Delta - E(\hat{\hat{T}}). \tag{4.10}$$

Mit $P\{t < T \leq t+dt \mid T \leq \Delta\} = \dfrac{P\{t < T \leq t+dt, T \leq \Delta\}}{P\{T \leq \Delta\}} =$

$\begin{cases} \dfrac{f(t)dt}{F_T(\Delta)} & \text{für } t \leq \Delta, \\ 0 & \text{sonst} \end{cases}$ erhalten wir ($F_* := F_T(\Delta)$, $R_* = 1-F_*$):

$$E(W) = \Delta - \frac{1}{F_*} \int_o^\Delta tf(t)dt = \frac{1}{F_*} \int_o^\Delta F(t)dt. \tag{4.11}$$

Da $F_T(t) = 1 - \exp(-{}^t/_{E(T)})$ angenommen wurde, folgt aus (4.5)

$$A = \frac{E(T)}{\Delta} [1 - \exp(-{}^\Delta/_{E(T)})]. \tag{4.12}$$

Wenn häufig getestet wird, wenn also $\Delta << E(T)$ ist, gilt näherungsweise $A \simeq 1 - \frac{1}{2} \frac{\Delta}{E(T)}$ und $E(W) \simeq \frac{1}{2}\Delta$.

4.2.2 <u>Präventive Erneuerungen</u> [50, 51, 52]

Eine präventive Erneuerung besteht im Ersatz gebrauchter, jedoch nicht ausgefallener Einheiten durch neue. (Dies bringt aber bei exponential verteilten Intaktzeiten keinen Gewinn an Verfügbarkeit. In diesem Fall ist Testen gleichbedeutend mit einer präventiven Erneuerung, da die Restintaktzeit nach einem Test wie die Intaktzeit selbst verteilt ist.) Wir werden als erstes den Verfügbarkeitskoeffizienten einer Einheit E bei präventiver Erneuerung bestimmen. Zu einem Test und anschließender, präventiver Erneuerung (wenn also der Test keinen Defekt aufdeckt) wollen wir Wartung sagen und voraussetzen, daß nach einer Wartung die Einheit wie neu ist. (Das gilt natürlich nur, falls der Test vertrauenswürdig ist. Zunächst gehen wir davon aus.) Wir nehmen wie zuvor an, daß die Einheit E zu den vorgegebenen Testzeiten $k\Delta$ gewartet, bzw. repariert wird und daß Test- und Erneuerungszeiten vernachlässigt werden können. Die Wahrscheinlichkeit, daß während eines Testintervalls E nicht ausfällt, sei $R(\Delta) = P\{T > \Delta\}$, $R(t)$ ist also auch die Zuverlässigkeit von E zur Zeit t, wenn keine Wartungen durchgeführt werden. Für die mittlere Intaktzeit I zwischen zwei Tests gilt nun

$$I = [\Delta R(\Delta) + E(\hat{\hat{T}})(1-R(\Delta))] \tag{4.13}$$

mit $E(\hat{\hat{T}})$ gegeben in (4.10) und (4.11).

$$E(\hat{\hat{T}}) = \frac{1}{F_*} \int_o^\Delta tf(t)dt = \frac{1}{F_*} [\Delta F_* - \int_o^\Delta F_T(t)dt] =$$

$$\frac{1}{1-R_*} [-\Delta R_* + \int_o^\Delta R(t)dt], \text{ also:}$$

$$I = \int_o^\Delta R(t)dt. \tag{4.14}$$

Daraus ergibt sich der Verfügbarkeitskoeffizient

$$A(\Delta) = \frac{1}{\Delta} \int_0^\Delta R(t)dt. \qquad (4.15)$$

Für exponential verteilte Intaktzeiten erhalten wir wieder (4.12).

Wir wollen weiter auch die Zuverlässigkeit, die mittlere Lebensdauer und die Verfügbarkeit von E bestimmen. Zunächst sei die Länge des Testintervalls Δ nach $G(t)$ stetig verteilt. Also ist $dG(t)$ die Wahrscheinlichkeit dafür, daß ein neuer Test t Zeiteinheiten nach dem vorhergegangenen Test fällig ist. Die Methode des "ersten Schrittes" liefert dann für die Zuverlässigkeit $R_E(t)$ der Einheit (jetzt mit Wartung) die Beziehung

$$R_E(t) = R(t)(1-G(t)) + \int_0^t R_E(t-x)R(x)dG(x). \qquad (4.16)$$

Es wird entweder vor t nicht getestet oder aber die erste Wartung erfolgt zum Zeitpunkt $x < t$ und die Einheit bleibt bis t intakt. Im zweiten Fall muß E bis zum Zeitpunkt x funktioniert haben. Die mittlere Lebensdauer erhalten wir aus (2.5)

$$MTFF = \int_0^\infty R_E(t)dt.$$

Betrachten wir jetzt den Fall vorgegebener Testzeitpunkte, so gilt

$$\frac{dG(x)}{dx} = \delta(x-\Delta), \quad (\delta(t) \text{ die Diracsche Distribution}),$$

$$\text{mit } 1-G(t) = \int_{t-0}^\infty \frac{dG(x)}{dx}dx = \begin{cases} 1, & t \leqq \Delta \\ 0, & t > \Delta \end{cases}$$

$$\text{und } \int_0^{t-0} R_E(t-x)R(x)\delta(x-\Delta)dx = \begin{cases} R_E(t-\Delta)R(\Delta), & t > \Delta \\ 0, & t \leqq \Delta \end{cases}.$$

$$\text{Daraus folgt } R_E(t) = \begin{cases} R(t), & t < \Delta \\ R(\Delta)R_E(t-\Delta), & t \geqq \Delta \end{cases}$$

und für $t = j\Delta + \tau$ (durch Induktion) $R_E(t) = R(\Delta)^j R(\tau)$. Daher gilt

$$MTFF = \sum_{j=0}^\infty \int_{j\Delta}^{(j+1)\Delta} R_E(t)dt = \int_0^\Delta R(t)dt \sum_{j=0}^\infty R_*^j = \frac{\int_0^\Delta R(t)dt}{1-R_*} = \frac{I}{1-R_*}.$$

(4.17)

<u>Bemerkung</u>: Dasselbe Ergebnis liefert natürlich auch folgende Beziehung (warum?)

$$\frac{A}{1-A}\, MTTR = \frac{A\ E(W)}{1-A} = MTFF.$$

Für $R(t) = \exp(-\lambda t)$ erhalten wir MTTF $= 1/\lambda$, wie zu erwarten war.

Da zwischen zwei Testpunkten keine Reparaturen stattfinden, ist die Verfügbarkeit dieser Einheit gegeben durch

$A_E(t) = \exp[-\lambda(t-k\Delta)]$, für $k\Delta \leq t < (k+1)\Delta$; $k=0,1,2,\ldots$.

Die Voraussetzung, daß die Zeit für eine Erneuerung vernachlässigbar sei, mag unrealistisch erscheinen. Wir werden sie im folgenden fallen lassen. Dann wird es auch sinnvoll, nach dem optimalen Testintervall zu fragen, das eine maximale "mittlere" Verfügbarkeit A gewährleistet.

Übung: Man berechne MTFF für ein Parallelsystem n identischer Einheiten, $R(t) = 1-[1-\exp(-\lambda t)]^n$.

Übung: Man bestimme den Erwartungswert der Anzahl präventiver Erneuerungen, die durchgeführt werden, bevor die Einheit zum erstenmal ausfällt.

Wir nehmen nun an, daß die Testintervalle Vielfache von Δ sein können. Zu den Zeitpunkten $k\Delta$ werde mit Wahrscheinlichkeit p die Einheit E getestet. Dies Vorgehen kann sinnvoll sein, wenn durch Test und Diagnose viel wertvolle Zeit verloren geht. Die Wahrscheinlichkeit p sollte dann so gewählt werden, daß der Verfügbarkeitskoeffizient maximal wird. Für T_d, der Zeitspanne zwischen zwei Wartungen bzw. Reparaturen, gilt also

$P\{T_d = k\Delta\} = p(1-p)^{k-1}$.

Es sei T_W die Zeit, die die Wartung beansprucht und $T_R \geq T_W$.

Für $T_d = k\Delta$ ist die mittlere Zykluslänge Z gleich

$Z = k\Delta + T_L + T_R(1-R(k\Delta)) + T_W R(k\Delta)$ und die mittlere Intaktzeit ist

$I = \int_0^{k\Delta} R(t)dt$.

Damit erhalten wir für den Verfügbarkeitskoeffizienten

$$A(p) = \sum_{k=1}^{\infty} (1-p)^{k-1}\, p\, \frac{\int_0^{k\Delta} R(t)dt}{k\Delta+T_L+T_R(1-R(k\Delta))+T_W R(k\Delta)}.$$

Für $R(t) = \exp(-\lambda t)$ folgt die Beziehung $A(p) \leq \hat{A}(p)$ mit

$$\hat{A}(p) := A(p)\,|_{T_L=T_R=T_W=0} =$$

$$\frac{p}{(1-p)\lambda\Delta} \sum_{k=1}^{\infty} \frac{(1-p)^k(1-e^{-k\Delta\lambda})}{k} = \frac{p}{(1-p)\lambda\Delta} \ln\left(\frac{1}{p} - \frac{(1-p)}{p} R_*\right). \qquad (4.18)$$

Beispiel: Fig. 4.4 zeigt den Verlauf von A(p) für $T_L = T_W = .5$, $\Delta = T_R = 1$ und $\lambda = .01$. Für p = 0.055 wird A(p) maximal und $E(T_d) = 18\Delta$.

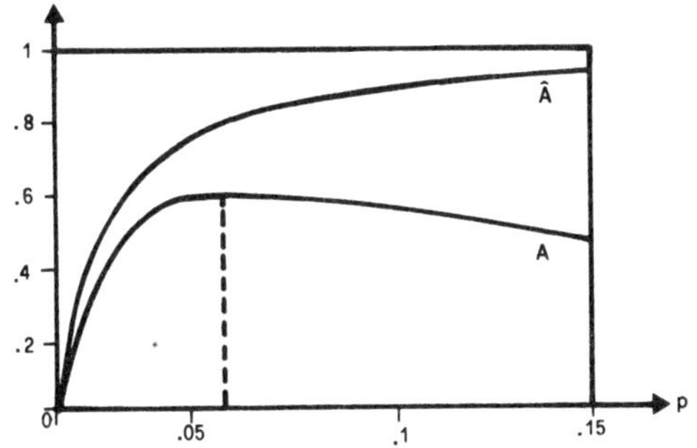

Fig. 4.4 A(p)

4.2.3 Havarieerneuerungen

Wir wollen jetzt auch sogenannte Havarieerneuerungen zulassen. Das heißt, sobald die Einheit E ausfällt, wird dies signalisiert und E wird erneuert. Die Einheit wird gewartet, wenn sie innerhalb eines Intervalls der Länge Δ nicht ausfällt. Für eine Havarieerneuerung benötige man T_R Zeiteinheiten, für eine Wartung T_W Zeiteinheiten. Es sei $T_R > T_W$, sonst wären präventive Erneuerungen sinnlos. Tests sind in diesem Fall nicht nötig. Diesen Erneuerungsprozeß wollen wir, wie in Figur 4.5 gezeigt, schematisieren.

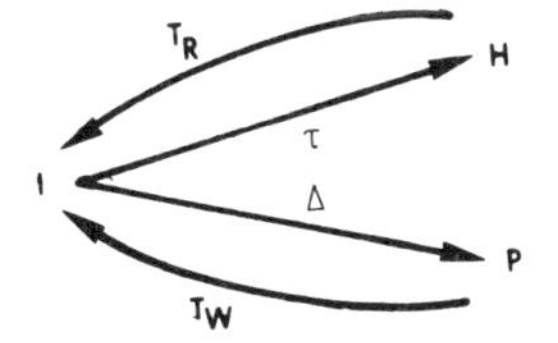

Zustände:
I System intakt
H Havarieerneuerung
P präventive Erneuerung

Fig. 4.5 Erneuerungsschema: Δ, T_W feste, τ variable Zeitintervalle

Wir erhalten für den Verfügbarkeitskoeffizienten von E :

$$A(\Delta) = \frac{I}{Z} = \frac{\int_0^\Delta R(t)dt}{\int_0^\Delta R(t)dt + T_R(1-R_*) + T_W R_*}, \qquad (4.19)$$

mit $Z = R_*(\Delta+T_W) + (1-R_*)(T_R+E(\hat{\hat{T}}))$.

Wenn es ein optimales Intervall Δ^* gibt, so daß der Verfügbarkeits koeffizient maximal wird, muß

$A' = \frac{d\,A(\Delta)}{d\Delta}\Big|_{\Delta^*} = 0$, also $R'(\Delta^*)(T_W-T_R) \int_0^{\Delta^*} R(t)dt =$

$R(\Delta^*)\,[(T_W-T_R)R(\Delta^*) + T_R]$ gelten. Dann folgt

$$A(\Delta^*) = [1 + (T_R-T_W)\lambda(\Delta^*)]^{-1} \qquad (4.20)$$

mit $\lambda(t) = -\frac{R'(t)}{R(t)}$.

Für eine exponential verteilte Intaktzeit kann $A' = 0$ durch ein endliches Δ nicht erfüllt werden. Für $R(t) = \exp[-\lambda t](1+\lambda t)$ (vgl. Kapitel 5) ist dagegen

$A(\Delta^*) = \frac{1+\lambda\Delta^*}{1+\lambda\Delta^*+(T_R-T_W)\lambda^2\Delta^*}$ und Δ^* bestimmt sich aus (4.20).

Übung: Man zeige: Für streng monoton wachsendes $\lambda(t)$ mit
$\lambda(\infty) > \frac{T_R}{(T_R-T_W)E(T)}$ $(T_R > T_W)$ gibt es ein optimales $\Delta^* < \infty$.
Man berechne $A(\Delta)$ für die Exponentialverteilung.

Wird die Einheit E bei einer Havarieerneuerung nur unvollständig erneuert - genauer, ist nach einer Havarieerneuerung E zwar wieder funktionstüchtig, die Ausfallrate aber unverändert geblieben - so gilt, wenn eine Wartung jeweils nach einer effektiven Intaktzeit von τ Zeiteinheiten erfolgt,

$$A(\tau) = \frac{\tau}{\tau+T_W+T_R Q(\tau)}. \qquad (4.21)$$

Dabei ist $Q(t)$ die zu erwartende Anzahl der Ausfälle im Intervall $(0,t]$. Es gilt $Q(t) = \int_0^t \lambda(u)du$ [50]. Wird dagegen in Abständen von Δ Zeiteinheiten gewartet, so erhält man folgende Abschätzung

$$\frac{\Delta}{\Delta+T_W} \geq A \geq \max\left(\frac{\Delta-T_R Q(\Delta)}{\Delta+T_W}, 0\right). \tag{4.22}$$

4.2.4 Der Überdeckungsfaktor

Die Verfügbarkeit der Systemkomponenten ist im allgemeinen nicht nur eine Funktion ihrer Lebensdauern und der Größe des Testintervalls, sondern hängt auch von der Güte und der Vollständigkeit der durchgeführten Tests ab. Ein Testergebnis muß ausgefallene Einheiten unzweideutig lokalisieren lassen. Darüber hinaus sollte deren Erneuerung fehlerfrei durchführbar sein. Das bedeutet, die Funktionstüchtigkeit und damit die Verfügbarkeit einer Systemeinheit kann empfindlich durch die Funktionstüchtigkeit (Verfügbarkeit) anderer Systemeinheiten beeinflußt werden. Als Maß für diese gegenseitige Beeinflussung und für die Güte der Diagnose- und Erneuerungsmechanismen kann uns der Überdeckungsfaktor (coverage factor) dienen. Er ist definiert als die Wahrscheinlichkeit dafür, daß ein System, sobald ein Fehler auftritt, wieder einen Zustand erreicht, in dem es funktionstüchtig ist [53, 54]. Dieser Überdekkungsfaktor ist unter anderem eine Funktion der Verfügbarkeiten der Testeinrichtung, der Diagnose- (A_D) und der Reparatureinheit (A_R), sowie der Wahrscheinlichkeit für eine korrekte Diagnose, wenn die Diagnoseeinheit selbst intakt ist. Fig. 4.6 zeigt den Ereignisbaum bei Erneuerung einer Einheit; D sei die Wahrscheinlichkeit für das Erkennen eines Defekts, 1-B die Wahrscheinlichkeit dafür, daß eine intakte Einheit fälschlicherweise für defekt angesehen wird, sog. leichter Diagnosefehler. (In selbsttestenden Systemen kann "Testeinrichtung" die Gesamtheit der Systemeinheiten bedeuten, vgl. Kapitel 3).

Es soll nun auch der Einfluß von D auf den Verfügbarkeitskoeffizienten untersucht werden. (Meist kann $B = 1$ angenommen werden, vgl. aber Abschnitt 4.4.1). D ist die Wahrscheinlichkeit, mit der ein Defekt von E erkannt wird. Diese Einheit werde wiederum zu den Zeiten $k\Delta$ getestet. Stellt sich dabei heraus, daß sie defekt ist, so wird sie erneuert. Falls ein Defekt jedoch unerkannt bleibt, scheint eine Reparatur ja nicht notwendig zu sein und E bleibt bis zum nächsten Test defekt. Fig. 4.7 zeigt den Erneuerungsvorgang. Wir nehmen nun an, daß die Tests voneinander unabhängig sind. In anderen Worten, die Auswirkung eines Defekts auf das Verhalten der Einheit während eines Intervalls Δ sei derart, daß die Information aus vorangegangenen Tests wertlos wird. Dann ist $D(1-D)^i$ die Wahrscheinlichkeit dafür, daß erst durch den i+1-ten Test der Defekt erkannt wird und die mittlere Zahl wertloser Tests ist $\sum_{i=1}^{\infty} i\, D(1-D)^i = (1-D)/D$. Die Intaktzeit sei exponential verteilt.

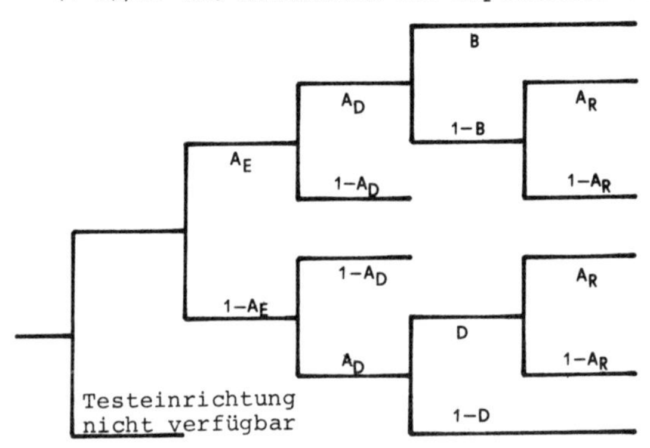

Fig. 4.6 Ereignisbaum für die Wiederherstellung einer Systemeinheit E eines sich selbsttestenden, fehlertoleranten Systems

Die mittlere Intaktzeit der Einheit ist wieder durch (4.14) gegeben während die mittlere Zykluslänge jetzt gleich (keine Wartungen)

$$Z = (\Delta+T_L)R_* + (\Delta+T_L+T_R+\frac{1-D}{D}(\Delta+T_L))(1-R_*)$$

ist; vergleiche Fig. 4.7. Daraus folgt

$$A(\Delta) = \frac{D\int_0^{\Delta} R(t)dt}{\Delta+T_L+DT_R-R_*[DT_R+(1-D)(\Delta+T_L)]} \qquad (4.23)$$

Aus (4.23) ist zu ersehen, daß $A(0) = 0 = A(\infty)$ gilt und zwar unabhängig von der Zuverlässigkeit $R(t)$. Also muß es auch bei exponential verteilter Intaktzeit ein optimales Testintervall Δ^* geben. (Bei der Suche nach Δ^* für gegebenes D kann man sich auf $\Delta \leq \alpha E(T)$ beschränken, mit α derart, daß sich für $\Delta > \alpha E(T)$ der Zähler in

(4.23) nicht mehr wesentlich ändert, also $\alpha \approx 3$.)

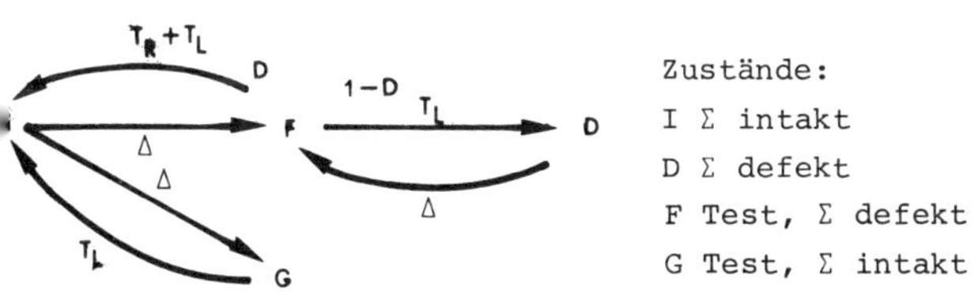

Zustände:
I Σ intakt
D Σ defekt
F Test, Σ defekt
G Test, Σ intakt

Fig. 4.7 Erneuerung mit D < 1

Bemerkung: Die Erneuerungsvorgänge, die wir in diesem Kapitel untersucht haben, sind sogenannte homogene Semi-Markov-Prozesse, SMP (siehe Anhang A.7). Die Zeitgrößen T_R, T_L, etc. lassen sich gegebenenfalls auch als Erwartungswerte interpretieren . SMP sind unter anderem dadurch gekennzeichnet, daß in ihnen jeweils höchstens eine nicht exponential verteilte Zeit abläuft (z. B. die Intaktzeit oder die Wartungszeit) und die Entwicklung des Prozesses nur von seinem augenblicklichen Zustand, nicht jedoch von der Vergangenheit abhängt. Semi-Markov-Prozesse sind, wie schon ihr Name andeutet, Erweiterungen von Markov-Prozessen (vergleiche Anhang A.6.) Mit Markov-Prozessen als Modelle für fehlertolerante Systeme werden wir uns in den nächsten Abschnitten befassen .
Eine eingehende Darstellung der Semi-Markov-Prozesse und ihrer Anwendung in der Zuverlässigkeitstheorie findet man in [29, 51, 55].

Übung [51]: Die Wartung eines Computersystems geschehe wie folgt: Defekte werden (mit Wahrscheinlichkeit D) sofort entdeckt und behoben (Reparaturdauer T_R). Alle Δ Stunden wird gewartet (Dauer T_W). Ist die Reparatur eines Defekts nicht zum vorgesehenen Wartungszeitpunkt beendet, wird sie abgebrochen und das System wird gewartet. Reparatur und Wartung stellen das System wieder vollständig her. Die Fehlerrate sei konstant. Wie groß ist der Verfügbarkeitskoeffizient?

4.3 Markovsche Verfügbarkeitsmodelle

In den folgenden Abschnitten werden wir die Verfügbarkeit fehlertoleranter Systeme unter der Annahme exponential verteilter Intakt- und Wiederherstellungszeiten bestimmen. Von den zahlreichen Möglichkeiten, einem komplexen System effektive Fehlertoleranz zu verleihen, werden wir nur einige wenige, aber typische herausgreifen, z. B. das Doublizieren und das Maschinen-Unterhalt Modell für m aus n redundante Systeme. (Dieses Modell wird später verallgemeinert). Danach werden wir uns mit dem Rücksetzen von Systemeinheiten (roll back) befassen. Die Grundlage, der in diesen Abschnitten behandelten Verfügbarkeitsmodelle bilden homogene Markov-Prozesse mit endlichen Zustandsräumen. (Eine kurze Einführung in die Theorie dieser Prozesse ist in Anhang A.6 gegeben).

4.3.1 Ein einfacher Wiederherstellungsprozeß

Der Reparaturvorgang, mit dem wir uns als erstes befassen wollen, ist dadurch gekennzeichnet, daß die Systemeinheiten, deren Intaktzeiten exponential verteilt sein sollen, ohne jede Einschränkung repariert werden können und daß die Reparaturzeiten ebenfalls exponential verteilt sind. Ferner sind die Intaktzeiten jeder Einheit nach Reparatur und die Wiederherstellungszeiten nach einem Ausfall untereinander s-unabhängig. Auch sollen sich die Einheiten des Systems in ihrem Zuverlässigkeitsverhalten nicht gegenseitig beeinflussen können und nach einer Reparatur bzw. dem Ersatz durch eine Reserveeinheit ist eine Einheit wieder wie neu.

Diesen Reparaturprozeß können wir durch eine homogene Markov-Kette mit endlicher Zustandsmenge beschreiben (siehe Anhang A.6). Eine homogene Markov-Kette ist eine Familie $\chi = \{X(t)\,|\,0 \leq t < \infty\}$ von Zufallsvariablen $X(t)$ mit einem abzählbaren Wertebereich S, dem Zustandsraum des Prozesses. Der Index t wird als Zeit gedeutet. Der Prozeß χ hat die Markov-Eigenschaft und seine Übergangswahrscheinlichkeiten

$$p_{ij}(t',t) = P\{X(t) = s_j\,|\,X(t') = s_i\},\; t \geq t',\; s_i,s_j \in S$$

sind stationär, d. h. $p_{ij}(t',t) = p_{ij}(t-t')$. Ein solcher Prozeß ist dadurch gekennzeichnet, daß seine Verweilzeiten in Zuständen, von denen aus Übergänge in andere Zustände möglich sind, exponential verteilt und von der Vergangenheit des Prozesses unabhängig sind. Die Übergänge werden durch die Ratenmatrix

$$\mathbb{A} = (a_{ij}) \text{ mit } a_{ij} = \lim_{\substack{\tau\to 0\\ \tau>0}} \frac{1}{\tau}(p_{ij}(\tau) - \delta_{ij}) \text{ festgelegt.}$$

Der Reparaturprozeß, mit dem wir es hier zu tun haben, kann, wie noch gezeigt wird, mit einer homogenen Markov-Kette identifiziert werden. Er hat die zwei Zustände s_0 und s_1 mit folgender Bedeutung: Ist die Einheit E funktionstüchtig(x_E=1), so befindet sich der Prozeß im Zustand s_1, andernfalls wird die Einheit repariert und der Prozeß befindet sich im Zustand s_0. In diesem Fall ist E funktionsuntüchtig.

Die Verweildauer des Prozesses im Zustand s_1 ist gleich der Lebensdauer der erneuerten Einheit (Intaktzeit) und soll nach

$$F(t) = \begin{cases} 1-e^{-\alpha t}, & t > 0,\ \alpha \geq 0 \\ 0 & , t \leq 0 \end{cases}$$

verteilt sein. Die Verweildauer des Prozesses im Zustand s_0 ist gleich der Wiederherstellungszeit der ausgefallenen Einheit; sie sei ebenfalls exponential verteilt mit Parameter μ und Verteilungsfunktion M(t) (maintainability). M(t) ist die Wahrscheinlichkeit dafür, daß die Wiederherstellung einer Einheit höchstens t Zeiteinheiten benötigt. Für die Übergangsraten dieses Prozesses (siehe unten) erhalten wir

$a_{10} = \alpha$, $a_{01} = \mu$ und $a_{00} = -\mu$, $a_{11} = -\alpha$.

Fig. 4.8 gibt den Zustandsübergangsgraphen wieder. (Übergänge von s_i nach s_i sind, wie üblich, nicht eingezeichnet).

Fig. 4.8 Wiederherstellungsprozeß

Es ist α^{-1} die mittlere Intaktzeit (MTTF) und μ^{-1} ist die mittlere Wiederherstellungszeit (MTTR) der Einheit. Also ist α bzw. μ die mittlere Ausfall- bzw. Reparaturrate.

Wir wollen nun die Differentialgleichungen für die Zustandswahrscheinlichkeiten lösen. Dazu verwenden wir die Laplace-Transformation (L-Transformation, Anhang A.8).

Mit $\mathbb{A} = \begin{pmatrix} -\mu & \mu \\ \alpha & -\alpha \end{pmatrix}$ genügen die Zustandswahrscheinlichkeiten dem Gleichungssystem

$$\dot{\underline{p}}(t) = \underline{p}(t) \cdot \mathbb{A} \,. \tag{4.24}$$

Es sei ferner $\underline{p}(0) = \underline{p}$, mit $\underline{p} = (p_0, p_1) = (P\{X(0) = 0\}, P\{X(0) = 1\})$ und $p_0 + p_1 = 1$.

L-Transformation ergibt

$s\ {}^{L}\underline{p}(s) - \underline{p}(0) = {}^{L}\underline{p}(s) \cdot \mathbb{A}$ oder ${}^{L}\underline{p}(s) = \underline{p}(0)[s\mathbb{I} - \mathbb{A}]^{-1}$

mit $[s\mathbb{I} - \mathbb{A}]^{-1} = \frac{1}{s(s+\alpha+\mu)} \begin{pmatrix} s+\alpha & \mu \\ \alpha & s+\mu \end{pmatrix}$, dabei ist $\mathbb{I}$ die Einheitsmatrix.

Daraus folgt

$${}^{L}p_i(s) = \frac{\gamma_i}{\alpha+\mu}\left(\frac{1}{s} - \frac{1}{s+\alpha+\mu}\right) + \frac{p_i}{s+\alpha+\mu},$$

mit $\gamma_i = \alpha\delta_{0i} + \mu\delta_{1i}$, $i = 0,1$, und die Rücktransformation liefert

$$p_i(t) = \frac{\gamma_i}{\alpha+\mu} + \left(p_i - \frac{\gamma_i}{\alpha+\mu}\right) e^{-(\alpha+\mu)t}, \quad i = 0,1;\ t \geq 0.$$

Die Verfügbarkeit $A(t)$ der Einheit E ist offensichtlich die Wahrscheinlichkeit dafür, daß E sich zum Zeitpunkt t im Zustand s_1 befindet, unter der Bedingung, daß E zu Anfang intakt war. Somit gilt $A(t) = p_1(t)$ mit $p_1(0) = 1$; also

$$A(t) =: f(\alpha,\mu,t) = \frac{\alpha}{\alpha+\mu}\left(\frac{\mu}{\alpha} + e^{-(\alpha+\mu)t}\right). \qquad (4.25)$$

Siehe Fig. 4.9. (Dort wird E mit einer Komponente mit heißer Redundanz verglichen).

Für die mittlere Verfügbarkeit im Intervall $[t,t+\tau]$ erhalten wir

$$A_\tau = \frac{1}{\tau}\int_t^{t+\tau} A(\hat{t})\,d\hat{t} = \frac{\alpha}{\alpha+\mu}\left(\frac{\mu}{\alpha} - \frac{e^{-(\alpha+\mu)\tau}-1}{(\alpha+\mu)\tau} \cdot e^{-(\alpha+\mu)t}\right).$$

Es ist $\lim\limits_{\tau\to 0} A_\tau = A(t)$ und $\lim\limits_{t\to\infty} A_\tau = \frac{\mu}{\alpha+\mu}$ (t bzw. τ fest).

Man sieht nun, daß für diesen Prozeß die Beziehung

$$A_\infty = \lim_{\substack{\tau \text{ fest} \\ t\to\infty}} A_\tau = A = \frac{\text{MTTF}}{\text{MTTF} + \text{MTTR}}$$

gilt und A_∞ von der Anfangsverteilung unabhängig ist. Ferner kann man sich nun auch leicht davon überzeugen, daß für $\{p_i(0) = \frac{\gamma_i}{\alpha+\mu}\}$ der Prozeß stationär und somit die Verfügbarkeit zeitunabhängig ist. Für eine hinreichend große Betriebszeit - wenn der Prozeß nahezu stationär geworden ist - hat also die Einheit E die Verfügbarkeit A und A kann als relativer Zeitanteil gedeutet werden, in dem die Einheit intakt ist (siehe Anhang A.6). Wann aber ist die Betriebszeit hinreichend groß? Man könnte z. B. verlangen, daß dafür

$A(t) - A_\infty < e^{-(\alpha+\mu)t} < 10^{-4}$ gilt [29], also für $t > \frac{10}{\alpha+\mu}$.

Es sei noch betont, daß wir implizit vorausgesetzt haben, daß die Systemkomponente, die die Erneuerung der Einheit E durchführt, zuverlässig ist. (In Fig. 3.11 wäre dies z. B. die Komponente, die aus der Diagnoseeinheit, der NCU und der Schaltermatrix besteht).

Herleitung der Kolmogorov-Gleichungen

Wir zeigen, daß der Reparaturprozeß den Gleichungen (A.6.10) genügt. Dazu benutzen wir die Methode des ersten Schrittes [29].

Es gebe die stochastische Variable V den Zeitpunkt des ersten Zustandswechsels an. Auf Grund unserer Annahmen gilt (k,i,j,=0,1).

$$P\{X(t) = s_j | V = v, X(v) = s_k, X(0) = s_i\} =$$

$$= \begin{cases} \delta_{ij} \text{ für } v > t \\ P\{X(t) = s_j | X(v) = s_k\} = P\{X(t-v) = s_j | X(0) = s_k\} = p_{kj}(t-v) \\ \text{für } v \leq t \end{cases}$$

und

$$P\{X(s) = s_k,\ s < V \leq s+ds | X(0) = s_i\} = \begin{cases} dM(s),\ i=0, k=1 \\ dF(s),\ i=1, k=0 \\ 0 \text{ sonst.} \end{cases}$$

Also folgt z. B.:

$$p_{00}(t) = \sum_s P\{X(t) = s_0 | X(s) = s_1,\ V = s,\ X(0) = s_0\} \cdot$$

$$P\{X(s) = s_1,\ V = s | X(0) = s_0\} = \int_0^\infty p_{10}(t-s)\,dM(s) =$$

$$\int_0^t p_{10}(t-s)\,dM(s) + \int_t^\infty 1\,dM(s) = 1 - M(t) + \int_0^t p_{10}(t-s)\,dM(s).$$

Das heißt, $p_{00}(t)$ ist gleich der Summe aus der Wahrscheinlichkeit, daß vor t von s_0 aus kein Sprung stattfindet und der Wahrscheinlichkeit dafür, daß zu einem Zeitpunkt $s < t$ der erste Sprung erfolgt und der Prozeß in der verbleibenden Zeit nach s_0 zurückkehrt. Entsprechend gilt:

$$p_{01}(t) = \int_0^t p_{11}(t-s)\,dM(s)$$

$$p_{10}(t) = \int_0^t p_{00}(t-s)\,dF(s)$$

und

$p_{11}(t) = 1 - F(t) + \int_0^t p_{01}(t-s)dF(s).$

Es folgt, beispielsweise wieder für p_{00}:

$$p_{00}(t) = e^{-\mu t} + \mu \int_0^t p_{10}(x)\, e^{-\mu(t-x)}dx = e^{-\mu t}[1+\mu\int_0^t p_{10}(x)e^{\mu x}dx].$$

Die zeitliche Ableitung ergibt

$\dot{p}_{00}(t) = -\mu p_{00}(t) + \mu p_{10}(t)$, d. h. $a_{00} = -\mu$, $a_{01} = \mu$.

Ebenso lassen sich die restlichen Gleichungen des Gleichungssystems (A.6.10) herleiten. Daraus folgt, daß die Zustandswahrscheinlichkeiten den Differentialgleichungen (A.6.12) genügen und der Wiederherstellungsvorgang mit einer Markov-Kette identifiziert werden kann. □

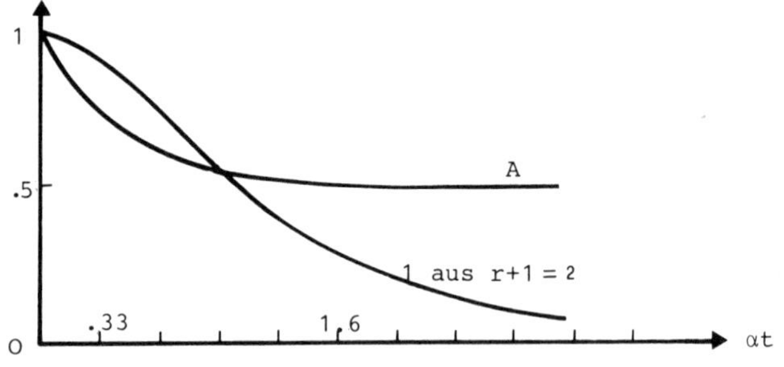

Fig. 4.9 Verfügbarkeit $A = f(\alpha,\mu,t)$, $\alpha/\mu = 1$

Zu Fig. 4.9: Die Zuverlässigkeit einer Systemkomponente K, die aus r+1 gleichen, s-unabhängigen Einheiten besteht, von denen wenigstens eine intakt sein muß, ist gleich

$R_K(t) \equiv A_K(t) = 1 - (1 - e^{-\alpha t})^{r+1}$.

Wird diese Komponente dagegen als reparierbare Einheit realisiert, so hat sie die Verfügbarkeit (4.25).

Externe Einflüsse

Wir erweitern nun unser Modell und berücksichtigen, daß nicht jeder Defekt zu reparieren ist. Die Wahrscheinlichkeit dafür sei 1-c (c der Überdeckungsfaktor). Ferner wollen wir annehmen, daß - unabhängig von internen Fehlern - die Einheit äußeren, zerstörerischen Einflüssen unterliegt, die von einer Poissonquelle mit Intensität λ erzeugt werden. Der entsprechende Zustandsübergangsgraph ist in Fig. 4.10 wiedergegeben. Im Zustand 2 ist die Einheit endgültig ausgefallen.

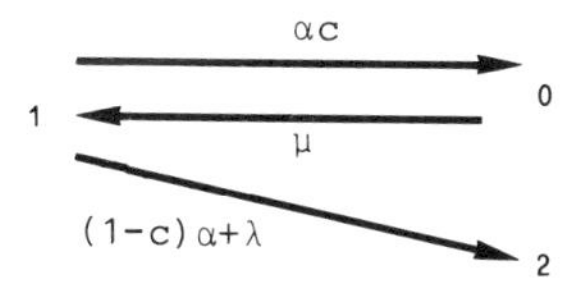

Fig. 4.10 Erweitertes Modell

Die Kolmogorov-Gleichungen lauten nun

$$\dot{p}_0 = -\mu p_0 + \alpha c p_1, \tag{4.26}$$

$$\dot{p}_1 = -(\lambda + \alpha) p_1 + \mu p_0,$$

$$\dot{p}_2 = ((1 - c)\alpha + \lambda) p_1;$$

$$p_0(t) + p_1(t) + p_2(t) = 1, \; p_i(0) = \delta_{1i}.$$

Lösung:

$$p_0(t) = \frac{\alpha c}{a-b} (e^{-bt} - e^{-at}),$$

$$p_1(t) = \frac{1}{a-b} [(a - \mu) e^{-at} + (\mu - b) e^{-bt}].$$

Die Verfügbarkeit des erweiterten Modelles ist somit

$$A_e(t) := f_e(\alpha,\mu,c,\lambda,t) = p_0(t) + p_1(t) = \tag{4.27}$$

$$\frac{1}{a-b} [(a - \mu - \alpha c) e^{-at} - (b - \mu - \alpha c) e^{-bt}].$$

Dabei sind -a und -b Wurzeln der Gleichung

$$x^2 + x(\alpha + \mu + \lambda) + \mu\alpha(1 - c) + \mu\lambda = 0.$$

<u>Numerisches Beispiel</u>: Mit $\alpha = 3$, $\mu = 12$, $c = .2$ und $\lambda = 1$ erhält man

$$A_e(t) = .81e^{-t/1.5} + 19e^{-(15.3)t} \simeq .81e^{-t/1.5} \to 0 \text{ für } t \to \infty.$$

<u>Methode der Zusatzereignisse</u>

Als nächstes wollen wir den Erwartungswert $E_t(x)$ der Zeit x bestimmen, die der Prozeß (4.24) bis zum Zeitpunkt t im Zustand s_1 verbringt, sowie den Erwartungswert $E_t(\eta)$ der Anzahl η der Eins-Null-Übergänge bis t.

Es sei $F(\xi,n) = P\{x \leq \xi,\ \eta = n\}$ die gemeinsame, zweidimensionale Wahrscheinlichkeitsverteilung. Berechnet man zunächst die Erzeugend

$F_t^e(\lambda,c) = \int_0^t \sum_{n=0}^{\infty} c^n e^{-\lambda\xi} d_\xi F(\xi,n)$, dann gewinnt man aus $F_t^e(\lambda,c)$

die gesuchten Erwartungswerte, wie folgt

$$E_t(x) = \int_0^t \xi \, d_\xi[\sum_{n=0}^{\infty} F(\xi,n)] = -\frac{\partial}{\partial\lambda} F_t^e(\lambda,0)\Big|_{\lambda=0}$$

$$E_t(\eta) = \sum_{n=0}^{\infty} n \, F(t,n) = \frac{\partial}{\partial c} F_t^e(0,c)\Big|_{c=1}$$

und

$$E_t(x\eta) = -\frac{\partial}{\partial\lambda\partial c} F_t^e(\lambda,c)\Big|_{\substack{\lambda=0 \\ c=1}} .$$

Nun ist aber $F_t^e(\lambda,c)$ auch die Wahrscheinlichkeit dafür, daß der erweiterte Prozeß (4.26) mit den zusätzlichen Ereignissen sich noch in den Zuständen s_1 oder s_0 befindet. Denn es ist $e^{-\lambda s}$ die Wahrscheinlichkeit dafür, daß bis zum Zeitpunkt s kein äußeres Ereignis die Einheit zerstört hat (siehe Anhang A.6) und c^n ist die Wahrscheinlichkeit dafür, daß alle n Ausfälle behoben werden können. Also

$$F_t^e(\lambda,c) = A_e(t) = f_e(\alpha,\mu,c,\lambda,t). \tag{4.28}$$

Daraus ergibt sich

$$E_t(x) = \frac{\mu}{\mu+\alpha} t + \frac{\alpha}{(\mu+\alpha)^2} (1 - e^{-(\mu+\alpha)t}) \tag{4.29}$$

und

$$E_t(\eta) = \alpha \, E_t(x). \tag{4.30}$$

<u>Übung</u>: Man zeige:

$$\mathrm{Cov}\,(x,\eta) = \begin{cases} \mu\alpha(\alpha-\mu)(\alpha+\mu)^{-3} t & \text{für großes } t \\ -\frac{1}{2}\alpha t^2 & \text{für kleines } t. \end{cases}$$

Bemerkung: Der Ausdruck (4.29) bestätigt die Beziehung (4.3); (4.30) rechtfertigt die Bezeichnung Übergangsrate für α. Obiges Vorgehen wird auch die Methode der Zusatzereignisse genannt [56].

Systemverfügbarkeit

Wenn nun $h(\underline{p})$ die Funktionswahrscheinlichkeit eines Systems Σ und $A_i(t) = f(\alpha_i, \mu_i, t)$ die Verfügbarkeit des i-ten Systemelements sind, dann ist die Verfügbarkeit des Gesamtsystems (unter den zu Beginn gemachten Voraussetzungen) gleich (siehe (4.7))

$$A_\Sigma(t) = h(\underline{A}(t)).$$

Für ein m aus n redundantes System aus Einheiten gleicher Verfügbarkeit gilt also

$$A_\Sigma(t) = \sum_{r=m}^{n} \binom{n}{r} A(t)^r (1 - A(t))^{n-r}, \quad A(t) = f(\alpha, \mu, t),$$

und $a(t) = \frac{1}{n} \sum_{i=1}^{n} x_i(t)$ ist die relative Anzahl der zur Zeit t verfügbaren Einheiten. Für den Erwartungswert gilt

$$E(a(t)) = \frac{1}{n} \sum_{i=1}^{n} P\{x_i(t) = 1\} = \frac{1}{n} \sum_{i=1}^{n} A_i(t) = A(t) = f(\alpha, \mu, t)$$

und für die Varianz D^2: $\lim_{t\to\infty} D^2(a(t)) = \frac{\alpha\mu}{n(\alpha+\mu)^2}$.

Somit erhalten wir für den Variationskoeffizienten

$$C(t) = \frac{D(a(t))}{E(a(t))} \text{ von a die Beziehung } \lim_{t\to\infty} C(t) = \sqrt{\frac{\alpha}{n\mu}}. \qquad (4.31)$$

Bemerkung: Wären keine Zufälle im Spiel, so genügte $a(t)$ der Differentialgleichung
$\dot{a}(t) = -\alpha a(t) + \mu(1 - a(t))$ mit $a(0) = 1$ und der Lösung
$a(t) = f(\alpha, \mu, t)$. (Für große n kann a näherungsweise als reelle Variable angesehen werden).

Für $\lim_{t\to\infty} n\, a(t) = n\mu/\alpha+\mu > m$
würde das System also nie ausfallen. Sind jedoch Zufälle im Spiel, so kann eine rasche Folge von zufälligen Ausfällen jederzeit zu einem Systemausfall führen. Wir schließen aus (4.31), daß sich - wie zu erwarten ist - signifikante Abweichungen vom deterministischen Verhalten dann ergeben, wenn n klein und die Ausfallrate groß im Vergleich zur Reparaturrate ist.

Übung: Man bestimme $A_\Sigma(t)$, A_∞ und $C(t)$ für ein TMR-System.

Übung: Man leite $A_{\Sigma}(t)$ direkt her, indem man das Zuverlässigkeitsverhalten des Systems als GT-Prozesse beschreibt (s. Anhang A.6).

4.3.2 Doublizierung

In den homogenen Markov-Ketten haben wir ein geeignetes Mittel zur Hand, um das Zuverlässigkeitsverhalten fehlertoleranter Systeme zu modellieren. Allerdings müssen wir garantieren können, daß die Verweilzeiten des Systems in den einzelnen Zuständen - z. B. die Intakt- und die Wiederherstellungszeiten - exponential verteilt und von der Vorgeschichte des Systems unabhängig sind. Die in Frage kommenden Zustandsmengen sind in der Regel endlich. Auch dann ist es oft sehr mühsam, das Zeitverhalten des Systems zu ermitteln. Ist man jedoch nur am eingeschwungenen, also stationären Verhalten interessiert, so reduziert sich die Aufgabe auf das Lösen eines algebraischen Gleichungssystems. Die Lösung ist eindeutig, wenn die Markov-Kette irreduzibel ist. Die Verfügbarkeit des Systems - im eingeschwungenen Zustand - ist dann gleich der Aufenthaltswahrscheinlichkeit der Markov-Kette in Zuständen, die die Funktionstüchtigkeit des Systems gewährleisten. Wir wollen dies am Beispiel der Doublizierung von Systemeinheiten näher erläutern. Das System bestehe aus einer aktiven Einheit und einem einzigen Reserveelement, das bei einem Defekt die aktive Einheit ersetzt (siehe Fig. 3.12). Sobald beide Einheiten ausgefallen sind, wird das Gesamtsystem erneuert. Die mittlere Wiederherstellungszeit sei μ^{-1}. Zunächst nehmen wir an, daß die Diagnose- und die Wiederherstellungsmechanismen zuverlässig sind und daß eine Reparatur jederzeit möglich ist. Außerdem soll der Ausfall- und Reparaturprozeß durch eine Markov-Kette modellierbar sein. Der Zustandsübergangsgraph ist in Fig. 4.11 wiedergegeben.

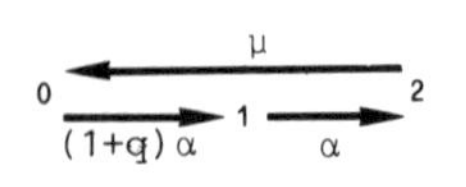

Zustände:

0 Beide Einheiten intakt

1 Eine Einheit intakt, die andere ausgefallen

2 Beide Einheiten ausgefallen

Fig. 4.11 Doublizierung

Im Zustand 0 sei die Ausfallrate der aktiven Einheit gleich α, die der passiven Einheit gleich $q\alpha$, mit $0 \leq q \leq 1$; $q=1$ bedeutet heiße, $q=0$ kalte Reserve. Bei $0 < q < 1$ spricht man von einer warmen Reserve. Die Verfügbarkeit des Systems ist

$$A(t) = 1 - p_2(t) \tag{4.32}$$

und das Kolmogorovsche Gleichungssystem lautet

$$\dot{p}_0(t) = -(1 + q)\alpha p_0(t) + \mu p_2(t) \tag{4.33}$$

$$\dot{p}_1(t) = -\alpha p_1(t) + (1 + q)\alpha p_0(t)$$

$$\dot{p}_2(t) = \alpha p_1(t) - \mu p_2(t) = \alpha(1 - p_0(t) - p_2(t)) - \mu p_2(t)$$

mit $p_i(0) = \delta_{i0}$.

Es sei $\mu = 12$, $\alpha = 3$ und $q = 1/3$.
Die L-Transformation liefert dann

$$s\ {}^L p_0(s) - 1 = -4\ {}^L p_0(s) + 12\ {}^L p_2(s)$$

$$s\ {}^L p_2(s) = -15\ {}^L p_2(s) - 3\ {}^L p_0(s) + \frac{3}{s}.$$

Somit gilt

$${}^L p_2(s) = \frac{12}{s(s+\beta)(s+\gamma)} = \frac{B_1}{s} + \frac{B_2}{s+\beta} + \frac{B_3}{s+\gamma}$$

mit $\beta = 19/2 + (1/2)i\sqrt{23}$, $\gamma = 19/2 - (1/2)i\sqrt{23}$ und

$$B_1 = s\ {}^L p_2(s)\Big|_{s=0} = 1/8\ ,$$

$$B_2 = (s+\beta)\ {}^L p_2(s)\Big|_{s=-\beta} = \frac{12}{\beta(\beta-\gamma)},$$

$$B_3 = (s+\gamma)\ {}^L p_2(s)\Big|_{s=-\gamma} = \frac{-12}{\gamma(\beta-\gamma)}\ .$$

Also: ${}^L p_2(s) = \frac{1}{8}\left[\frac{1}{s} + \frac{1}{i\sqrt{23}}\left(\frac{\gamma}{s+\beta} - \frac{\beta}{s+\gamma}\right)\right].$

Die Rücktransformation ergibt ($t \geq 0$):

$$p_2(t) = \frac{1}{8}\left[1 - e^{-\frac{19}{2}t}\left(\frac{19}{\sqrt{23}} \sin \tfrac{1}{2}\sqrt{23}t + \cos \tfrac{1}{2}\sqrt{23}t\right)\right].$$

Die stationäre Verfügbarkeit ist gleich dem Verfügbarkeitskoeffizienten

$$A = \lim_{t\to\infty} [1 - p_2(t)] = .875.$$

Hätten wir uns nur für die stationäre Verfügbarkeit interessiert, so hätten wir aus $0 = \underline{p}\cdot\mathbb{A}$ mit

$$\mathbb{A} = \begin{bmatrix} -(1-q)\alpha & +(1+1)\alpha & 0 \\ 0 & -\alpha & \alpha \\ \mu & 0 & -\mu \end{bmatrix}$$

sofort die Beziehung

$$A = \frac{(2+q)\mu}{(2+q)\mu+(1+q)\alpha} \tag{4.34}$$

erhalten. Da die mittlere Wiederherstellungszeit des Systems gleich $1/\mu$ [ZE] ist, folgt für seine mittlere Intaktzeit

$$E(T) = MTTF = \frac{A}{\mu(1-A)} = \frac{1}{\alpha}\,\frac{2+q}{1+q}\,.$$

<u>Beispiel</u>: $\mu = 12$, $\alpha = 3$.
Heiße Redundanz: $A = .857$, $MTTF = \frac{3}{2\alpha}$
Kalte Redundanz: $A = .889$, $MTTF = \frac{2}{\alpha}$.

<u>Mittlere Lebensdauer</u>

Es interessiert neben diesen Größen natürlich auch die mittlere Lebensdauer (MTFF, d. h. die mittlere Dauer bis das System zum erstenmal die Zustände der Funktionstüchtigkeit verläßt) und ganz allgemein die Aufenthaltsdauer des Systems in Teilmengen der Zustandsmenge.

Es sei also $I \subseteq S$ eine endliche Teilmenge des Zustandsraums (z. B. die Zustände der Funktionstüchtigkeit), die den Anfangszustand des Prozesses enthalte. Außerdem sei $\bar{T}_I$ die zu erwartende Aufenthaltsdauer des Prozesses in I bis zum erstmaligen Verlassen dieser Teilmenge; $\bar{T}_I$ sei endlich. Wir können $\bar{T}_I$ wie folgt berechnen. (I bezeichne auch die Menge der Indices der entsprechenden Zustände). In der Ratenmatrix $\mathbb{A}$ streichen wir alle Zeilen und Spalten, die zu Zuständen aus S-I gehören, welche nicht direkt von I aus erreichbar sind. Wir setzen außerdem alle Raten q_{ij} mit $i \in S-I$ und $j \in I \cup \{i\}$ gleich 0. Dadurch entsteht eine Ratenmatrix $\mathbb{B}$ eines neuen, stochstischen Prozesses. Dieser neue Prozeß verhält sich offensichtlich bis zum Verlassen von I wie der alte Prozeß. Hat er jedoch die Teilmenge I einmal verlassen, so kehrt er nicht mehr dorthin zurück.

Es sei nun $\underline{p}(t)$ die Lösung von

$$\dot{\underline{p}}(t) = \underline{p}(0)\cdot\mathbb{B} \tag{4.35}$$

mit $\sum_i p_i(t) = 1$ und $\sum_{i\in I} p_i(0) = 1$.

Dann gilt $P\{T_I > t\} = \sum_{i\in I} p_i(t)$ und - siehe (2.5) -

$$\bar{T}_I = \int_0^\infty \sum_I p_i(t)dt = \sum_I \int_0^\infty p_i(t)dt = \sum_I {}^L p_i(0)$$

mit ${}^L p_i$ der L-Transformierten von $p_i(t)$. Nun ist aber

$s\, {}^L\underline{p}(s) - \underline{p}(0) = {}^L\underline{p}(s)\cdot\mathbb{B}$.

Insbesondere gilt für $i \in I$ und $s = 0$:

$-\underline{p}_i(0) = \sum_I {}^L p_j(0)\, b_{ji}$.

Wir streichen deshalb in $\mathbb{B}$ noch die Zeilen und Spalten derjenigen Zustände, die nicht zu I gehören und bezeichnen die neue Matrix mit $\mathbb{B}_I$ und den entsprechenden Zustandsvektor mit $\underline{p}_I$. Ferner sei $\underline{e}^+$ ein Spaltenvektor mit $e_i = 1$ für alle $i \in I$. Damit erhalten wir die Formel

$$\bar{T}_I = \sum_I {}^L p_i(0) = -\underline{p}_I(0)\cdot\mathbb{B}_I^{-1}\cdot\underline{e}^+ \ . \tag{4.36}$$

Man kann zeigen, daß $\mathbb{B}_I^{-1}$ immer existiert, wenn $\bar{T}_I$ endlich ist [9].

Und nun zurück zu unserem Beispiel! Für dieses Beispiel muß MTTF gleich MTFF sein, da jede Reparatur die Einheit in den Anfangszustand 0 bringt. Mit $I = \{0,1\}$ folgt

$$\mathbb{B}_I = \begin{bmatrix} -(1+q)\alpha & (1+q)\alpha \\ 0 & -\alpha \end{bmatrix},$$

also

$$\bar{T}_I = -(1,0)\cdot\frac{1}{(1+q)\alpha^2}\begin{bmatrix} -\alpha & -(1+q)\alpha \\ 0 & -(1+q)\alpha \end{bmatrix}\cdot\begin{bmatrix} 1 \\ 1 \end{bmatrix} = \frac{1}{\alpha}\,\frac{2+q}{1+q},\quad 0 \le q \le 1.$$

Übung: Man bestimme A(t), A, MTTF und MTFF für den Fall, daß jede Untereinheit separat erneuert werden kann; vgl. Fig. 4.12

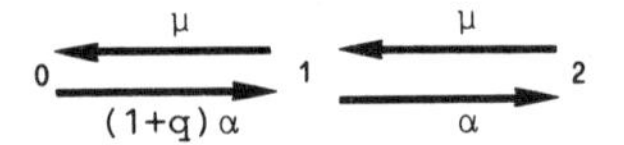

Fig. 4.12

Übung [29]: Eine CPU bestehe aus 3 Prozessoren mit exponential verteilten Lebensdauern. Repariert kann jeweils nur ein Prozessor werden. Die Reparaturzeit ist ebenfalls exponential verteilt. Es sind immer zwei Prozessoren aktiv. Wenn zwei Prozessoren ausgefallen sind, ist die CPU funktionsuntüchtig und es wird keine Reparatur mehr vorgenommen. Man bestimme die Verfügbarkeit und die mittlere Lebensdauer der CPU für $\alpha = 1$ und $\mu = 2$.

4.3.3 Beschränkte Erneuerungskapazität

Wir wollen nun die Voraussetzung, daß defekte Einheiten jederzeit erneuert werden können, fallen lassen. Dagegen werden wir jetzt annehmen, daß für Erneuerungen nur eine zuverlässige Einrichtung (Reparaturkanal) vorhanden ist, die jeweils nur einen Erneuerungsauftrag erledigt. Die restlichen Aufträge müssen warten. Die Wahrscheinlichkeit dafür, daß eine defekte Einheit lokalisiert wird, sei c, $0 < c \leq 1$. Mit anderen Worten, es gehen mit Wahrscheinlichkeit 1-c Erneuerungsaufträge verloren. Fig. 4.13 zeigt den Auftragsverkehr. Wenn der Reparaturkanal zuverlässig ist, ist c der Überdeckungsfaktor. Außerdem nehmen wir an:

(1) Von n aktiven Einheiten des Systems müssen m intakt sein, damit das System funktionstüchtig ist. Zusätzlich sei eine kalte Reserve von k Einheiten vorhanden.

(2) Die Intaktzeiten aller aktiven Einheiten besitzen eine gemeinsame Verteilung $F_T(t)$ und den Erwartungswert α^{-1}. Die Wahrscheinlichkeit für zwei oder mehr Ausfälle während Δt sei $o(\Delta t)$. Hinsichtlich der Ausfälle sind sämtliche Einheiten des Systems s-unabhängig.

(3) Die Verteilungsfunktion der Reparaturzeiten ist M(t) mit Erwartungswert μ^{-1}; Reparaturzeiten seien s-unabhängig, ebenso Intakt- und Wiederherstellungszeiten.

Wir wollen zwei Spezialfälle dieses Modells behandeln.

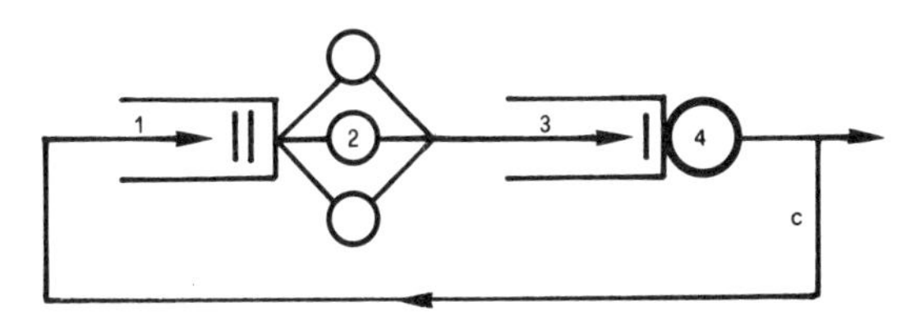

1 passive, 2 aktive, 3 defekte Einheiten, 4 Reparatureinheit
Fig. 4.13 Auftragsverkehr

Erster Spezialfall: Das Maschinen-Unterhalt-Modell (k=O)

Da die Lebensdauern und Bedienungszeiten exponential verteilt sind, haben wir es mit einem GT-Prozeß (siehe Anhang A.6) mit endlich vielen Zuständen zu tun; vgl. Fig. 4.14. Zustand i gebe die Anzahl der nicht verfügbaren Einheiten an. Es sind also im Zustand i genau n-i Einheiten intakt und aktiv. Die Wahrscheinlichkeit, daß von diesen Einheiten während Δt genau eine ausfällt, ist

$$\binom{n-i}{1} (\alpha\Delta t + o(\Delta t)) \cdot (1 - \alpha\Delta t + o(\Delta t))^{n-i-1} = (n-i)\alpha\Delta t + o(\Delta t).$$

Der Zustandsübergang von i nach i+1 hat also die Rate $(n-i)\alpha$. Zunächst sei c = 1. Damit erhalten wir für die stationären Zustandswahrscheinlichkeiten (siehe A.6.18)

$$p_j = \left(\frac{\alpha}{\mu}\right)^j [n(n-1) \ldots (n-j+1)]p_O = \left(\frac{\alpha}{\mu}\right)^j \frac{n!}{(n-j)!} p_O \qquad (4.37)$$

mit $p_O = \left[\sum_{k=O}^{n} \left(\frac{\alpha}{\mu}\right)^k \frac{n!}{(n-k)!}\right]^{-1}$, $O \leq j \leq n$.

$$0 \underset{\mu}{\overset{n\alpha}{\longleftrightarrow}} 1 \underset{\mu}{\overset{(n-1)\alpha}{\longleftrightarrow}} \cdots \underset{\mu}{\overset{\alpha}{\longleftrightarrow}} n$$

Fig. 4.14 Maschinen-Unterhalt

Bezeichnen wir p_O^{-1} mit $s(\rho,n)$, $\rho = \frac{\alpha}{\mu}$, so gilt $s(\rho,O)=1$ und $s(\rho,n) = 1+n\rho s(\rho,n-1)$. Diese Beziehung erleichtert das Berechnen von p_O wesentlich.

Die Wahrscheinlichkeit dafür, daß der Reparaturkanal nicht besetzt ist, ist p_0. Seine Auslastung (utilization) ist $U = 1 - p_0$. Die stationäre Verfügbarkeit des Systems ist mit $\rho = \alpha/\mu$ gleich

$$A_\Sigma = \sum_{j=0}^{n-m} \frac{\rho^j}{(n-j)!} \Big/ \sum_{k=0}^{n} \frac{\rho^k}{(n-k)!} \tag{4.38}$$

Die mittlere Zahl der Reparaturaufträge, die pro Zeiteinheit erledigt werden (Bereitschaftsaufträge, die den Reparaturkanal pro Zeiteinheit verlassen), ist

$$B = \mu\, U. \tag{4.39}$$

Im Gleichgewicht muß der Durchsatz B gleich der mittleren Anzahl der Ausfälle pro Zeiteinheit sein. Mit Littles Formel (siehe Anhang A.9) ist dann die mittlere Ausfallzeit MTTR(E) einer Systemeinheit (mittlere Aufenthaltsdauer im Reparaturkanal)

$$\mathrm{MTTR(E)} = \frac{\bar{n}}{B} = \frac{\bar{n}}{\mu(1-p_0)} \tag{4.40}$$

mit $\bar{n}$ der mittleren Anzahl an Reparaturaufträgen im stochastischen Gleichgewicht. Für die MTBF(E) erhalten wir nun

$$\mathrm{MTBF(E)} = \mathrm{MTTR(E)} + \mathrm{MTTF(E)} = \frac{\bar{n}}{\mu(1-p_0)} + \frac{1}{\alpha} = \frac{1}{B}\left(\bar{n} + \frac{1}{\rho} U\right).$$

Andererseits gilt nach Littles Formel auch $B = \frac{n}{\mathrm{MTBF(E)}}$.

Daraus folgt für eine Systemeinheit

$$A_E = \frac{B}{n\alpha}, \quad \bar{n} = n - \frac{1}{\rho} U \text{ und } \mathrm{MTTR(E)} = \frac{n}{B} - \frac{1}{\alpha}.$$

<u>Beispiel</u>: Duplexsystem

Mit $\gamma := (1 + 2(1+\rho)\rho)^{-1}$ erhält man für ein Duplexsystem (n=2, m=1): $U = 2\rho(1+\rho)\gamma$, $A_E = (1+\rho)\gamma$ und $A_\Sigma = (1+2\rho)\gamma$. Für $\mu = 10$, $\alpha =$ gilt $\bar{n} = .197$; siehe auch Tab. 4.2.

	A_Σ	U	B	MTTR(E)	MTBF(E)	A_E
1 aus 2 *)	.992	.091	.909	.1	1.1	.909
Beispiel	.984	.18	1.8	.111	1.111	.900

Tab. 4.2 *) heiße Redundanz (= zwei Reparaturkanäle)

Für unser Beispiel dürfte sich eine Verdopplung der Reparaturkapazität (1 aus 2) kaum lohnen. Solange n einen kritischen Wert nicht erreicht, interferieren die Reparaturaufträge kaum miteinander, da selten mehr als eine Einheit ausgefallen ist. Für $n=1$ ist $MTTR(E) = 1/\mu$; für $n \to \infty$ verhält sich $MTTR(E)$ wie $n/\mu - 1/\alpha$, da dann die Auslastung des Reparaturkanals nahezu 100% beträgt. Fig. 4.15 zeigt den Verlauf der mittleren Wiederherstellungszeit in Abhängigkeit von der Systemgröße. In [3] wird als kritische Größe n^*, der Schnittpunkt beider Asymptoten definiert, also $n^* = 1 + \rho^{-1}$. (Es ist n^*/μ der mittlere Ausfallabstand, wenn die Reparaturaufträge nicht interferieren würden). In anderen Worten, um zu vermeiden, daß die Ausfallzeiten der Systemeinheiten allzu groß werden, wähle man μ derart, daß $n < n^* = 1 + \mu/\alpha$, d. h. $\mu > \alpha(n-1)$ ist.

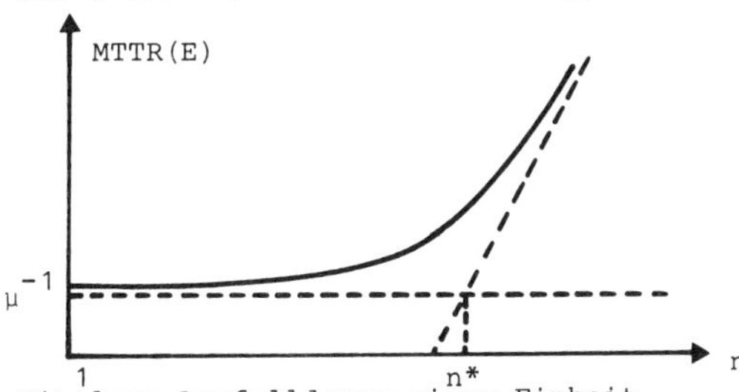

Fig. 4.15 Mittlere Ausfalldauer einer Einheit

Übung: Man bestimme $\bar{n}$ direkt aus (4.37). Hinweis: Es gilt
$\bar{n} = p_0 \rho \frac{d}{d\rho} p_0^{-1}$ und $p_0^{-1} = n!\, \rho^n \sum_{k=0}^{n} \frac{1}{k!} \rho^k$.

Übung: Man bestimme A_Σ, A_E, B, n^* etc. für den Fall, daß $r > 1$ Reparatureinheiten mit einer gemeinsamen Warteschlange vorhanden sind. (Der Fall $r = n$ wurde bereits in 4.1 und 4.3.1 behandelt).

Wir wollen noch die mittlere Intaktzeit $MTTF(\Sigma)$ des Systems berechnen. Das System hat eine m aus n Redundanz. Nun ist p_{n-m} der Zeitanteil (vgl. Anhang A.6), zu dem noch genau m Einheiten intakt sind und $m\alpha$ ist die Rate für einen weiteren Ausfall, der dann zu einem Systemausfall führt. Also ist $m\alpha p_{n-m}$ die mittlere Zahl der Systemausfälle pro Zeiteinheit; A_Σ ist die relative, mittlere Intaktzeit des Systems im Gleichgewicht. Somit gilt

$$MTTF(\Sigma) = \frac{A_\Sigma}{m\alpha p_{n-m}} .$$

Beispiel: Für unser Duplexsystem erhalten wir für die mittlere Intaktzeit

$$\text{MTTF}(\Sigma) = \frac{p_0+p_1}{\alpha p_1} = \frac{1}{\alpha}\,\frac{1+2\rho}{2\alpha\rho} = 6 \text{ [ZE]},$$

während wir aus $\mathbb{B}_I = \begin{bmatrix} -2\alpha & 2\alpha \\ \mu & -(\mu+\alpha) \end{bmatrix}$

mit $I = \{0,1\}$ und $\underline{p}(0) = (1,0,0)$ für die mittlere Lebensdauer MTFF(Σ) und für die mittlere Wiederherstellungszeit MTTR(Σ) = MTTF(Σ)$\cdot(1-A_\Sigma)/A_\Sigma$ die Werte

$$\text{MTFF}(\Sigma) = \frac{1+3\rho}{2\alpha\rho} = 6.5 \text{ [ZE] und MTTR}(\Sigma) = .1 \text{ [ZE]}$$

erhalten. MTFF(Σ) übertrifft MTTF(Σ) um $\frac{1}{2\alpha}$, die mittlere Zeit bis zum ersten Ausfall einer der beiden Einheiten.

Ist dagegen der Überdeckungsfaktor $c < 1$, so tritt für das Duplexsystem an die Stelle von $\mathbb{B}_I$ die Matrix (vgl. Fig. 4.16)

$$\mathbb{B}_I^c = \begin{bmatrix} -2\alpha & 2\alpha c & (1-c)2\alpha \\ \mu & -(\mu+\alpha) & 0 \\ 0 & 0 & \alpha \end{bmatrix}$$

und wir erhalten $\text{MTFF}^c(\Sigma) = \frac{1}{2\alpha}\,\frac{3(1+\rho)-2c}{(1+\rho)-c}$ (4.41)

<u>Numerisches Beispiel</u>: Für $\rho = .1$ ergibt sich $\text{MTFF}^1(\Sigma) = 6.5$ und $\text{MTFF}^{.8}(\Sigma) = 2.8$, also eine drastische Minderung der Lebensdauer.

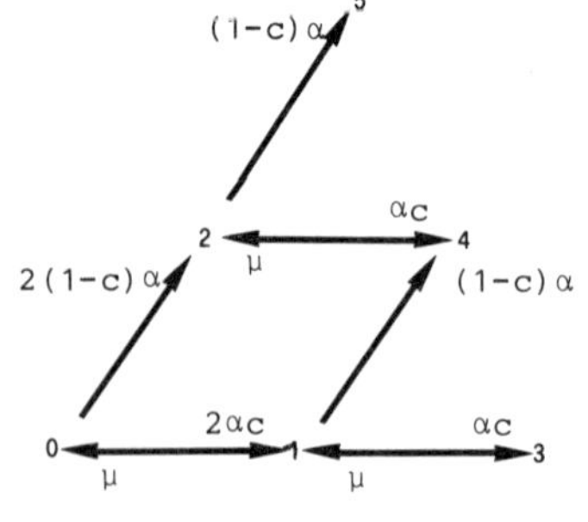

0,1,3 keine, eine, beide Einheiten defekt,

2,4 keine, eine Einheit defekt, eine Einheit kann nicht erneuert werden

5 beide Einheiten können nicht erneuert werden.

Fig. 4.16 Überdeckungsfaktor $c < 1$

<u>Übung</u>: Man bestimme $\text{MTFF}^c(\Sigma)$ und $\text{MTBF}^c(\Sigma)$ für ein Duplexsystem mit zwei Reparaturkanälen.

Zweiter Spezialfall: Doublizierung mit kalter Reserve $(k=n=m=1, c=1)$

Wir betrachten also wieder die Doublizierung, nun aber mit kalter Reserve. Es sei N die Zahl der Einheitenausfälle während T_Σ, der Dauer zwischen einer Wiederaufnahme der Systemfunktion und dem nächsten Systemausfall. Die Wahrscheinlichkeit dafür, daß die aktive Einheit zur Zeit t ausfällt, aber die Reparatur einer ausgefallenen Einheit vor t beendet ist, ist mit $M(t) = P\{W \leq t\}$ (W Wiederherstellungszeit) gleich

$$P\{W \leq t\} dF_T(t) = M(t) dF_T(t).$$

Somit ist $\gamma = \int_0^\infty M(t) dF_T(t)$ die Wahrscheinlichkeit, mit der die Reparatur einer ausgefallenen Einheit vor dem Ausfall der verbleibenden, aktiven Einheit beendet wird. Die Wahrscheinlichkeit, daß der k-te Ausfall den nächsten Systemausfall bewirkt, ist dann

$$P\{N = k\} = \gamma^{k-1} (1-\gamma), \; k=1,2,\ldots \; .$$

Ferner ist $T_\Sigma = \sum_{i=1}^{N} X_i$, wobei die Variablen X_i (Intaktzeiten nach der i-ten Reparatur) s-unabhängig und gemäß $F_T(t)$ identisch verteilt sind mit dem Erwartungswert $1/\alpha$, $\alpha > 0$.
Daraus folgt (für endliche Erwartungswerte, vgl. [8])

$$MTTF(\Sigma) \equiv E(T_\Sigma) = \frac{1}{\alpha} E(N) = \frac{1}{(1-\gamma)\alpha} \; . \qquad (4.42)$$

Beweis: Die Beziehung (4.42) folgt aus der sogenannten Wald-Identität für die Summe einer zufälligen Anzahl zufälliger Summanden.
Es ist

$$T_\Sigma = \sum_{i=1}^{N} X_i = \sum_{i=1}^{\infty} [X_i \; \Theta(N-i)]$$

mit $\Theta(x)$ der Sprungfunktion (vgl. A.6). Somit folgt

$$E(T_\Sigma) = \sum_{i=1}^{\infty} E(X_i) \; E(\Theta(N-i)) = \frac{1}{\alpha} \sum_{i=0}^{\infty} P\{N \geq i\} = \frac{1}{\alpha} E(N).$$

Man beachte, daß für alle i die Intaktzeit X_i von dem Ereignis $\{N \geq i\}$ unabhängig ist. Nun ist

$$E(N) = \sum_{k=1}^{\infty} k \; P\{N=k\} = \frac{(1-\gamma)}{\gamma} \sum_{k=1}^{\infty} k \; \gamma^k = \frac{1-\gamma}{\gamma} \; \frac{\gamma}{(1-\gamma)^2} = \frac{1}{1-\gamma} \; .$$

□

Übung: Man zeige, $MTFF(\Sigma)=\frac{1}{\alpha}\frac{1-\gamma}{1-\gamma}$, also $MTFF(\Sigma) = MTTF(\Sigma) + \frac{1}{\alpha}$.

Wenn die Wiederherstellung einer der Einheiten länger als x Zeiteinheiten dauert, dann ist die Wahrscheinlichkeit, daß die Restwiederherstellungszeit größer als t ist, gegeben durch (vgl. Kapitel 2.2)

$$1 - M^x(t) \text{ mit } M^x(t) = P\{W-x < t \mid W > x\} = \frac{M(x+t) - M(x)}{1-M(x)} .$$

Also ist $[1-M^x(t)]dF_T(x)$ die Wahrscheinlichkeit, daß der Ausfall der zweiten Einheit zum Zeitpunkt x vor der Reparatur der ersten Einheit erfolgt - und somit zum Systemausfall führt - und diese Reparatur über t+x hinaus andauert, also $W_\Sigma > t$ ist. Für die mittlere Wiederherstellungszeit $MTTR(\Sigma)$ des Systems erhalten wir

$$MTTR(\Sigma) = \int_0^\infty P\{W_\Sigma > t\}dt = \int_0^\infty \int_0^\infty \frac{1-M(t+x)}{1-M(x)} dF_T(x)\,dt. \tag{4.43}$$

Diese Ergebnisse (4.42 und 4.43) gelten für beliebige Verteilungsfunktionen der Intakt- und der Wiederherstellungszeit solange die Erwartungswerte existieren.*) Nehmen wir jedoch Exponentialverteilungen an, so erhalten wir

a) $\gamma = \int_0^\infty (1-e^{-\mu t})\, \alpha\, e^{-\alpha t} dt = \frac{\mu}{\mu+\alpha} = \frac{1}{1+\rho}$ mit $\rho = \frac{\alpha}{\mu}$.

b) $MTTR(\Sigma) = \frac{1}{\mu}$.

c) $MTTF(\Sigma) = \frac{1}{\alpha}\,\frac{1+\rho}{\rho}$

und für den Verfügbarkeitskoeffizienten

$A_\Sigma = \frac{1+\rho}{1+\rho+\rho^2}$. (Man vergleiche mit der Übung auf Seite 102).

Da $\lim_{t\to\infty} A(t)$ existiert, ist $A_{\Sigma\infty} = A_\Sigma$.

d) $MTFF(\Sigma) = \frac{1}{\alpha}\,\frac{1+2\rho}{\rho}$.

Numerisches Beispiel: $\alpha = 3$, $\mu = 12$ (also $\rho = \frac{1}{4}$).
$A_\infty = .952$, $MTTF(\Sigma) = 5/\alpha$, $MTTR(\Sigma) = 1/4 \cdot 1/\alpha$, $MTFF(\Sigma) = 6/\alpha$.

Übung: Man bestimme A_Σ, $MTTF(\Sigma)$, etc., wenn Reparaturaufträge mit der Wahrscheinlichkeit 1-c verloren gehen (0 < c < 1).

---

*) Ein TI 58/59 Simulationsprogramm ist vom Autor erhältlich.

4.4 Zeitredundanz und Rücksetzen

Man spricht von Rücksetzen immer dann, wenn regelmäßig ausreichend Information über den Systemzustand, sogenannte Schnappschüsse, fehlerfrei abgespeichert wird, um bei einem Fehler das System in diesem Zustand (nach Beseitigung des Fehlers) neuerlich starten zu können. Dazu kehrt das System zum zuletzt aufgezeichneten Schnappschuß zurück (roll back). Rücksetzen vermeidet zwar, daß bei einem Fehler von vorne begonnen werden muß, benötigt aber eine gewisse Zeit - man spricht in diesem Zusammenhang auch von Zeitredundanz. Rücksetzen ist für das gesamte System oder auch für einzelne Einheiten möglich und dient dazu, die relative Intaktzeit zu erhöhen. An zwei Modellen soll untersucht werden, inwieweit das Rücksetzen die Verfügbarkeit eines Systems beeinflußt.

4.4.1 Periodische Schnappschüsse

Im ersten Modell gehen wir von folgender Situation aus. In periodischen Abständen der Länge Δ wird das System Σ getestet. Ergibt ein Test, daß Σ intakt ist, wird ein Schnappschuß aufgezeichnet. Falls sich jedoch zeigt, daß Σ defekt ist, wird die Einheit erneuert und zum letzten Testpunkt zurückgesetzt. Der Einfachheit halber werden noch folgende Annahmen gemacht:

1) Alle Tests seien vertrauenswürdig, Erneuerungen immer vollständig, Test- und Erneuerungszeiten im Vergleich zu Δ vernachlässigbar. (Bei flüchtigen Fehlern braucht es keine Erneuerung, bei nicht flüchtigen Fehlern wird z. B. die defekte Einheit ohne Zeitverlust durch eine Reserveeinheit ersetzt). Außerdem vernachlässigen wir die Zeit, die das Anfertigen eines Schnappschusses benötigt.

2) Die Lebensdauern der Einheit nach Erneuerung seien unabhängig, identisch, exponential verteilt. Folglich ist nach jedem Test die Einheit wie neu.

Wenn sich nun zu einem Testzeitpunkt Θ herausstellt, daß Σ defekt ist, müssen alle seit dem letzten Testpunkt vollzogenen Handlungen (sogenannte Transaktionen) wiederholt werden, da nicht genau feststeht, wann Σ ausfiel. In anderen Worten, man muß annehmen, daß während des ganzen Intervalls $[\Theta-\Delta,\Theta]$ Σ nicht intakt war. Es sei $B+1$ die Anzahl der Testintervalle seit der letzten Erneuerung.

Dann ist der Verfügbarkeitskoeffizient von Σ gleich (vgl. Fig. 4.17)

$$A = \frac{\Delta E(B)}{\Delta E(B)+\Delta} = \frac{E(B)}{E(B)+1} .$$

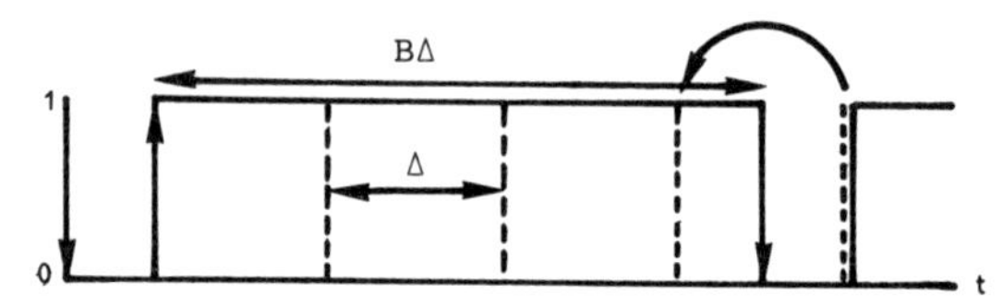

Fig. 4.17 Rücksetzen

Der Erwartungswert E(B) bestimmt sich wie folgt:
Wegen unseren Annahmen ist die Verteilung der Restlebensdauer $\hat{\hat{T}}$ nach jedem Test die gleiche. Also

$$E(B) = \sum_{k=0}^{\infty} k \; P\{\hat{\hat{T}} > \Delta\}^k \; P\{\hat{\hat{T}} \leq \Delta\} . \tag{4.44}$$

Es ist $P\{\hat{\hat{T}} > \Delta\}^k \; P\{\hat{\hat{T}} \leq \Delta\}$ die Wahrscheinlichkeit dafür, daß Σ seit der letzten Erneuerung genau k Testintervalle überlebte. Nun ist aber $\hat{\hat{T}}$ wie die Lebensdauer T der Einheit verteilt, da wir für T eine Exponentialverteilung angenommen haben. Also

$$E(B) = \sum_{k=0}^{\infty} k \; (1-F_T(\Delta))^k \; F_T(\Delta) = F_T(\Delta) \; \frac{1-F_T(\Delta)}{F_T(\Delta)^2} = {R_*}/{F_*}$$

$$\text{und } A = 1 - F_T(\Delta) = e^{-\lambda\Delta} = R_* . \tag{4.45}$$

(Vergleiche dazu die Bemerkung auf Seite 67).

Natürlich kann in Wirklichkeit das Maximum der Verfügbarkeiten nicht durch verschwindende Testintervalle erreicht werden. Wiederherstellungszeiten, Testzeiten, etc. sind bei kleinen Testintervallen eben nicht vernachlässigbar. Ist Δ zu klein, so wird das System praktisch nur getestet und ist deshalb schon nicht mehr verfügbar. Allerdings ist der Verfügbarkeitskoeffizient für $\Delta \to \infty$ ebenfalls gleich O.

Als nächstes wollen wir deshalb die Verwaltungsarbeit (overhead), die durch das Anfertigen von Schnappschüssen und durch Erneuern anfällt, mit berücksichtigen. Außerdem soll auch die Tatsache beachtet werden, daß mit einer gewissen Wahrscheinlichkeit (1-D) trotz Tests ein Defekt unerkannt bleibt. Wir nehmen jedoch an, daß das Ergebnis eines erneuten Tests von dem des vorangegangenen Tests unabhängig ist (vergleiche dazu Kapitel 4.2.4).

Es sei nun W die konstante Wiederherstellungszeit, S die Zeit, die das Anfertigen eines Schnappschusses benötigt und $F_T(t) = 1-R(t)$ die Verteilungsfunktion der Intaktzeit. (S bzw. W schließe die Zeit für einen Test mit ein). Damit erhalten wir für den Verfügbarkeitskoeffizienten, d. h. für das Verhältnis der mittleren Intaktzeit I pro Zyklus zur mittleren Zykluslänge Z

$$A = \Delta R_* D \;/\; [\Delta(1-(1-D)R_*) + D(W-S-(W-2S)R_*) + S(1-R_*)]. \qquad (4.46)$$

Falls nämlich E zum Testzeitpunkt defekt ist, zählt das vorangegangene Testintervall zur Ausfallzeit, also $I = \Delta\, R(\Delta)$. Andererseits ist $Z = R(\Delta)(\Delta+S) + (1-R(\Delta))(\Delta+W+\frac{1-D}{D}(\Delta+S))$; vgl. Fig. 4.7 mit S statt T_L und W statt T_R.

Bemerkung: Falls (vor Anfertigen der Schnappschüsse) keine Tests vorgesehen sind, erhalten wir für den Verfügbarkeitskoeffizienten (mit $W \simeq 0$) den Ausdruck $A = \bar{n}\Delta \;/\; MTTF$, wobei $\bar{n}$ die zu erwartende Anzahl von Schnappschüssen vor dem Ausfall der Einheit ist. Mit $\tau := \Delta+S$ gilt nun

$$\bar{n} = \sum_{n=0}^{\infty} n\,[F_T((n+1)\tau) - F_T(n\tau)] = \sum_{n=0}^{\infty} n\,[R(n\tau) - R((n+1)\tau)] =$$
$$\sum_{n=1}^{\infty} R(n\tau) = \sum_{n=1}^{\infty} (e^{-\tau\lambda})^n = \frac{1}{e^{\tau\lambda}-1}\,.$$

Somit ist $A = \frac{\Delta\lambda}{e^{(\Delta+S)\lambda}-1}$. Aus $\frac{\partial A}{\partial \Delta}\Big|_{\Delta^*} = 0$ folgt für das optimale Testintervall Δ^*: $(1-\Delta^*\lambda)e^{(\Delta^*+S)\lambda} = 1$. Da im allgemeinen $\Delta+S \ll E(T)$ ist, können wir näherungsweise $\Delta^* \simeq \sqrt{2(1-e^{-\lambda S})}\,\frac{1}{\lambda} \simeq \sqrt{\frac{2S}{\lambda}}$ setzen [57].

Wenn wir nun zusätzlich noch die Möglichkeit berücksichtigen, daß in einem sich selbsttestenden System zuweilen eine intakte Einheit (mit Wahrscheinlichkeit B) für defekt angesehen wird, dann ist der Zustandsübergangsgraph für Σ durch die Figur 4.18 gegeben.

Der Übergang $C \to D_2$ erfolgt, wenn Σ irrtümlicherweise erneuert und rückgesetzt wurde. Jeder Übergang $I \to I$ längs der fetten Pfeile trägt Δ Zeiteinheiten zur Intaktzeit bei.

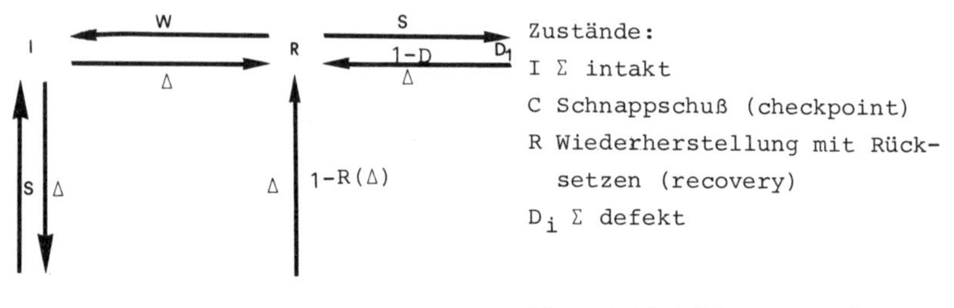

Fig. 4.18 Rücksetzen mit Diagnosefehlern

Die mittlere Intaktzeit ist deshalb

$$I = \Delta\ R(\Delta)\ B \sum_{i=0}^{\infty} (1-B)^i\ R(\Delta)^i = \frac{\Delta B R(\Delta)}{1-(1-B)R(\Delta)}.$$

Bei der Bestimmung der mittleren Zykluslänge müssen wir neben den Übergängen $I \rightarrow C \leftrightarrow D_2$ und $I \rightarrow R \leftrightarrow D_1$ auch die Übergangsfolge $I \rightarrow C \leftrightarrow D_2 \rightarrow R \leftrightarrow D_1$ berücksichtigen. Für den Verfügbarkeitskoeffizienten erhalten wir dann

$$A = \frac{\Delta B R_*}{(\Delta+S)[R_* B+(1-R_*)\ \frac{1-D}{D}] + (\Delta+W)[1-R_* B]}. \tag{4.47}$$

Für W = S vereinfacht sich dieser Ausdruck zu

$$A(\Delta) = \frac{\Delta}{\Delta+W}\ \frac{DB}{e^{\lambda\Delta}-(1-D)}. \tag{4.48}$$

Optimale Testintervalle erhalten wir wieder aus $\left.\frac{dA(\Delta)}{d\Delta}\right|_{\Delta^*} = 0$.

4.4.2 Das CRR-Modell (Checkpoint-Rollback-Recovery)

Im Gegensatz zu unserem vorherigen Modell nehmen wir nun an, daß Fehler (Hardwaredefekte, Softwarefehler oder fehlerhafte Eingaben) sofort bei ihrem Auftreten erkannt und korrigiert werden. Die Wiederherstellungszeiten seien jedoch nicht mehr konstant, Erneuerung zeiten und die Anfertigungszeit für Schnappschüsse nicht vernachlässigbar. Figur 4.19 zeigt eine zeitliche Reihenfolge des Eintreffens verschiedener Ereignisse, nämlich von

- Schnappschüssen (s_i),
- Anforderungen für Transaktionen (a_i) und
- Fehlern (d_i).

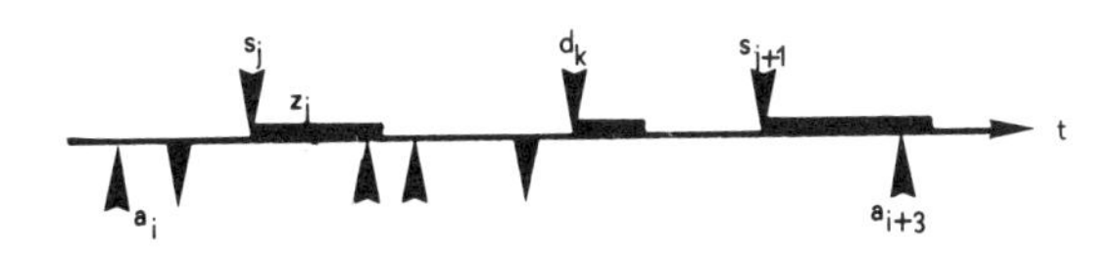

Fig. 4.19 Checkpoint-Rollback-Recovery

Die i-te Transaktion benötige b_i Zeiteinheiten; das Anfertigen des i-ten Schnappschusses z_i Zeiteinheiten. Während des Erneuerns und in den Intervallen $[s_i, s_i+z_i]$ sollen keine Fehler auftreten können. Zu diesen Zeiten ist die Einheit nicht verfügbar, es entsteht dann eine Warteschlange von Anforderungen, die in der Reihenfolge ihrer Ankünfte von der Einheit bedient werden wollen. Die Figur 4.20 zeigt diese Einheit als Warteschlangensystem. Im Zustand 1 bedient sie eine Anforderung, im Zustand 2 wird sie erneuert, im Zustand 3 fertigt sie einen Schnappschuß an. Um dieses Modell mit einem Markov-Prozeß identifizieren zu können, müssen wir annehmen, daß alle Zwischenzeiten s-unabhängig und exponential verteilt sind (erzeugt durch unabhängige Poisson-Prozesse). Weiter nehmen wir dies auch für die Bedienungszeiten B_i der Einheit, ihre Erneuerungszeiten W_i und für die Zufallsvariablen Z_i (mit den Werten z_i) an. Im einzelnen seien die Verteilungsfunktionen wie folgt gegeben.
$(s_0 = d_0 = b_0 = 0)$

Variable	Wert	Verteilungsfunktion	Erwartungswert
A_i	$a_{i+1} - a_i$	$1 - e^{-\alpha t}$	$\frac{1}{\alpha}$
B_i	b_i	$1 - e^{-\beta t}$	$B = \frac{1}{\beta}$
D_i	$d_i - d_{i-1}$	$1 - e^{-\delta t}$	$D = \frac{1}{\delta}$
W_i		$1 - e^{-\frac{t}{\beta\kappa\cdot\Delta}}$	$\beta\kappa\cdot\Delta$
S_i	$s_{i+1} - (s_i+z_i)$	$1 - e^{-\sigma t}$	$\Delta = \frac{1}{\sigma}$
Z_i	z_i	$1 - e^{-\xi t}$	$Z = \frac{1}{\xi}$

Tab. 4.3 κ eine Konstante

Die mittlere Erneuerungszeit ist proportional zu $\beta\Delta$ angenommen, also abhängig von der mittleren Distanz zweier Schnappschüsse. Je weiter nämlich die Schnappschüsse zeitlich auseinander liegen, umso zeitaufwendiger kann natürlich die Erneuerung werden; je größer die Bedienungsrate der Einheit, desto mehr Transaktionen sind zu wiederholen. (Eine ausführlichere Begründung dieser Annahmen findet man in [58].)

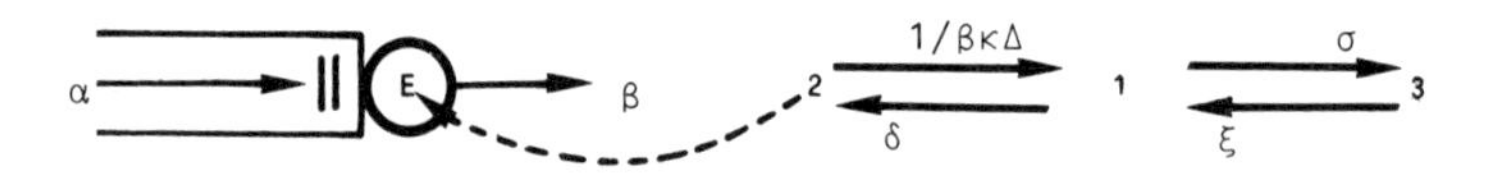

Fig. 4.20 Das CRR-Modell

Ein Zustand Q der dieses Modell beschreibenden Markov-Kette hat zwei Komponenten, Q = (N,M), wobei N die Zahl der Anforderungen im System (E mit Warteschlange) und M den Zustand der Einheit E angibt. Es sei $p(n,m) = P\{N=n, M=m\}$ die Gleichgewichtsverteilung dieser Markov-Kette. Sie genügt dem folgenden Gleichungssystem:

$$(\alpha+\delta+\sigma)\ p(0,1) = \beta\ p(1,1) + \xi\ p(0,3) + \frac{\sigma}{\beta\kappa}\ p(0,2)$$

$$(\alpha+\delta+\beta+\sigma)\ p(n,1) = \beta\ p(n+1,1) + \xi\ p(n,3) + \frac{\sigma}{\beta\kappa}\ p(n,2) + \alpha\ p(n-1,1)$$

$$(\alpha+\frac{\sigma}{\beta\kappa})\ p(0,1) = \delta\ p(0,1)$$

$$(\alpha+\frac{\sigma}{\beta\kappa})\ p(n,2) = \delta\ p(n,1) + \alpha\ p(n-1,2)$$

$$(\alpha+\xi)\ p(0,3) = \sigma\ p(0,1)$$

$$(\alpha+\xi)\ p(n,3) = \sigma\ p(n,1) + \alpha\ p(n-1,3) \tag{4.49}$$

mit $n \geq 1$ und $\sum_{i=1}^{3} \sum_{j=0}^{\infty} p(j,i) = 1$

Die stationäre Verfügbarkeit A der Einheit ist gleich der Wahrscheinlichkeit im Zustand 1 zu sein:

$$A = \sum_{n=0}^{\infty} p(n,1).$$

<u>Satz</u>: Die Gleichgewichtsverteilung für das CRR-Modell existiert, falls

$$\rho := \frac{\alpha}{\beta} < A := \frac{1}{1 + \frac{\kappa\Delta}{BD} + \frac{Z}{\Delta}} \tag{4.50}$$

gilt und A ist die stationäre Verfügbarkeit dieses Modells.

<u>Beweis</u>: Für den Beweis verwenden wir die Erzeugende

$$G_m(z) = \sum_{n=0}^{\infty} p(n,m)\ z^n,\ |z| < 1,\ m = 1,2,3.$$

Gesucht ist $G_1(1) = A$. Die Gleichungen (4.49) liefern mit $\eta = \frac{\sigma}{\beta\kappa}$

$$D(z)\ G_1(z) = (\alpha - \alpha z + \delta + \sigma + \beta - \frac{\beta}{z})\ G_1(z) =$$

$$\xi\ G_3(z) + \eta\ G_2(z) + \beta\ (1 - \frac{1}{z})\ p(0,1),$$

$$\delta G_1(z) = (\alpha - \alpha z + \eta)\ G_2(z) =: A(z)^{-1}\ G_2(z),$$

$$\sigma G_1(z) = (\alpha - \alpha z + \xi)\ G_3(z) =: B(z)^{-1}\ G_3(z).$$

Daraus folgt

$$G_1(z) = \beta\ (1 - \frac{1}{z})\ p(0,1)\ /\ [D(z) - \eta\delta\ A(z) - \xi\sigma\ B(z)]$$

und $G(z) := \sum_{i=1}^{3} G_i(z) = (1 + \delta\ A(z) + \sigma\ B(z)) \cdot G_1(z)$.

Nun ist $G(1) = 1$, somit $1 = (1 + \frac{\delta}{\eta} + \frac{\sigma}{\xi})\ G_1(1)$ und

$A = (1 + \frac{\delta}{\eta} + \frac{\sigma}{\xi})^{-1}$. Dies ist (4.50)

Mit der Regel von L'Hopital erhalten wir andererseits

$$A = \lim_{z\to 1} G_1(z) = \left.\frac{\beta p(0,1)}{D'(z) - \eta\delta A'(z) - \xi\sigma B'(z)}\right|_{z=1} = \frac{\beta p(0,1)}{\beta - \alpha A^{-1}}. \tag{4.51}$$

Notwendig für ein Gleichgewicht sind $0 < G_1(1) < \infty$ und $p(n,q) > 0$, also $\frac{\beta}{\alpha} > A^{-1}$. (4.52)

Aus (4.51) folgt $p(0,1) = A - \rho$. Also ist auch $p(0,1) > 0$, falls (4.52) erfüllt ist. Damit sind aber auch alle anderen Wahrscheinlichkeiten $p(n,m)$ strikt positiv. Man mache sich dies an (4.49) klar. □

Unter der Antwortzeit der Einheit E auf eine Anforderung versteht man die Zeitspanne zwischen Ankunft der Anforderung und ihrer Erledigung. T_a sei der Erwartungswert der Antwortzeiten.

Übung [58]: Es gilt

$$T_a = \frac{1}{A-\rho}\left[B + A^2 \left(\frac{1}{D}\left(\frac{\kappa\Delta}{B}\right)^2 + \frac{Z^2}{\Delta}\right)\right]. \qquad (4.53)$$

Hinweis: Man verwende zum Beweis Littles Formel (Anhang A.9) und $E(N) = \lim_{z\to 1} \frac{d}{dz} G(z)$ mit N der Anzahl der (im Gleichgewicht) wartenden Anforderungen.

In Fig. 4.21 ist der Verlauf der mittleren Antwortzeit in Abhängigkeit von α für $\kappa = .3$, $\beta = 1$, $\delta = 10^{-3}$, $Z = 30$ und $\Delta = 316$, also $A = .841$, wiedergegeben. Zum Vergleich: Mit $\Delta = 90$ ist $A = .735$. Fig. 4.21 zeigt einen ähnlichen Verlauf wie Fig. 4.15.

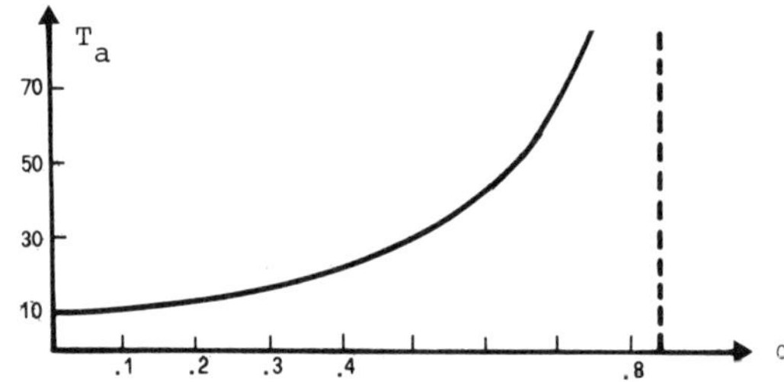

Fig. 4.21 Mittlere Antwortzeiten

Die Verfügbarkeit ist bei einem Schnappschußintervall $\Delta^* = \sqrt{\frac{ZD}{\kappa}}$ am größten. Es ist jedoch nicht gesagt, daß für Δ^* auch T_a optimal, d. h. am kleinsten ist. Im Gegenteil, es stellt sich heraus, daß man bei optimaler Verfügbarkeit eine lange Antwortzeit zu erwarten hat. Man wird also einen Kompromiß zwischen hoher Verfügbarkeit und kurzen Antwortzeiten eingehen müssen.

Bemerkung: In [59] wird ein fehlertoleranter Doppelrechner mit CRR und Hardware-Redundanz vorgestellt, in dem der jeweils intakte Rechner den defekten zurücksetzt.

4.5 Bedienungsnetzwerke

Bisher gingen wir davon aus, daß jeder Wiederherstellungsprozeß als ein einziger Vorgang angesehen werden kann. In Wirklichkeit aber besteht ein Wiederherstellungsprozeß aus einer Reihe von Teilvorgängen, z. B. Inspektion, Demontage, Reparatur, Montage und Systemüberprüfung. Diese Reihenfolge muß für mehrere Systemkomponenten durchlaufen und gegebenenfalls mehrmals wiederholt werden. Wenn sich komplizierte Wiederherstellungsvorgänge in Teilaufgaben zerlegen und dann auch auf mehrere, parallel tätige Reparaturkanäle verteilen lassen, erreicht man in der Regel eine größere Flexibilität und steigert den Durchsatz an Reparaturaufträgen. Dadurch läßt sich die Wiederherstellungszeit für einzelne Systemkomponenten erheblich reduzieren und die Verfügbarkeit des Gesamtsystems deutlich steigern. Die Behandlung zusammengesetzter Wiederherstellungsprozesse führt uns zu Bedienungsnetzwerken. Einfache Beispiele solcher Netzwerke, z. B. das Maschinen-Unterhalt-Modell, haben wir bereits kennengelernt. Ein Bedienungsnetzwerk besteht aus mehreren, miteinander über Auftragswege verbundenen Warteschlangensystemen. Deshalb müssen wir uns mit einigen Typen solcher Warteschlangensysteme beschäftigen, bevor wir uns mit Netzwerken befassen. Eine eingehendere Darstellung von Warteschlangensystemen findet man in [3, 60, 61, 62].

4.5.1 Warteschlangensysteme

Das M/M/1/-FCFS-System

Fig. 4.22 zeigt das einfachste Warteschlangensystem. Dieses Modell geht von folgenden Annahmen aus. Aufträge erreichen mit einer zeitlich konstanten mittleren Rate α das System und werden mit einer konstanten mittleren Rate β bedient. Genauer, β ist die mittlere Anzahl der Aufträge, die pro Zeiteinheit erledigt werden, solange die Arbeit der Bedienungsstation B nicht unterbrochen wird. Die Länge L der Warteschlange WS wird nicht beschränkt. Außerdem sei weder die Ankunftsrate α, noch die Bedienungsrate β von L abhängig. Die Wahrscheinlichkeit, daß während eines Zeitintervalls $[t,t+\tau]$ zwei oder mehr Aufträge ankommen, beziehungsweise erledigt werden, sei von der Größenordnung $o(\tau)$. Wir setzen noch voraus, daß

die Bedienungsstation B (z. B. die Reparatureinheit) immer verfügbar ist. Ihre Bedienungsrate ist im allgemeinen eine Funktion sowohl ihrer Bedienungsgeschwindigkeit, als auch der mittleren Auftragsgröße. Damit entspricht die Auftragsbewegung in und aus dem Warteschlangensystem einem GT-Prozeß (siehe Anhang A.6). Wir bezeichnen den Zustand dieses Prozesses wieder durch die Anzahl der Aufträge im System. D. h., sind i Aufträge im System, so ist der Prozeß im Zustand s_i. Dann haben wir
$\lambda_0 = \alpha$, $\lambda_i = \alpha$ und $\mu_i = \beta$, i=1,2,3,... .
Für die stationäre Zustandsverteilung erhalten wir

$$p_i = \rho^i\, p_0 \text{ mit } \rho = \alpha/\beta \tag{4.54}$$

und

$$p_0 = \left(\sum_{i=0}^{\infty} \rho^i\right)^{-1} = \left(1 + \frac{\rho}{1-\rho}\right)^{-1} = 1-\rho.$$

Stationärität wird natürlich dann und nur dann erreicht, wenn $0 \leq \rho < 1$ ist. Für $\rho > 1$ wächst die Warteschlange ins Unendliche.

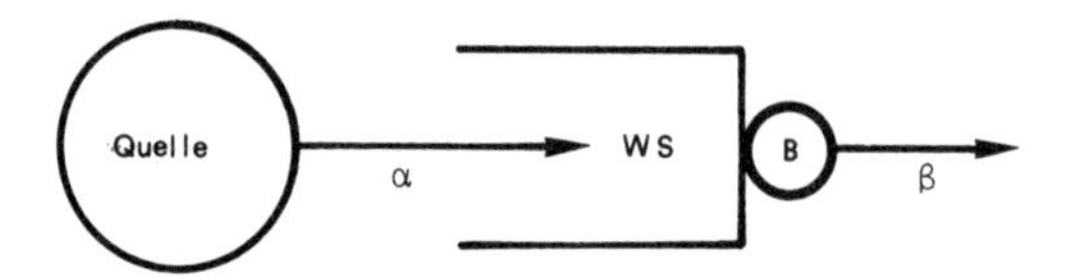

Fig. 4.22 Warteschlangensystem
(Warteschlange mit Bedienungsstation)

Aus dieser Zustandsverteilung können wir nun alle uns interessierenden Gleichgewichtsgrößen gewinnen, z. B.:

Auslastung (Wahrscheinlichkeit dafür, daß die Bedienungsstation tätig ist oder der mittlere Zeitanteil, den sie tätig ist):
$U = 1 - p_0 = \rho$.

Durchsatz an Aufträgen:
$\Theta = \beta U = \alpha$.

Mittlere Leerzeit pro Zeiteinheit:
p_0.

Mittlere Anzahl von Aufträgen im Warteschlangensystem:

$$\bar{N} = \sum_{n=0}^{\infty} np_n = (1-\rho) \sum_n n\rho^n = (1-\rho)\rho \frac{d}{d\rho} \frac{1}{1-\rho} = \frac{\rho}{1-\rho} . \qquad (4.55)$$

Mittlere Warteschlangenlänge:

$$\bar{L} = \sum_{n>0} (n-1)p_n = \bar{N}-\rho = \frac{\rho^2}{1-\rho},$$

Wahrscheinlichkeit, daß n oder mehr als n Aufträge im System sind:

$$p(\geq n) = \sum_{i=n}^{\infty} p_i = \rho^n.$$

Übung: Man berechne die Wahrscheinlichkeit dafür, daß sich n Aufträge in der Warteschlange befinden.

Übung: Man berechne die mittlere Länge der nichtleeren Warteschlange.

Übung: Man zeige: Für die Varianz von N gilt

$$D(N)^2 = \sum_{n=0}^{\infty} (n-\bar{N})^2 p_n = \frac{\rho}{(1-\rho)^2} .$$

Mittlere Wartezeit: Wir beobachten einen Auftrag. Sobald er in die Bedienungsstation gelangt, habe die Warteschlange die Länge L. Jeder Auftrag in dieser Schlange brachte eine mittlere Zwischenankunftszeit α^{-1}. Also ist die mittlere Wartezeit $T_w = \alpha^{-1}\, E(L)$. Dies ist Littles Formel (siehe Anhang A.9). Somit gilt

$$T_w = \frac{1}{\alpha} \frac{\rho^2}{1-\rho} = \frac{p(\geq 1)}{\beta-\alpha} . \qquad (4.56)$$

Mittlere Antwortzeit (mittlere Aufenthaltszeit im System oder mittlere Reaktionszeit des Systems):

$$T_a = T_w + \frac{1}{\beta} = \frac{\bar{N}}{\alpha} = \frac{1}{\beta-\alpha} . \text{ (Varianz: } \frac{1}{(\beta-\alpha)^2} \text{)} \qquad (4.57)$$

Der Quellstrom der Aufträge ist ein Poissonstrom, daher sind die Zwischenankunftszeiten identisch und s-unabhängig nach $F(t) = 1-e^{-\alpha t}$ verteilt. Wie sind aber die Verweilzeiten des Warteschlangensystems in seinen Zuständen verteilt? Es sei V_i die Zeit, zu der der Prozeß zum erstenmal den Zustand s_i verläßt, nachdem er zur Zeit t=0 in diesen Zustand gelangt war; d. h., $X(0) = s_i$. Die bedingte Wahrscheinlichkeitsdichte für die Verweilzeit im Zustand s_i sei $b_i(t)$,

$$\int_t^\infty b_i(t)dt = P\{t \leq V_i < \infty | X(0) = s_i\} =$$

$$P\{X(\tau) = s_i,\ 0 \leq \tau < t | X(0) = s_i\}$$

oder

$$\int_t^\infty b_i(t)dt = \lim_{n\to\infty} P\{X(t/n) = s_i,\ X(2t/n) = s_i,\ \ldots,\ X((n-1)t/n) = s_i | X(0) = s_i\} = \lim_{n\to\infty} \prod_{k=0}^{n-2} P\{X((k+1)t/n) = s_i | X(kt/n) = s_i\} = \lim_{n\to\infty} p_{ii}(t/n)^{n-1} = \lim_{n\to\infty} (1-(t/n)q_i+o(1/n))^{n-1} = e^{-q_i t};\ \text{mit } q_i = +(\lambda_i+\mu_i).$$

Die Aufenthaltsdauer des Prozesses im Zustand s_i ist also nach

$$B(t) = \int_0^t b_i(\tau)d\tau = 1 - e^{-(\alpha+\beta)t} \tag{4.58}$$

verteilt. (Setzt man $\alpha=0$, so erhält man die Verteilungsfunktion der Bedienungszeiten).

Bemerkung: Ankunfts- und Bedienungszeiten für dieses Modell sind exponential verteilt (vom Markov-Typ), das Warteschlangensystem hat nur eine Bedienungsstation, die Warteschlange kann beliebig groß werden und beliebig viele Aufträge können das System erreichen. Außerdem haben wir stillschweigend angenommen, daß die Aufträge in der Reihenfolge ihrer Ankunft (First Come First Served) v der Bedienungsstation erledigt werden. Diese Eigenschaften charakterisieren das System vollständig. Es hat sich deshalb eingebürger es durch folgende Zeichenreihe zu kennzeichnen:
M/M/1/∞/∞-FCFS oder kurz M/M/1-FCFS

- ∞ (5.): unbeschränkter Ankunftsstrom
- ∞ (4.): Zahl der Warteschlangenplätze
- 1: Anzahl der Bedienungsstationen
- M (2.): Bedienungszeiten (exponential verteilt)
- M (1.): Ankunftzeiten (exponential verteilt)

Nicht nur der Quellstrom, sondern auch der Auftragsstrom, der das Warteschlangensystem verläßt, ist ein Poisson-Strom. Dies soll nun gezeigt werden [3].

Es sei G(t) eine Verteilungsfunktion mit der Dichte g(t). Mit $^L g(s)$ bezeichnen wir die Laplacetransformierte dieser Dichte. Gesucht ist die Verteilungsfunktion D(t) der Zeiten zwischen zwei aufeinanderfolgenden Auftragserledigungen. Sobald ein Auftrag das System verläßt, wird entweder sofort ein neuer Auftrag bearbeitet

L≠0) oder die Warteschlange ist leer.

. Fall L≠0: $D_1(t) = B(t) = 1 - e^{-\beta t}$ und ${}^L d_1(s) = \frac{\beta}{s+\beta}$.

. Fall L=0: $D_2(t)$ mit ${}^L d_2(s) = \frac{\alpha}{s+\alpha}\, {}^L d_1(s)$.

m zweiten Fall müssen wir warten, bis ein neuer Auftrag eintrifft nd bedient ist. Da die Ankunftszeiten exponential verteilt sind, pielt es keine Rolle, wann wir zu warten beginnen. Die Verteilungs- unktion der Restwartezeit ist wieder F(t). Ankunfts- und Bedienungs- eiten sind s-unabhängig. Nun ist U = ρ die Wahrscheinlichkeit für as Eintreffen des ersten und 1-ρ die, für das Eintreffen des zwei- en Falls. (Siehe folgende Übung). Also:

$$d(s) = \rho\, {}^L d_1(s) + (1 - \rho)\, {}^L d_2(s) = \frac{\alpha}{s+\alpha}$$

nd $D(t) = 1 - e^{-\alpha t}$ ein Poisson-Strom mit derselben Intensität ie der Quellstrom.

bung: Man zeige, p_i ist die Wahrscheinlichkeit dafür, daß in dem ugenblick, in dem ein Auftrag das System verläßt (erreicht), sich enau i Aufträge im System befinden.

as soeben gewonnene Ergebnis zusammen mit der Tatsache, daß Über- agerungen s-unabhängiger Poisson-Prozesse sowie Verzweigungen olcher wieder s-unabhängige Poisson-Prozesse ergeben (s. Anhang .6) hat zur Folge, daß in Netzwerken aus M/M/1-FCFS Wartesystemen ur Poisson-Ströme fließen, wenn ein Auftrag nicht mehr zu einer arteschlange zurückkehren kann, die er einmal verlassen hat. Dies ilt jedoch nicht, wenn eine Rückkehr möglich ist, wie das folgen- e Beispiel zeigt. Wir betrachten ein M/M/1-Wartesystem mit Rück- opplung, das sogenannte Reigensystem; siehe Fig. 4.23.

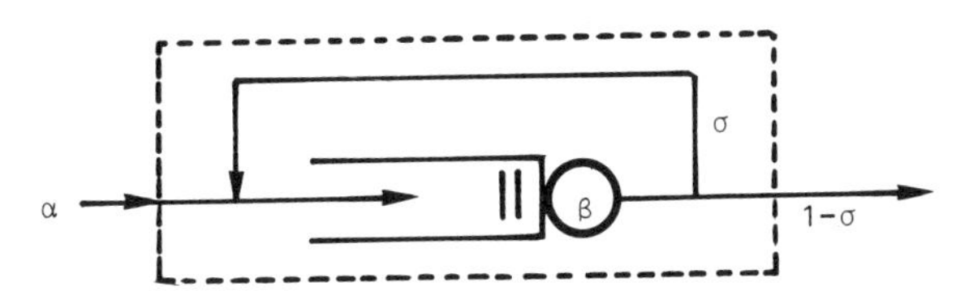

ig. 4.23 Reigensystem

in Auftrag kehre mit Wahrscheinlichkeit σ zum Schlangenende zurück und zwar ohne Zeitverlust und unabhängig von seiner Vorgeschichte.

Mit $q = 1-\sigma$, $\mu = \beta q$ und $\lambda = \alpha$ erhalten wir wieder für das Gleichgewicht die Zustandsverteilung (4.54), falls $\rho = \alpha/\mu < 1$.
Wir betrachten nun das System zum Zeitpunkt t_O einer Ankunft. Diesmal interessiert uns die Verteilung A(t) der Ankunftzeiten T^W vor der Warteschlange. Die Ankunftzeit T^S vor dem System ist gemäß Voraussetzung nach $1 - e^{-\alpha t}$ verteilt. Es sei G(t) die Wahrscheinlichkeit dafür, daß die nächste Ankunft zwischen t_O und t_O+t ein zurückkehrender Auftrag ist, d. h. $G(t) = P\{T^F \leq t | T^S > t\}$ mit T^F Zwischenzeit der Rückführungen. Dann gilt

$$P\{T^W > t\} = P\{T^S > t, T^F > t\} = P\{T^S > t\}P\{T^F > t | T^S > t\} = e^{-\alpha t}(1-G(t)).$$

L-Transformation ergibt

$$^{L}a(s) := \int_0^\infty e^{-st} dA(t) = \alpha\int_0^\infty e^{-(\alpha+s)t}[1-G(t)]dt + \int_0^\infty e^{-(\alpha+s)t} dG(t)$$

$$\frac{\alpha}{\alpha+s}[1 - {}^{L}g(\alpha+s)] + {}^{L}g(\alpha+s).$$

Im stochastischen Gleichgewicht ist p_i wiederum auch gleich der Wahrscheinlichkeit dafür, daß sich zu dem betrachteten Zeitpunkt t_O genau i Aufträge im System befinden (siehe Übung) und ρ^i ist die Wahrscheinlichkeit für wenigstens i Aufträge im System. Mit $B(t) = 1 - e^{-\beta t}$ als Verteilungsfunktion der Bedienungszeiten ist die L-Transformierte der Summe von i s-unabhängigen Bedienungszeit gleich ${}^{L}b(s)^i$ und $(1-\sigma)^{i-1}\sigma$ ist die Wahrscheinlichkeit, daß der i-te Auftrag zurückgeleitet wird.

Also gilt

$$^{L}g(s) = \sum_{i=0}^{\infty} p(\geq i)(1-\sigma)^i \sigma\cdot {}^{L}b(s)^{i+1} = \sigma\, {}^{L}b(s) \sum_{i=0}^{\infty} [(1-\sigma)\rho\cdot {}^{L}b(s)]^i = \frac{\sigma\, {}^{L}b(s)}{1-(1-\sigma)\rho\cdot {}^{L}b(s)}$$

mit $b(s) = \frac{\beta}{\beta+s}$.

Daraus folgt ${}^{L}g(s) = \frac{\sigma\beta}{\beta-\alpha+s}$

an beachte, daß $^{L}g(s)$ unter der Voraussetzung zu berechnen war, aß kein neuer Auftrag das System erreicht (d. h., T^F ist eine Sum-e allein von Bedienungszeiten). Wir erhalten

$$a(s) = \frac{\alpha\beta+s(\sigma\beta+\alpha)}{(\alpha+s)(\beta+s)} = \frac{\sigma\beta}{(\beta+\alpha)} \frac{\beta}{(\beta+s)} + \frac{\beta(1-\sigma)-\alpha}{\beta - \alpha} \frac{\alpha}{\alpha+s}$$

nd

$$(t) = 1 - \frac{\sigma\beta}{\beta-\alpha} e^{-\beta t} - \frac{\beta(1-\sigma)-\alpha}{\beta-\alpha} e^{-\alpha t}, \qquad (4.59)$$

lso keinen Poisson-Prozeß [63].

erfügbarkeit der Bedienungsstation B

etrachten wir noch einmal das CRR-Modell aus Kapitel 4.4, dann ehen wir, daß wir es dort ebenfalls mit einem FCFS-Warteschlangen-ystem zu tun haben, dessen Zustandsübergänge jedoch komplizierter ind. Wir können dieses Modell als eine Reparatureinheit deuten, ie nicht immer verfügbar ist. Ihre Ausfallrate ist δ, ihre mitt-ere Wiederherstellungszeit $(\beta\kappa\Delta)$. In mittleren Zeitabständen von Zeiteinheiten wird diese Einheit gewartet, was im Mittel Z Zeit-inheiten benötigt. Nur im Zustand 1 ist die Einheit in der Lage, eparaturaufträge zu erledigen. Ihre Verfügbarkeit ist A, gegeben n (4.50), ihre Antwortzeit gleich T_a, gegeben in (4.53). Bei nai-em Vorgehen hätte man dagegen vermutet, daß $\beta \cdot A$ die effektive edienungsrate ist und daß (4.55)

$$= \frac{\alpha/\beta A}{1-\alpha/\beta A} = \frac{\rho}{A-\rho} \quad \text{sowie } T_a = \frac{1}{A-\rho} B \text{ gilt } (B = \beta^{-1}).$$

as M/M/m/-FCFS und das Reigensystem

ir wollen noch die entsprechenden Formeln für zwei weitere Warte-chlangensysteme zusammenstellen.

A) Das $M/M/m/\infty/\infty$-FCFS System mit m gleichen Bedienungsstationen; gl. Figur 4.24: $\lambda_i = \lambda$, $\mu_i = \min\{i,m\}\cdot\beta$.
ür $\rho := \alpha/m\beta < 1$ gilt

$$_k = \begin{cases} \frac{(m\rho)^k}{k!} p_0, & 0 \le k \le m \\ \frac{\rho^k m^m}{m!} p_0, & k > m \end{cases} \qquad (4.60)$$

$\bar{N} = \rho(m + \frac{p(\geq m)}{1-\rho})$,

$p(\geq m) = \frac{1}{1-\rho} \frac{(m\rho)^m}{m!} p_0$ ist die Wahrscheinlichkeit, daß sämtliche Bedienungsstationen tätig sind,

$T_a = \frac{1}{\beta} + \frac{p(\geq m)}{m\beta-\alpha}$

$\bar{L} = \bar{N} - \frac{\alpha}{\beta} = \frac{p(\geq m)}{1-\rho}\rho.$

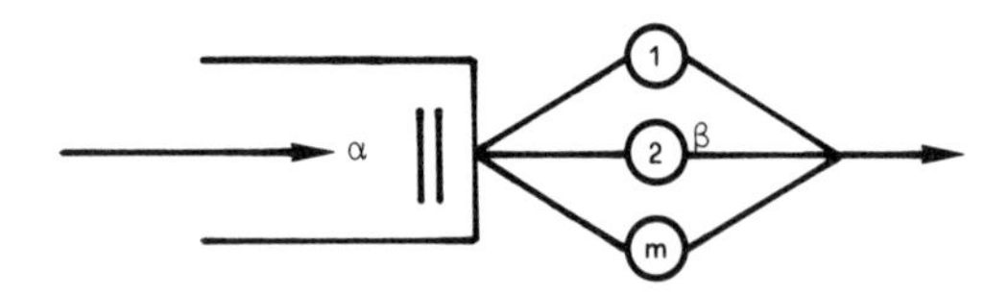

Fig. 4.24 M/M/m

Übung: Man zeige, daß die Verteilungsfunktion der stationären Wartezeiten gleich
$F(x) = 1 - p(\geq m)\, e^{-(m\beta-\alpha)x}$, $x \geq 0$,
ist und beweise Littles Formel für dieses Warteschlangenmodell, $m \geq 1$.

(B) Das Reigensystem

Das Reigensystem hat den Vorteil kurzer Wartezeit für kleine Aufträge, z. B. für kleine Reparaturarbeiten. Die Modellannahmen sind dieselben, wie zuvor (m=1), nur wird jetzt jedem Auftrag ein Zeitquantum Q zugeteilt. Gelingt es der Bedienungsstation nicht, den Auftrag innerhalb Q zu erledigen, so muß der Auftrag an das Ende der Warteschlange zurückkehren und auf die Weiterbearbeitung warten; vgl. Fig. 4.23. Die Wahrscheinlichkeit dafür sei σ.

Wir nehmen an, daß die Bedienungszeiten ganze Vielfache von Q sind. Die Wahrscheinlichkeit, daß die Bedienungszeit S eines Auftrags iQ Zeitanteile beträgt, sei

$P\{S = iQ\} = g_i = (1 - \sigma)\sigma^{i-1}$, $i = 1,2,\ldots$.

Damit ist der Erwartungswert der Bedienungszeiten

$$E(S) = := \frac{1}{\beta} = \sum_{i=1}^{\infty} iQg_i = \frac{Q}{1-\sigma} . \qquad (4.61)$$

Bemerkung: Es gilt für $i \leqq j$

$P\{S = jQ | S \geqq iQ\} = P\{S = jQ\}/P\{S \geqq iQ\} = \sigma^{j-i}(1-\sigma)$;

also ist auch die geometrische Verteilung g_i (wie die Exponentialverteilung) ohne Gedächtnis.

Ein Auftrag A_k der Größe $S = kQ$ (gemessen in Zeiteinheiten) finde bei seiner Ankunft j weitere Aufträge im System vor. Dieser Auftrag wird k - 1 mal an das Warteschlangenende zurückverwiesen werden. Unter τ_i^j sei die Zeit verstanden, die zwischen dem Augenblick verstreicht, in dem A_k zum i-ten Male an das Schlangenende gelangt und dem Augenblick, in dem er das nächste Quantum an Bedienungszeit erhalten hat, $(i=1,2,\ldots,k)$. Es gilt

$\tau_1^j = (j-1)Q+Q+\gamma Q$ für $j \geqq 1$ und $\tau_1^0 = Q$ für $j = 0$.

Ist $j \geqq 1$, so warten bei Ankunft von A_k bereits j-1 Aufträge, von denen jeder Q Zeiteinheiten bedient werden wird. Derjenige Auftrag, der bereits bedient wird, verlasse B nach γQ Zeiteinheiten, $0 \leqq \gamma \leqq 1$. Für $i > 1$ ist τ_i^j ein ganzes Vielfaches von Q: $\tau_i^j = \eta_i Q$. Bei der i-ten Rückkehr hat A_k also $\eta_i - 1$ Aufträge vor sich. Von diesen verlassen $(1-\sigma)(\eta_i - 1)$ das System, bevor A_k erneut bedient wird, denn $P\{S \leqq Q\} = 1-\sigma$. Das System befinde sich im Gleichgewicht. Kommen nun während τ_i genau ℓ_i neue Aufträge an, so gilt $(k \geqq 3)$

$$\tau_{i+1}^j = \sigma(\eta_i - 1)Q + \ell_i Q + Q$$

und für $\bar{\tau}_i^j = E_\alpha(\tau_i^j)$

$$\bar{\tau}_{i+1}^j = (\alpha Q + \sigma)\bar{\tau}_i^j + (1-\sigma)Q, \quad i=2,3,\ldots,k , \quad \text{wobei } E[\ell_i] = \alpha\bar{\tau}_i^j \text{ ist.}$$

Mit $a = \alpha Q + \sigma$ folgt

$$\bar{\tau}_i^j = a^{i-2}\,\bar{\tau}_2^j + Q(1-\sigma)\,\frac{1-a^{i-2}}{1-a} , \quad i=2,\ldots,k, \quad \text{und}$$

$$\bar{\tau}_2^j = \alpha Q\bar{\tau}_1^j + Q + \sigma jQ \text{ (anfangs waren j Aufträge vor } A_k).$$

Für die zu erwartende Aufenthaltsdauer von A_k im System erhalten wir dann

$$T_{k,j} = \sum_{i=1}^{k} \bar{\tau}_i^j = \bar{\tau}_1^j + \frac{Q(k-1)}{1-\rho} + Q\,\frac{1-a^{k-1}}{1-a}\,(\alpha\bar{\tau}_1^j + \sigma j - \frac{\rho}{1-\rho}),\ k \geq 1,$$

mit $\rho = \frac{\alpha Q}{1-\sigma} = \alpha E(S)$. Es muß $\rho < 1$ sein; ρ ist die Auslastung der Bedienungsstation.

Die mittlere Antwortzeit für Aufträge der Größe $S = kQ$ ist

$$T_a^k = \sum_{j=0}^{\infty} p_j\, T_{k,j} = T_a^1 + \frac{Q(k-1)}{1-\rho} + Q\,\frac{1-a^{k-1}}{1-a}\,(\alpha T_a^1 + \sigma\bar{N} - \frac{\rho}{1-\rho}) \tag{4.62}$$

mit $\bar{N} = \sum_j j p_j$.

Mit zusätzlicher Mühe läßt sich auch zeigen [64], daß

$\bar{N} = \rho + \frac{\rho^2(1+\sigma)}{2(1-\rho)}$ und $T_a^1 = Q(\bar{N} - \frac{\rho}{2} + \frac{1}{2})$ gilt.

Man sieht, daß die mittlere Antwortzeit mit k wächst ($a < 1$). Die zu erwartende Antwortzeit für einen Auftrag erhält man aus

$$T_a = \sum_{k=1}^{\infty} \sigma(1-\sigma)^{k-1}\, T_a^k\ . \tag{4.63}$$

Im Limes $Q \to 0$ verhält sich das System so, als würde die Bedienungsstation alle Aufträge gleichzeitig bearbeiten und zwar mit einer Geschwindigkeit umgekehrt proportional zur Anzahl der Aufträge im System. Dies ist das PS-System (processor sharing policy). Die Aufträge teilen sich in die Kapazität der Bedienungsstation. Für diese Systeme führen wir ein eigenes Symbol ein, nämlich –○– (keine Warteschlange). Das PS-System ist oftmals eine gute Annäherung an das Reigensystem - eine Disziplin, die z. B. typisch ist für die Auftragsabwicklung in Time-Sharing-Computersystemen [3].

Man beachte nun, daß σ mit $Q \to 0$ gegen 1 gehen muß, wenn $E(S)$ nicht gegen 0 gehen soll. Somit geht auch a gegen 1 und T_a^1 gegen 0. Halten wir $E(S)$ konstant, dann folgt für die mittlere Antwortzeit eines Auftrags der Größe S aus (4.62) mit $Q \to 0$:

$$T_a(S) = \frac{S}{1-\rho} \tag{4.64}$$

und (bei beliebiger Verteilungsfunktion für S mit Erwartungswert $E(S)$) für die Bedienungszeit

$$T_a = \frac{E(S)}{1-\rho} = \frac{1}{\beta(1-\rho)}\ . \tag{4.65}$$

Dies ist dasselbe Ergebnis wie für ein M/M/1-System mit Bedienungsrate β. Für Aufträge der Größe S ist im PS-Modell die mittlere Wartezeit

$$T_w(S) = T_a(S) - S = \frac{\rho S}{1-\rho} . \tag{4.66}$$

Daraus folgt, daß die relative Wartezeit, die man in Kauf nehmen muß, konstant ist. Es bringt also keinen zeitlichen Vorteil, einen umfangreichen Reparaturauftrag in eine Reihe kleinerer Aufträge aufzuteilen.

Übung: Man untersuche das PS-System, wenn höchstens n Aufträge vorliegen. Man interpretiere das System als m aus n -System mit einem zuverlässigen Reparaturkanal und berechne seinen Verfügbarkeitskoeffizienten ($1 \leq m \leq n$).

Bemerkung: Viele der in der Praxis auftretenden Verteilungsfunktionen für Bedienungszeiten (Reparaturzeiten) lassen sich durch Mischungen der Gestalt

$$B(t) = \sum_i a_i \, E_{k_i}^{\beta_i}(t), \quad \sum_i a_i = 1, \quad a_i \geq 0,$$

von Erlangverteilungsfunktionen approximieren (Erlangsche Phasenmethode). Die Erlangverteilung ist (vgl. auch Kapitel 5)

$$E_k^{\beta}(t) = 1 - \sum_{j=0}^{k-1} \frac{(\beta t)^j}{j!} e^{-\beta t}, \quad \beta > 0. \tag{4.67}$$

Eine solche Mischung entspricht der Serien-Parallel-Schaltung mehrerer s-unabhängiger Bedienungsstationen mit gemeinsamer Warteschlange und mit exponential verteilten Bedienungszeiten [3]. (Vergleiche Figur 4.24 . Im Netzwerk der Bedienungsstationen befindet sich aber zu jeder Zeit höchstens ein Auftrag). Dieses Warteschlangensystem kann ebenfalls durch eine homogene Markov-Kette beschrieben werden. Wir wollen aber auf diese und andere Erweiterungen nicht mehr näher eingehen. Auch sollen hier keine Warteschlangensysteme mit Prioritätsvergabe behandelt werden, denn sie sind - als Elemente eines Bedienungsnetzwerks gesehen - analytisch (noch) nicht oder nur schwer zugänglich.

Übung: Man zeige, daß sich eine Erlang-verteilte Zufallsgröße (vom Grade k) als eine Summe von k s-unabhängigen, identisch exponential verteilten Zufallsgrößen darstellen läßt.

4.5.2 Netzwerke

Ein Markovsches Bedienungsnetzwerk $\hat{N}$ besteht aus N untereinander verbundenen Knoten, den Warteschlangensystemen. Der i-te Knoten K_i dieses Netzwerks wird durch einen äußeren Poisson-Strom mit Intensität γ_i gespeist. Nach Erledigung eines Auftrags durch den i-ten Knoten gelangt ein Folgeauftrag entweder (mit der stationäre Übergangswahrscheinlichkeit r_{ij}) in die Warteschlange des j-ten Knotens oder verläßt mit der Wahrscheinlichkeit $r_{iO} = 1 - \sum_{i=1}^{N} r_{ij}$ das Netzwerk $\hat{N}$; vergleiche Fig. 4.25. (Die Umgebung des Netzwerks trage den Index O). Im Zusammenhang mit Erneuerungsvorgängen in fehlertoleranten Systemen interessieren natürlich nur geschlossene Bedienungsnetzwerke ($r_{iO} = r_{Oi} = 0$, $i=1,2,\ldots,N$); vergleiche Fig. 4.13. Wir wollen diese aber als einen Spezialfall offener Netzwerke behandeln [62].

Zunächst nehmen wir an, daß jeder Netzwerkknoten K_i vom Typ -M/m_i/∞/-FCFS ist. (Beim Ankunftsstrom können wir nicht ohne weiteres die Markov-Eigenschaft voraussetzen; vergleiche Kapitel 4.5. Die Zustände des Netzwerks sind durch Vektoren $\underline{k} = (k_i)$, $i=1,2,\ldots,N$, beschrieben, deren i-te Komponente k_i gleich der Anzahl der Aufträge ist, die sich in K_i befinden. Die Bedienungsrate des i-ten Knotens im Zustand k_i ist also gleich $\mu_i(k_i) = \min\{m_i,k_i\}\cdot\mu_i$ mit $\mu_i > 0$. Die totale Ankunftsrate $\lambda(k)$ kann von der Zahl k der Kunden im Netz abhängen. Es gelte jedoch $\lambda(k) > 0$ für alle $k \geq 0$ u kleiner einem $k^O > 0$, $\lambda(k) = 0$ sonst. Es ist dann $k = \sum_{i=1}^{N} k_i$ und $\gamma_i = \lambda(k)r_{Oi}$, $\sum r_{Oi} = 1$, $r_{ij} \leq 1$. Für ein geschlossenes Netzwerk ist die Gesamtzahl der Aufträge konstant.

Wir verlangen noch von der Verzweigungsmatrix $R = (r_{ij})$, daß das Gleichungssystem (Verkehrsgleichung)

$$x_i = r_{Oi} + \sum_{j=1}^{N} x_j\, r_{ji}, \quad i=1,2,\ldots,N \tag{4.68}$$

eine eindeutige und beschränkte Lösung hat. Falls $r_{Oi} = 0$ für $i = 1,2,\ldots,N$, gilt, habe (4.68) eine bis auf eine multiple Konstante eindeutige, nichttriviale und beschränkte Lösung. (In anderen Worten: Die durch R bestimmte, zeitdiskrete Markov-Kette soll irreduzibel sein (vgl. Anhang A.7).)

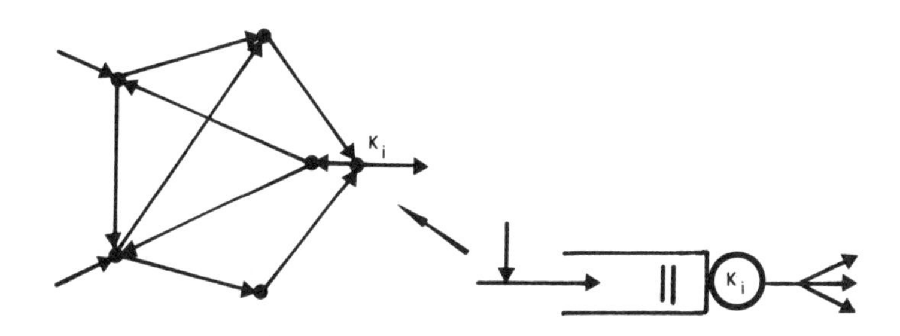

Fig. 4.25 Bedienungsnetzwerk

Es sei

$\underline{k}(i \pm) = (k_1,\dots,k_i \pm 1,\dots,k_N)$

$\underline{k}(i,j) = (k_1,\dots,k_i - 1,\dots,k_j + 1,\dots,k_N),\ i \neq j$

$\underline{k}(i,i) = \underline{k}$.

Dann gilt im statistischen Gleichgewicht für ein offenes Netzwerk

$$[\lambda(k) + \sum_{i=1}^{N} \mu_i(k_i)(1 - r_{ii})]\ p(\underline{k}) = \tag{4.69}$$

$$\sum_{i=1}^{N} p(\underline{k}(i-))\ \lambda(k-1) r_{Oi} + \sum_{i=1}^{N} p(\underline{k}(i+))\ \mu_i(k_i+1) r_{iO} +$$

$$\sum_{i=1}^{N} \sum_{\substack{j \neq i \\ j=1}}^{N} p(\underline{k}(i,j))\ \mu_j(k_j+1) r_{ji}$$

mit $p(\underline{k}) = 0$, falls $\underline{k}$ eine negative Komponente hat.

<u>Satz</u> [65]: Für $c < \infty$ ergibt sich als Lösung der Gleichungen (4.69)

$$p(\underline{k}) = c^{-1} G(k)\ F_N(\underline{k})$$

mit c Normierungskonstante,

$$G(k) = \prod_{\ell=0}^{k-1} \lambda(\ell) \tag{4.70}$$

und

$$F_N(\underline{k}) = \prod_{i=1}^{N} f_i(k_i) = \prod_{i=1}^{N} \prod_{j=1}^{k_i} \frac{x_i}{\mu_i(j)},$$

wobei x_i die Lösung von (4.68) ist. Leere Produkte sollen den Wert 1 haben.

<u>Beweis</u>: (1) Es gilt offensichtlich (Index N wird weggelassen)

$$G(k(i-)) = G(k-1) = \frac{G(k)}{\lambda(k-1)}$$

$$G(k(i+)) = G(k+1) = G(k)\lambda(k)$$

$$G(k(i,j)) = G(k)$$

$$F(\underline{k}(i-)) = \frac{F(\underline{k})}{x_i} \mu_i(k_i)$$

$$F(\underline{k}(i+)) = \frac{F(\underline{k})}{\mu_i(k_i+1)} x_i$$

$$F(\underline{k}(i,j)) = F(\underline{k}) \frac{x_j \ \mu_i(k_i)}{x_i \ \mu_j(k_j+1)} .$$

(2) $F(\underline{k}(i-)) = F(\underline{k}(i,j)) = 0$, falls $k_i=0$, da $\mu(k_i)=0$ und $p(\underline{k})=0$, falls $\underline{k}$ eine negative Komponente hat.

(3) $\sum_i p(\underline{k}(i+)) \mu_i(k_i+1) r_{i0} = \sum_i G(k) \lambda(k) F(\underline{k}) x_i r_{i0} c^{-1}$,

$$\sum_i p(\underline{k}(i-)) \lambda(k-1) r_{0i} = \sum_i G(k) F(\underline{k}) \frac{\mu_i(k_i)}{x_i} r_{0i} c^{-1},$$

$$\sum_i \sum_{j \neq i} p(\underline{k}(i,j)) \mu_j(k_j+1) r_{ij} = \sum_i \sum_{j \neq i} G(k) F(\underline{k}) \frac{x_j}{x_i} \mu_i(k_i) r_{ji} c^{-1}.$$

Zu zeigen bleibt also

$$\lambda(k) + \sum_i \mu_i(k_i)(1-r_{ii}) = \sum_i \frac{\mu_i(k_i)}{x_i} r_{0i} + \sum_i \lambda(k) r_{i0} x_i +$$

$$\sum_i \sum_{i \neq j} \frac{x_j}{x_i} \mu_i(k_i) r_{ji}$$

oder

$$\lambda(k) + \sum_i \mu_i(k_i) = \sum_i \lambda(k)(1 - \sum_j r_{ij}) x_i + \sum_i \frac{\mu_i(k_i)}{x_i} (\sum_j x_j r_{ji} + r_{0i}).$$

Wegen (4.68) und $\sum_i (1 - \sum_j r_{ij}) x_i = \sum_i x_i - \sum_j (x_j - r_{0j}) = 1$ trifft dies auch zu. Auf Grund unserer Eindeutigkeitsannahmen ist also (4.70) die Gleichgewichtsverteilung. □

Bemerkung: Das Ergebnis (4.70) gilt auch, wenn einige der Netzwerkknoten nicht nach FCFS vorgehen, sondern den nächsten zu bearbeitenden Auftrag zufällig aus ihrer Warteschlange auswählen [67].

Geschlossene Bedienungsnetzwerke

Die Gleichgewichtsverteilung eines geschlossenen Bedienungsnetzwerks mit K Aufträgen erhalten wir aus (4.70), indem wir einen Netzwerkknoten, z. B. K_1, isoliert von den übrigen Knoten betrachten und das reduzierte Netzwerk $\hat{N}^R$ ohne K_1 wie ein offenes Bedienungsnetzwerk behandeln. Die Ankunftsrate für $\hat{N}^R$ ist damit

$$\lambda_R(K-k_1) = \begin{cases} (1-r_{11})\mu_1(k_1) & \text{für } k_1 \leqq K \\ 0 & \text{sonst.} \end{cases}$$

Also $\lambda_R(i) > 0$ für $0 \leqq i < K$.

Es sei $\underline{k}^1 = (k_2, k_3, \ldots, k_N)$ mit $k^1 = K-k_1$.

Die Verkehrsgleichung (4.68) geht über in ($r_{0i} = r_{i0} = 0$)

$$x_i = \sum_{j=1}^{N} x_j\, r_{ji} = r_{1i}\, x_1 + \sum_{j=2}^{N} x_j\, r_{ji}, \quad i=1,2,\ldots,N. \tag{4.71}$$

Da die Lösung von (4.71) nur bis auf einen gemeinsamen Faktor bestimmt ist, können wir $x_1 = \frac{1}{1-r_{11}}$ setzen. Also

$$x_i = \hat{r}_{0i} + \sum_{j=2}^{N} x_j\, r_{ji} \quad (i=2,3,\ldots,N) \text{ mit } \hat{r}_{0i} = \frac{r_{1i}}{1-r_{11}}\,.$$

Dies ist die Verkehrsgleichung eines offenen Netzwerks, denn P{der nächste Auftrag, der K_1 verläßt, geht nach K_i} =

$$\sum_{\ell=1} r_{11}^{\ell-1}\, r_{1i} = \frac{r_{1i}}{1-r_{11}}\,.$$

Für $\hat{N}^R$ folgt nun

$$G(k^1) = \prod_{j=0}^{k^1-1} \frac{\mu_1(K-j)}{x_1} = x_1^{k_1} \prod_{j=1}^{K} \mu_1(j)\, [x_1^K \prod_{j=1}^{k_1} \mu_1(j)]^{-1} \propto \prod_{j=1}^{k_1} \frac{x_1}{\mu_1(j)}\,.$$

Somit gilt

$$p(\underline{k}) = p_R(\underline{k}^1) = \frac{1}{c} G(\underline{k}^1) F_{N-1}(\underline{k}^1) = \frac{1}{c'} \prod_{i=1}^{N} f_i(k_i) = \frac{1}{c'} F_N(\underline{k}).$$

$$\text{mit } f_i(k_i) = \prod_{j=1}^{k_i} x_i/\mu_i(j). \qquad (4.72)$$

Zur Berechnung der Normierungskonstanten ist über alle $\binom{N+K-1}{N-1}$ Zustände des Netzwerks zu summieren.

Bemerkung: Wieviele Möglichkeiten gibt es, K Aufträge auf N Warteschlangensysteme zu verteilen, so daß jedes Warteschlangensystem wenigstens r Aufträge erhält, $0 \leq r < K$? Wir denken uns N+K Aufträge in einer Liste aufgeführt. Von diesen N+K Aufträgen teilen wir vorab jedem Netzwerkknoten r Aufträge zu. Die Liste der restlichen N+K-rN Aufträge läßt sich an N+K-rK-1 Stellen unterteilen. Also gibt es $\binom{N+K-rN-1}{N-1}$ Möglichkeiten, die Liste in N Teile zu zerlegen. Entfernen wir jetzt aus jedem Knoten genau einen Auftrag, dann haben wir auch die Anzahl der Möglichkeiten gefunden, restliche K-rN Aufträge auf N Knoten zu verteilen, (r=0 oben).

Verallgemeinerungen

Die Ergebnisse dieses Abschnitts lassen sich weitgehend verallgemeinern [3, 65]. Einige dieser Verallgemeinerungen, die uns für die Modellierung komplizierter Wiederherstellungsvorgänge wichtig erscheinen, sollen nun (ohne Beweise) erwähnt werden.

1) Aufträge lassen sich in Klassen unterteilen. Hat man C verschiedene Klassen vorliegen, so wird der Auftragsverkehr durch die Verzweigungsmatrix $R = (r_{ic,jc'})$, $i,j=1,2,\ldots,N$; $c,c'=1,2,\ldots,C$, beschrieben. D. h., beim Übergang von Knoten K_i zu Knoten K_j wechselt der Auftrag seine Klassenzugehörigkeit von Klasse c zu Klasse c'. Der Übergang erfolgt mit Wahrscheinlichkeit $r_{ic,jc'}$.

2) Neben -/M/m/∞-FCFS-Knoten kann das Netzwerk z. B. auch PS-Knoten enthalten. Die Verteilungsfunktion B(x) der Bedienungszeiten eines PS-Knotens kann z. B. aus einer Mischung von Erlang-Verteilungen bestehen. (Es muß eigentlich nur verlangt werden, daß B(x) eine rationale L-Transformierte besitzt). Die Verteilungsfunktion B(x) kann für verschiedene Auftragsklassen verschieden sein. Dies gilt auch für -/M/m/-FCFS Knoten, falls $m \geq K$ ist, das heißt, wenn keine Warteschlangenplätze nötig sind.

Bemerkung: Falls ein PS-Knoten Aufträge enthält, gilt für die mittlere Bedienungszeit B_c eines Auftrags aus Klasse c

$$B_c^{-1} = \mu_{ic}(k_i^c, k_i) = \frac{k_i^c}{k_i} \mu_{ic} \tag{4.73}$$

mit $k_i = \sum_{b=1}^{C} k_i^b$ und k_i^c der Anzahl der Aufträge aus Klasse c im PS-Knoten K_i.

Es sei $\{x_{jc}\}$ eine nicht triviale Lösung der klassenabhängigen Verkehrsgleichungen

$$x_{jc} = \sum_{c'=1}^{C} \sum_{i=1}^{N} x_{ic'} \cdot r_{ic',jc} \tag{4.74}$$

und $\underline{k}_i = (k_i^1, \ldots, k_i^C)$.

Die Gleichgewichtsverteilung eines geschlossenen Bedienungsnetzwerks mit N Knoten ist wieder gegeben durch

$$p(\underline{k}) = \frac{1}{c_N} F(\underline{k}) = \frac{1}{c_N} \prod_{i=1}^{N} f_i(\underline{k}_i) \tag{4.75}$$

mit c_N einer Normierungskonstanten und $\left(\sigma(\underline{k}) = k_i! \prod_{j=1}^{C} \frac{x_{jc}^{k_{jc}}}{k_{jc}!}\right)$

$$f_i(\underline{k}_i) = \begin{cases} \frac{\sigma(\underline{k})}{k_i!} \left(\frac{1}{\mu_i}\right)^{k_i}, & k_i \leq m_i \\ \frac{\sigma(\underline{k})}{m_i! m_i^{k_i - m_i}} \left(\frac{1}{\mu_i}\right)^{k_i}, & k_i > m_i \end{cases}$$

für $-M/m_i/\infty$-Knoten, deren Bedienungsraten aber klassenunabhängig sein müssen,

$$f_i(\underline{k}_i) = \prod_{c=1}^{C} \frac{1}{k_{ic}!} \left[\frac{x_{ic}}{\mu_{ic}}\right]^{k_{ic}}$$

für -M/K/O-Knoten und

$$f_i(\underline{k}_i) = k_i! \prod_{c=1}^{C} \frac{1}{k_{ic}!} \left[\frac{x_{ic}}{\mu_{ic}}\right]^{k_{ic}}$$

für PS-Knoten.

Es ist bemerkenswert, daß in die Gleichgewichtsverteilung nur die mittleren Bedienungszeiten eingehen.

Beispiel Maschinen-Unterhalt-Modell (m aus K - System) mit PS-Reparaturkanal und FCFS-Inspektionskanal, vergleiche Figur 4.26: Für den PS-Knoten gibt es zwei Auftragsklassen (c = 1: Wartungsaufträge nach Inspektion, c = 2: größere Reparaturaufträge) .

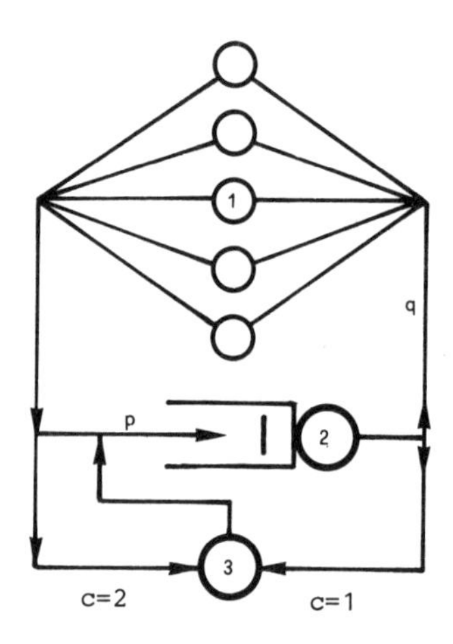

Fig. 4.26 Inspektion und Reparatur

$r_{11,21} = p$; $r_{21,11} = q$; $r_{32,21} = 1$; $r_{11,32} = 1-p$; $r_{21,31} = 1-q$; $r_{31,21} = 1$; $r_{ic,jc'} = 0$ sonst.

Dieses Netzwerk hat $\binom{K+(N+1)-1}{(N+1)-1}$ Zustände.

Der Verfügbarkeitskoeffizient ist

$$A = \sum_{k_1=m}^{K} \sum_{k_2+k_3^1+k_3^2=K-k_1} p(k_1,k_2,k_3^1,k_3^2).$$

Aufträge in K_1 werden sozusagen als Bereitschaftsaufträge interpretiert.

Es ist $x_{11} = q$, $x_{21} = 1$, $x_{31} = 1-q$ und $x_{32} = q(1-p)$ und

$$p(k_1,k_2,k_3^1,k_3^2) = \frac{1}{c_3} \frac{(k_{31}+k_{32})!}{k_1!k_{31}!k_{32}!} \frac{q^{k_1+k_{32}}(1-q)^{k_{31}}(1-p)^{k_{32}}}{\lambda^{k_1}\beta^{k_2}\mu_{31}^{k_{31}}\mu_{32}^{k_{32}}}$$

Numerisches Beispiel

Wir erhalten mit $\lambda = 1$, $\beta = 5$, $\mu_{31} = 3$, $\mu_{32} = 2$, $p = .8$ und $q = .6$ für den Verfügbarkeitskoeffizienten (K=5, also 56 Zustände):

m	3	2	1
A	.372	.665	.905

Übung: Es sei $c_N(K)$ die Normierungskonstante eines geschlossenen Bedienungsnetzwerks mit N -/M/1/∞-FCFS-Knoten und K Kunden ($c(K)=0$ für $K < 0$). Man zeige: Die Wahrscheinlichkeit, daß sich im i-ten Knoten genau j Kunden aufhalten ist

$$P_N\{k_i=j\} = \left(\frac{x_i}{\mu_i}\right)^j \frac{c_N(K-j)-x_i\mu_i^{-1}c_N(K-j-1)}{c_N(K)} \;;\; j \leq K. \qquad (4.76)$$

Einige weitere Ergebnisse

Repräsentiert Knoten K_i eine Systemeinheit mit K-1 kalten Reserveeinheiten (Figur 4.27), so folgt aus (4.76) für die stationäre Verfügbarkeit dieser Komponente

$$A_i = P_N\{k_i \geq 1\} = \sum_{j=1}^{K} P_N\{k_i = j\}$$

also

$$A_i = \frac{x_i}{\mu_i} \frac{c_N(K-1)}{c_N(K)} \quad . \qquad (4.77)$$

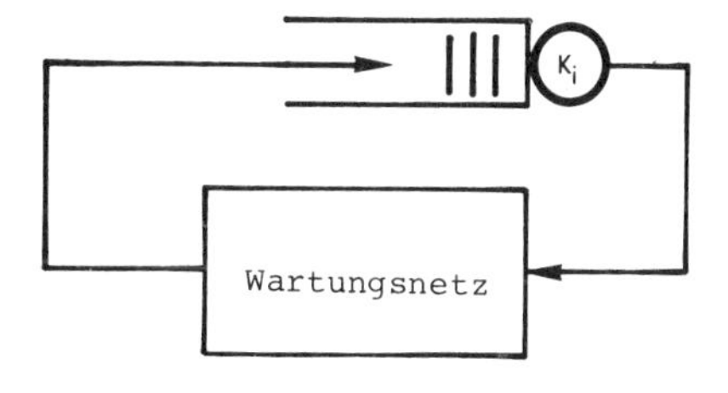

Fig. 4.27 Bedienungsnetzwerk

Mittelwertbeziehungen:

Für ein Netzwerk mit -/M/1/∞/-FCFS-Knoten gilt [70]

$${}_i(K) = \frac{1}{\mu_i}\left[1+n_i(K-1)\right]$$

$$\Theta(K) = K / \sum_i t_i(K) \tag{4.78}$$

$$n_i(K) = \Theta(K) x_i t_i(K), \; K > 0, \; i=1,2,\ldots,N, \; n_i(0) = 0,$$

mit $t_i(K)$ der mittleren Antwortzeit (Warte- und Bedienungszeit) des i-ten Knotens, wenn sich K Aufträge im Netz bewegen, $\Theta(K)$ dem Netzwerkdurchsatz, $n_i(K)$ der mittleren Anzahl an Aufträgen im i-ten Knoten. Diese Mittelwertbeziehungen lassen sich durch direktes Auswerten der Formel (4.72) herleiten (siehe Übung bzw. S. 193). Andererseits gelten folgende Beziehungen, wie (4.78) vermuten läßt

1) $n_i(K-1)$ ist die mittlere Anzahl an Aufträgen im i-ten Knoten bei Ankunft eines weiteren Auftrags . Denn

2) Im stochastischen Gleichgewicht ist die Wahrscheinlichkeit, daß ein Auftrag bei Erreichen eines Knotens das Netzwerk (mit insgesamt K Aufträgen) im Zustand $\underline{k}$ vorfindet, gleich der Wahrscheinlichkeit, daß sich dieses Netzwerk mit K-1 Aufträgen im Zustand $\underline{k}$ befindet.

Die Formeln (4.78) ermöglichen eine rekursive Berechnung der Mittelwertgrößen, ohne daß dazu die Gleichgewichtsverteilung des Netzwerks bestimmt werden muß. Entsprechende Gleichungssysteme lassen sich für alle in diesem Kapitel besprochenen Netzwerktypen finden.

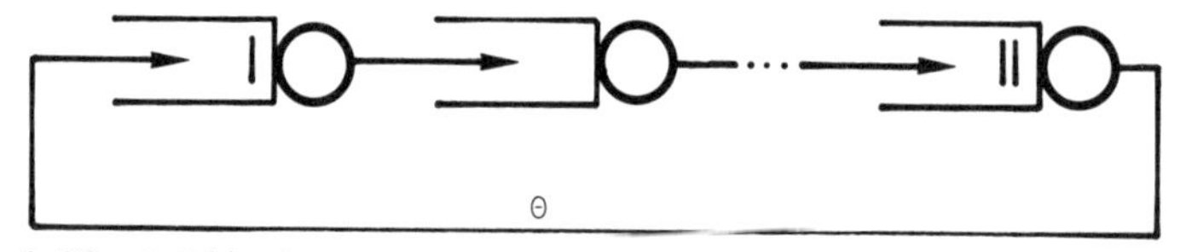

Fig. 4.28 Zyklisches Netzwerk

Bemerkung: In [66] werden Bedienungsnetzwerke untersucht, die der zusätzlichen Bedingung genügen, daß zu jedem Zeitpunkt höchstens eine Bedienungsstation aktiv ist. Welche Station nach einer Bedienungsphase aktiviert wird, ist durch eine Umschaltfunktion U festgelegt, die die Gesamtzahl k der jeweils wartenden Aufträge berücksichtigt. Zugleich werden auch Wartekosten je Zeiteinheit in der i-ten Warteschlange berücksichtigt. In anderen Worten, Wartungsaufträge verschiedener Art werden in entsprechende Warteschlangen eingewiesen und ein Monitor bestimmt, welche Warteschlange jeweils die Kontrolle über den Wartungsprozessor erhält.

Übung: Man zeige, daß für das Bedienungsnetzwerk der Figur 4.28 mit $-/M/1/\infty$-FCFS-Knoten die Beziehungen (4.78) gelten.

4.5.3 Zerlegungsmethoden [68]

Es seien im folgenden C = 1 und $m_i \in \{1,K\}$ für alle FCFS-Knoten. Aus (4.75) erkennt man, daß mit $f_i(0) = 1$ gilt

$$f_i(j) = f_i(j-1)\,\frac{x_i}{\mu_i(j)},\quad i=1,2,\ldots,N. \tag{4.79}$$

Wir betrachten wieder einen einzelnen Knoten, z. B. K_N. (Da die Numerierung der Knoten willkürlich ist, gelten natürlich die folgenden Ergebnisse für jeden Knoten des Netzwerks). Die Wahrscheinlichkeit für j Aufträge im Knoten K_N ist

$P_N(j) = P\{k_N=j\}$. Insbesondere ist $P\{k_N \geq 1\} = \sum_{j=1}^{K} P_N(j) = 1-P_N(0)$ die Auslastung des Knotens K_N. Es gilt nun

$$P_N(j) = \sum_{\substack{k_N=j\\ k=K}} p(\underline{k}) = \frac{1}{c_N(K)}\, f_N(j) \sum F_N(k_1,\ldots,k_{N-1},0);$$

die Summe ist über alle $(k_1,\ldots,k_{N-1})$ mit $\sum_{i=1}^{N-1} k_i = K-j$ zu bilden. Also

$$P_N(j) = \frac{1}{c_N(K)}\, f_N(j)\, c_{N-1}(K-j). \tag{4.80}$$

Repräsentiert in einem Bedienungsnetzwerk der Knoten K_N ein m aus K System, dann gilt für die stationäre Verfügbarkeit dieses Systems (vgl. auch (4.77))

$$A_N = \sum_{j=m}^{K} P_N(j) = \frac{1}{c_N(K)} \sum_{j=m}^{K} f_N(j)\, c_{N-1}(K-j). \tag{4.81}$$

Wenn andererseits dieser Knoten einen Reparaturkanal repräsentiert, erhalten wir für den Durchsatz dieses Kanals (mit $r_{NN} = p < 1$)

$$\Theta_N = (1-p) \sum_{j=1}^{K} \mu_N(j)\, P_N(j) = \frac{1-p}{c_N(K)} \sum_{j=1}^{K} \mu_N(j)\, f_N(j)\, c_{N-1}(K-j) =$$

$$\frac{1-p}{c_N(K)}\, x_N \sum_{j=1}^{K} f_N(j-1)\, c_{N-1}(K-j) = (1-p)\,\frac{x_N}{c_N(K)}\, c_N(K-1). \tag{4.82}$$

Denn: $\sum_{j=1}^{K} f_N(j-1)\, c_{N-1}(K-1-(j-1)) =$

$$\sum_{j=1}^{K} \sum_{*} \prod_{i=1}^{N-1} f_i(k_i)\ f_N(j-1) = \sum_{j=1}^{K} \sum_{*} \prod_{i=1}^{N} f_i(k_i) = c_N(K-1).$$

Die Summen $\sum_{*}$ sind über alle Zustände mit $\sum_{i=1}^{N-1} k_i = K-1-(j-1)$ bzw. $\sum_{i=1}^{N} k_i = K-1$, mit $k_N = j-1$ zu bilden.

<u>Bemerkung</u>: Zur Berechnung dieser Größen (und vieler anderer) ist e also erforderlich, die Normierungskonstanten $c_N(K)$ und $c_{N-1}(K-j)$ z bestimmen. Den größten Aufwand in (4.82) erfordert die Berechnung von $c_N(K)$. Die $c_{N-1}(K-1)$ berechnen sich aus demjenigen Netzwerk, das aus dem ursprünglichen Netzwerk entsteht, wenn der Knoten K_N "kurzgeschlossen" wird, d. h., wenn wir $f_N(j) = \delta_{jO}$ setzen; vgl. Fig. 4.29. Wir können nun diesen Trick auch dazu verwenden, die Berechnung von $c_N(K)$ zu umgehen. Bei dem in der Übung angegebenen Spezialfall ergibt ein Vergleich von (4.76) mit (4.80) für $c_N(K)$ die rekursive Beziehung ($c_O(K) = \delta_{KO}$, $c_N(O) = 1$):

$$c_N(K) = \frac{x_N}{\mu_N} c_N(K-1) + c_{N-1}(K). \tag{4.83}$$

Wir betrachten nun die Zerlegung eines Bedienungsnetzes nach Fig.4
Es sei $\Theta_{N-1}(\ell)$ der Durchsatz des [kurzgeschlossenen] Netzwerks $\hat{N}^R$ [vergleiche Fig. 4.29] wenn sich in ihm ℓ Aufträge befinden.

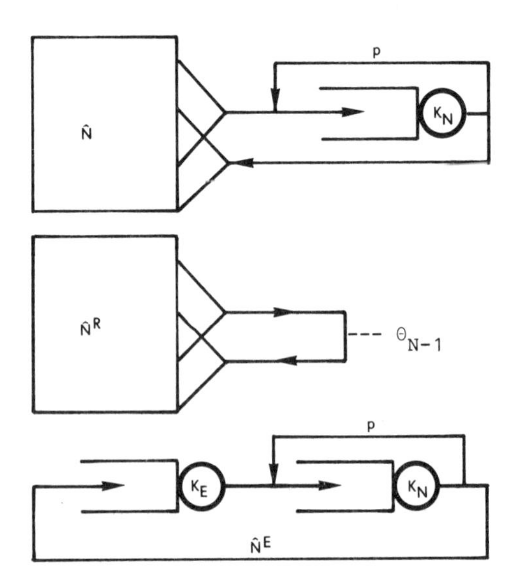

Fig. 4.29 Zerlegung eines Bedienungsnetzwerks

atz: Es gilt für die Gleichgewichtsverteilung des Ersatznetzes $\hat{N}^E$

$$p_E(k_E, K-k_E) = \frac{1}{c_2(K)} \prod_{j=1}^{k_E} \frac{1-p}{\Theta_{N-1}(j)} \prod_{i=1}^{K-k_E} \frac{1}{\mu_N(i)} \tag{4.84}$$

nd für die Besetzungswahrscheinlichkeit des Knotens K_N

$$P_N(j) = p_E(K-j, j). \tag{4.85}$$

amit kommen wir ganz ohne Berechnung von c_N aus und dieses Verfah-en läßt sich iterieren, d. h., wir können es auf $\hat{N}^R$, $(\hat{N}^R)^R$, etc. nwenden.

eweis: (1) Aus (4.70) oder aus den Kolmogorovschen Gleichungen ür die Gleichgewichtsverteilung von $\hat{N}^E$ läßt sich (4.84) sofort estimmen, wenn $\Theta_{N-1}(j)$ die Bedienungsrate des Ersatzknotens mit Aufträgen ist.
2) Wir benutzen (4.79) und (4.82).

$$_E(K-j,j) = \frac{1}{c'} \prod_{\ell=1}^{K-j} \frac{c_{N-1}(\ell)}{x_N c_{N-1}(\ell-1)} \prod_{i=1}^{j} \frac{f_N(i)}{x_N f_N(i-1)} =$$

$$onst \cdot \frac{c_{N-1}(K-j) f_N(j)}{c_{N-1}(0)} = const \cdot P_N(j).$$

a p_E und P_N normiert sind, muß const = 1 sein. □

eispiele:

A) Ein 1 aus K redundantes System mit heißer Reserve und zwei Re-araturkanälen, K_3 repräsentiere die Systemeinheiten; vgl. Fig. .30. Die Ausfallrate sei α, die Bedienungsraten seien β_i, i=1,2.

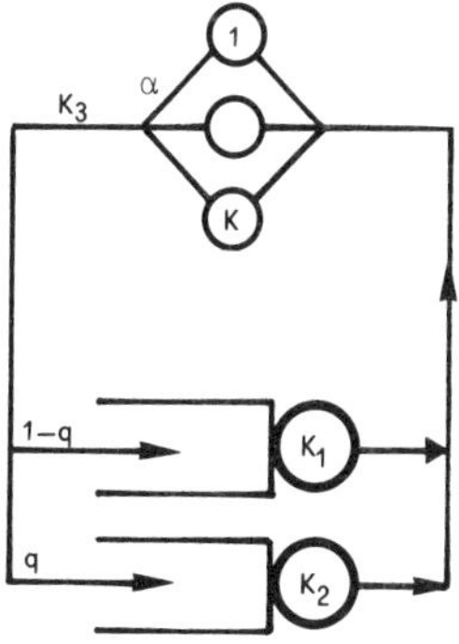

$r_{33} = 0$

$r_{31} = 1-q$, $r_{32} = q$

$r_{13} = 1$, $r_{23} = 1$

$x_3 = 1$, $x_1 = 1-q$, $x_2 = q$

ig. 4.30 Beispiel

Es gilt mit (4.82)

$$\Theta_{N-1}(\ell) = \Theta_N(\ell)\Big|_{f_N=\delta_{jO}} = \frac{(1-p)x_N}{c_N(\ell)}\, c_N(\ell-1)\Big|_{f_N=\delta_{jO}} = \frac{(1-p)x_N}{c_{N-1}(\ell)}\, c_{N-1}(\ell-1)$$

Wir betrachten nun das Ersatznetz $\hat{N}^E$ aus Fig. 4.29 mit $\mu_E(j) = \Theta_2(j)$.

Es gilt

$$P_3(k_3) = p_E(K-k_3,k_3) = \frac{1}{c\alpha^{k_3}} \prod_{j=1}^{K-k_3} \frac{1}{\Theta_2(j)}$$

und

$$A = \sum_{k_3=1}^{K} P_3(k_3) = 1-P_3(0) = 1 - \frac{1}{c} \prod_{j=1}^{K} (\Theta_2(j))^{-1}.$$

Für $\hat{N}^R$ erhalten wir mit $x_1 = 1-q$ und $x_2 = q$

$$p_R(k_1,i-k_1) = \frac{1}{c_2(i)} \left(\frac{1-q}{\beta_1}\right)^{k_1} \left(\frac{q}{\beta_2}\right)^{i-k_1} = \text{const} \cdot \sigma^{k_1},$$

mit $\sigma = \frac{1-q}{q}\,\frac{\beta_2}{\beta_1}$ und $1 = \text{const} \cdot \sum_{k_1=0}^{i} \sigma^{k_1} = \text{const} \cdot \frac{1-\sigma^{i+1}}{1-\sigma}$.

$$\text{Es ist } c_2(i) = \frac{1-\sigma^{i+1}}{1-\sigma} \left(\frac{q}{\beta_2}\right)^i. \tag{4.68}$$

Somit gilt

$$p_R(k_1,i-k_1) = \frac{(1-\sigma)\sigma^{k_1}}{1-\sigma^{i+1}},$$

und

$$\Theta_2(i) = \beta_1(1-p_R(0,i)) + \beta_2(1-p_R(i,0)) =$$

$$\frac{1-q}{q}\,\beta_2\left(\frac{1-\sigma^i}{1-\sigma^{i+1}}\right) + \beta_2\left(\frac{1-\sigma^i}{1-\sigma^{i+1}}\right) = \frac{\beta_2}{q}\left(\frac{1-\sigma^i}{1-\sigma^{i+1}}\right) \tag{4.87}$$

Andererseits folgt (4.87) auch aus (4.82) mit (4.86):

$$\Theta_2(i) = \Theta_R(i) = \frac{x_3 c_2(i-1)}{c_2(i)} .$$

Schließlich erhalten wir mit $\gamma = \frac{\beta_2}{\alpha q}$

$$P_3(k_3) = \text{const} \cdot \gamma^{k_3}(1-\sigma^{K+1-k_3}) \text{ und const} \cdot \sum_{j=0}^{K} \gamma^j(1-\sigma^{K+1-j}) = 1.$$

Also ist

$$const = [\frac{1-\gamma^{K+1}}{1-\gamma} - \frac{\sigma^{K+1}-\gamma^{K+1}}{1-\rho}]^{-1}$$

$$\text{mit } \rho = \frac{\gamma}{\sigma} = \frac{\beta_1}{\alpha(1-q)} \text{ und } A = 1 - \frac{(1-\sigma^{K+1})(1-\gamma)(1-\rho)}{(1-\gamma^{K+1})(1-\rho)-(1-\gamma)(1-\rho^{K+1})\sigma^{K+1}} .$$

Numerisches Beispiel: 1 aus 3-System; die Raten $\alpha = 1$, $\beta_1 = 10$, $\beta_2 = 4$, $q = .2$ ergeben $A = .99899$.

Übung: Man bestimme den Durchsatz und die mittlere Antwortzeit der Reparaturkanäle, sowie die mittlere Anzahl intakter Einheiten für obiges Beispiel.

(B) Seriensystem aus zwei gleichen Einheiten mit einem gemeinsamen Reparaturkanal und einer gemeinsamen kalten Reserve (sogenannte gleitende Reserve). Auch dieses Beispiel wird durch Fig. 4.30 dargestellt. K_3 repräsentiert einen M/3/O-Reparaturkanal. Es gilt

$$A_1 = \frac{1-q}{\beta_1} \frac{c_3(2)}{c_3(3)} \text{ und } A_2 = \frac{q}{\beta_2} \frac{c_3(2)}{c_3(3)}, \text{ sowie } A_\Sigma = \sum_{k_2,k_1>0} p(\underline{k}), \text{ vgl.(4.77).}$$

Numerisches Beispiel: $\alpha = 5$, $\beta_1 = 1$, $\beta_2 = 2$, $q = .7$.
$A_\Sigma = .414$, $A_1 = .644$, $A_2 = .760$.

4.5.4 Ein fehlertolerantes Mehrrechnersystem

Ein Prototyp fehlertoleranter Mehrrechnersysteme ist das PRIME-System der Universität von Kalifornien [2]. Das System ist modular aufgebaut Es enthält

- Intelligenzmodule (IM), bestehend aus einem Prozessor (P), einer Input-Output-Kontrolleinheit (I-O) und einer Memory-Map (MM),
- Speichermodule (SM),
- ein Verbindungsnetzwerk (IN), das die Kommunikationsstruktur des Systems herstellt und
- externe Resourcen (D) (Platteneinheiten, etc.).

Das Blockdiagramm für PRIME zeigt Fig. 4.31. Ein Prozessor kann mit bis zu 8 Speichermodulen verbunden werden. Speichermodule werden von den Prozessoren nicht gemeinsam benutzt. Zu jedem Zeitpunkt ist dieses System in fünf Untersystemen konfiguriert. Jedes besteht aus einem IM und bis zu drei SMs. Eines dieser Untersysteme fungiert als Kontrolleinheit (NCU) des Gesamtsystems. Die restlichen führen Anwenderprogramme aus. Das System ist für einen sanften Leistungsabfall gedacht. Deshalb ist die Einteilung in IMs und Untersysteme aus Gründen der Ausfallsicherheit rekonfigurierbar. (Aus der verfügbaren Hardware müssen sich jedoch wenigstens zwei Einheiten rekonfigurieren lassen). Jede Einheit kann off-line getestet werden. Kritische Aktionen der NCU werden ständig mittels Selbsttests geprüft. Außerdem wird sie in periodischen Abständen von den Anwenderprozessoren getestet. Die NCU überwacht ihrerseits die Anwenderprozessoren. Im Fehlerfall werden diese isoliert und off-line gewartet. Meint ein Anwenderprozessor, die NCU sei defekt, so erhält ein dritter Prozessor die Kontrolle über das System und beginnt mit der Fehlerdiagnose. Danach wird das Gesamtsystem neu konfiguriert. Die Testanordnung dieses Systems kann vergröbert durch den Testgraphen der Fig. 3.23a wiedergegeben werden.

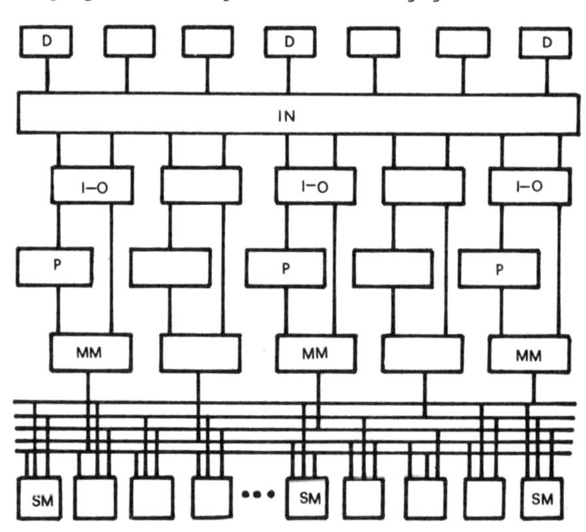

Fig. 4.31 Ein Mehrrechnersystem

Im folgenden soll eine modifizierte und etwas vereinfachte Version des PRIME-Systems betrachtet werden [69]. Die externen Resourcen bleiben zudem unberücksichtigt. Wir gehen dazu von folgenden Annahmen aus.

- Das System ist funktionstüchtig, wenn s von s+r Intelligenzmodulen intakt sind. Die restlichen dienen als kalte Reserve. Außerdem müssen mindestens s von n Speichermodule verfügbar sein. Die Einheiten des Systems seien in ihrem Ausfallverhalten s-unabhängig. Ihre Intaktzeiten sind exponential verteilt.

- Die NCU überwacht die s aktiven IMs und die Speichermodule und besorgt das Rücksetzen (Wiederanlauf) der IMs, wenn angenommen werden kann, daß ein flüchtiger Fehler vorliegt. Die NCU enthalte daher unter anderem sogenannte "Rollbackpoint"-Register für jeden Anwenderprozessor, deren Inhalt laufend auf den neuesten Stand gebracht wird (Schnappschußverfahren) und mit deren Hilfe jeder Anwenderprozessor zurückgesetzt und neu gestartet werden kann. Wenn Rücksetzen zu keinem Erfolg führt oder wenn ein permanenter Fehler erkannt wurde, übergibt die NCU den entsprechenden Wartungsauftrag an eine spezielle (eventuell externe) Reparatureinheit (RM). Dieser Modul besorgt zudem die Erneuerung der Speichermodule.
- NCU und RM sind Teil der Hardcore des Systems. Testen benötige eine vernachlässigbare Zeit. Erneuerungen seien immer vollständig.

Das Bedienungsnetzwerk der Fig. 4.32 illustriert den Wiederherstellungsprozeß. Die Wahrscheinlichkeit für einen flüchtigen Fehler sei $1-p_0$; die Wahrscheinlichkeit für das Mißlingen des Rücksetzens sei p_1. Die MTTF eines Intelligenzmoduls sei λ_I^{-1}, die eines Speichermoduls λ_S^{-1}. Die Bedienungsdisziplin der NCU (Rücksetzen) und des RM (Reparatur) ist das "Prozessor-Sharing" (siehe Kapitel 4.5.1). Die mittlere Bedienungszeit durch die NCU sei μ_I^{-1}, diejenige von RM sei μ_{RI}^{-1} für IMs und μ_{RS}^{-1} für SMs. (Für die Bedienungszeitverteilungen gelten die Voraussetzungen aus 4.5.2).

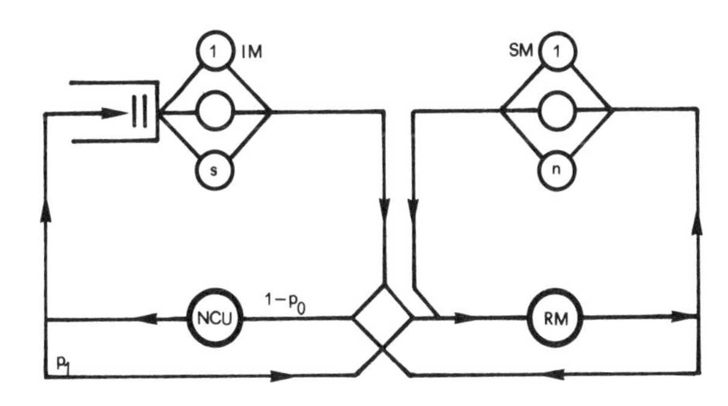

Fig. 4.32 Modell

Stationäre Verfügbarkeit

Es sei k_1 die Anzahl intakter IMs und ℓ die intakter SMs. Ferner sei k_0 die Anzahl derjenigen IMs, die zurückgesetzt werden müssen. Dann befinden sich $\alpha = s+r-k_1-k_0$ IMs und $\beta = n-\ell$ SMs in Reparatur. Es bezeichnet $\underline{k} = (k_0,k_1,\ell)$ den Systemzustand. Nach (4.70) ist die Verfügbarkeit des Systems gleich (c Normierungskonstante)

$$A_\Sigma(s,r,n) = \sum_{\substack{k_1 \geq s \\ \ell \geq s}} P(\underline{k}) \text{ mit}$$

$$P(\underline{k}) = c\binom{\alpha+\beta}{\beta} \frac{b(s,k_1)}{\ell!} \left(\frac{\mu_{RS}}{\lambda S}\right)^{\ell} \left(\frac{(1-p_1)\mu_{RI}}{\lambda_I}\right)^{k_1} \left(\frac{\mu_{RI}}{\mu_O}\right)^{k_O} \frac{(p_O+p_1-p_Op_1)^{\alpha}}{\mu_{RI}^{r+s}\ \mu_{RS}^{n}}$$

wobei

$$b(s,k_1) = \begin{cases} \frac{1}{k_1!} & \text{für } k_1 \leq s \\ \frac{1}{s!}\frac{1}{s^{k_1-s}} & \text{für } k_1 > s\ . \end{cases} \qquad (4.88)$$

Tab. 4.4 zeigt A(s,r,n) in Abhängigkeit von der Anzahl der Speichermodule. Tab. 4.5 zeigt A(s,r,n) als Funktion der Anzahl der Intelligenzmodule in Reserve; $\lambda_I = .06$, $\lambda_S = .08$, $\mu_O = 8$, $\mu_{RS} = 2$, $\mu_{RI} = 1$, $p_O = .3$, $p_1 = .5$. Es wird beispielsweise A(1,1,n) für n = 3 maximal. Für n > 3 nimmt wegen Überlastung des Reparaturkanals die Verfügbarkeit des Systems wieder ab. Die Verfügbarkeiten der nicht redundanten Systeme sind $A_\Sigma(1,0,1) = .877$ und $A_\Sigma(2,0,2) = .759$. Zum Vergleich: Für das entsprechende 1 aus 2 -System, das heißt, von s = 2 Anwenderprozessoren muß wenigstens einer verfügbar sein, gilt $A_\Sigma = .982$.

	n	1	2	3	4	5
A_Σ	s=1 r=1	.9520	.9889	.9913	.9910	.9905
	s=2 r=1	--	.8861	.9571	.9638	...

Tab. 4.4

	r	0	1	2	3
A_Σ	s=1 n=2	.9070	.9889	.9959	.9965

Tab. 4.5

Mittlere Reparaturzeit

Wir wollen nun die zu erwartenden Reparaturzeiten für Intelligenz- und Speichermodule bestimmen. Dazu berechnen wir aus (4.88) die Auslastung $U_I(s,r,n)$ der NCU mit Aufträgen, sowie die Wahrscheinlichkeit $U_S(s,r,n)$, daß RM wenigstens einen Speichermodul repariert bei gegebenen Werten für s,r und n. Also:

$$U_I(s,r,n) = \sum_{k_O \geq 1} P(\underline{k}) \text{ und } U_S(s,r,n) = \sum_{\beta > 0} \frac{\beta}{\alpha+\beta} P(\underline{k}).$$

Der Durchsatz der NCU ist $\Theta = \mu_O \, U_I(s,r,n)$

und $\sigma = (1-p_1)\Theta$ ist die mittlere Rate der ausgegebenen Bereitschaftsaufträge für Intelligenzmodule. Andererseits gilt (Littles Formel)

$\sigma = s+r \,/\, T_C$ mit T_C der Zykluszeit, d. h.

$$T_C = T_I + \frac{1}{\lambda_I} + T_Q$$

mit T_I der mittleren Reparaturzeit eines IM (Reparatur und/oder Wiederanlauf) und $T_Q = \bar{r}/\sigma$ der mittleren Wartezeit einer kalten, intakten Reserveeinheit bis zu ihrem Einsatz; $\bar{r}$ ist die mittlere Warteschlangenlänge des IM-Knotens. Damit erhalten wir

$$T_I = \frac{s+r-\bar{r}}{(1-p_1)\mu_O U(s,r,n)} - \frac{1}{\lambda_I}$$

und entsprechend für die mittlere Reparaturzeit T_S eines Speichermoduls

$$T_S = \frac{n}{\mu_{RS} U_S(n,r,s)} - \frac{1}{\lambda_S} .$$

Tab. 4.6 zeigt numerische Beispiele (Raten wie zuvor). Der Reparaturkanal ist also bei weitem nicht ausgelastet. ($\underline{k}_O = (s+r,0,n)$, das heißt $\alpha = \beta = 0$).

srn	$P(\underline{k}_O)$	U_I	U_S	$\bar{r}$	T_I	T_S
101	.877	.0137	.0384	0	1.58	.52
113	.796	.0149	.1146	.899	1.80	.59
115	.722	.0149	.1902	.891	1.94	.64
202	.759	.0271	.0763	0	1.78	.60
212	.747	.0295	.0762	.809	1.89	.62

Tab. 4.6

Bisher wurden bei Reparatur keinerlei Prioritäten vereinbart. Es sei jetzt angenommen, daß die Intelligenzmodule unterbrechende Priorität vor den Speichermodulen haben sollen; das heißt, die IM können die volle Kapazität des Reparaturmoduls beanspruchen, während die S-Module die Restkapazität erhalten. Unter dieser Annahme sind die bisherigen Ergebnisse nicht mehr verwendbar. Wir können dennoch die Verfügbarkeit des Systems wie folgt in guter Näherung bestimmen. (Hinsichtlich der Güte dieser Näherung vergleiche man [71]).

1) Man bestimme die Wahrscheinlichkeit π dafür, daß RM untätig ist, wenn das System keine SM enthält, wenn also die IM die volle Reparaturkapazität erhalten.

2) Man bestimme die Verfügbarkeit $\hat{A}$ des Speichers, wenn die Speichermodule mit einer reduzierten Rate $\hat{\mu} = \pi\mu_{RM}$ repariert werden, wobei jetzt die IMs aus dem System zu entfernen sind.

Die Systemverfügbarkeit ist nun näherungsweise gleich der Verfügbarkeit eines IM-RM-Seriensystems. Also

$$A(s,r,n) \simeq A(s,r,0)\ \hat{A}(0,0,n).$$

Numerische Beispiele:

s=1 r=1 n=4	A	T_S	T_I
mit Priorität	.9931	.615	1.646
ohne Priorität	.9910	.614	1.901

Tab. 4.7

Außerdem ist π = .92253, A(1,1,0) = .99320 und $\hat{A}(0,0,4)$ = .99992.

Übung: Man bestimme die Verfügbarkeit A_I des IM-Systems und des Speichers A_S mit Hilfe der Formel (4.84) (K=s+r, m=s bzw. K=n, m=s) und berechne $A_I \cdot A_S$. Wenn der Reparaturkanal schwach ausgelastet ist, ist A_Σ näherungsweise gleich $A_I A_S$. Für die Werte $\lambda_I = .05$, $\lambda_S = .01$, $\mu_O = 10$, $\mu_{RS} = 6$, $\mu_{RI} = 2$ und $p_O = p_1 = .4$ erhält man beispielsweise mit s=2, r=0, n=3: $A_I = .9326$, $A_S = .9946$ und $A_I \cdot A_S = .9277$, während der exakte Wert $A_\Sigma = .9279$ ist.

Übung: Man berechne die Gleichgewichtsgrößen der Spezialfälle aus Kapitel 4.3.3 unter Verwendung von (4.70).

5 Erneuerungsprozesse

Wieder sei unter Erneuerung eines Systems (oder einer Einheit) der Ersatz durch eine intakte Reserve oder eine vollständige Reparatur verstanden und unter Ausfallabstand das Zeitintervall zwischen zwei aufeinanderfolgenden Erneuerungen. Die Erneuerungstheorie befaßt sich in erster Linie mit Summen unabhängig, identisch verteilter Ausfallabstände und mit der Anzahl der in einem bestimmten Zeitintervall erfolgten Erneuerungen. Im Gegensatz zu Kapitel 4 müssen nicht exponential verteilte Intakt- und Wiederherstellungszeiten vorausgesetzt werden.

5.1 Zuverlässigkeit und Erneuerungen

Zunächst nehmen wir an, daß Wiederherstellungszeiten im Vergleich zu Intaktzeiten vernachlässigt werden können. Dann fällt das System erst aus, wenn keine Erneuerung mehr möglich ist, sei es, weil die Reserveeinheiten aufgebraucht, sei es, weil keine Zeit oder keine Mittel mehr für weitere Reparaturen vorhanden sind. Falls also Wiederherstellungszeiten vernachlässigt werden, ist die Verfügbarkeit des Systems gleich seiner Zuverlässigkeit. Das (endgültig) ausgefallene System kann nicht erneuert werden. Wieder soll vorausgesetzt werden, daß das System nur zweierlei Funktionszustände annehmen kann. Es ist entweder intakt oder ausgefallen.

5.1.1 Definition eines Erneuerungsprozesses [55, 62, 82]

Unter einem Erneuerungsprozeß versteht man eine Folge $\eta = \{X_i | i \geq n\}$ positiver, s-unabhängiger Zufallsvariablen X_i, die - eventuell mit Ausnahme von X_1 - alle dieselbe Verteilungsfunktion $F(x)$ besitzen. Die Zufallsvariablen X_i seien vollständig verteilt (vgl. Kapitel 2.1.2)

Wir deuten X_i als die i-te Intaktzeit eines fehlertoleranten Systems nach der i-ten Wiederherstellung, bzw. als die Lebensdauer des i-ten zum Einsatz kommenden Reserveelements (Fig. 5.1). Da dieses Reserveelement im Augenblick des Einsatzes als intakt vorausgesetzt wird, entspricht es einer kalten Reserve. Die Lebensdauer des ursprünglichen Systems kann eine von $F(t)$ verschiedene Verteilungsfunktion $F_1(t)$ besitzen. Dadurch können wir z. B. zulassen, daß der Beobachtungsbeginn nicht mit dem Zeitpunkt der Inbetriebnahme des Systems zusammenfällt. Dann ist $F_1(t)$ die Verteilungsfunktion der Restintaktzeit vom Zeitpunkt des Beobachtungsbeginns an gerechnet (vergleiche Kapitel 2.2). Oder wir dürfen annehmen, daß die Lebensdauer des noch nicht reparierten Systems ein anderes Verhalten zeigt, als seine Intaktzeiten nach Reparaturen. Dies wäre zum Beispiel der Fall, wenn ursprünglich ein TMR-System vorliegt, das dann aber durch eine einzelne Einheit ersetzt wird.

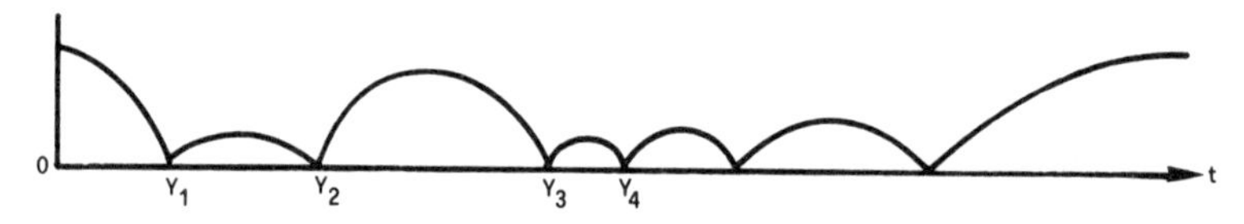

Fig. 5.1 Erneuerungsprozeß (Y_i Erneuerungspunkte)

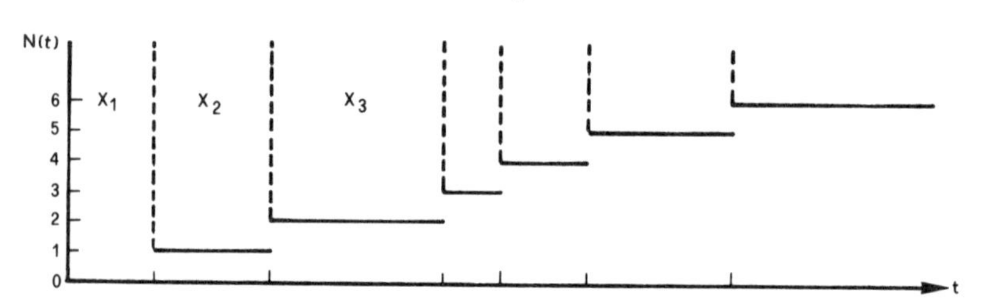

Fig. 5.2 Zählprozeß

Der Erneuerungsprozeß heißt einfach, wenn $F_1(t) \equiv F(t)$ gilt. Wir definieren die Zufallsgrößen Y_n als $Y_n = \sum_{i=1}^{n} X_i$, $Y_0 = 0$, und nennen auch $\{Y_n | n \geq 0\}$ einen Erneuerungsprozeß.

Besteht also die Reserve aus r-1 Ersatzsystemen, so ist die Lebensdauer $L = X_1 + \sum_{i=1}^{r-1} X_{i+1} = Y_r$ und zum Zeitpunkt Y_n findet die n-te Erneuerung statt. Die Zuverlässigkeit bzw. die Verfügbarkeit des Systems ist somit

$$R_r(t) \equiv A(t) = 1 - F_{(r)}(t) \text{ mit } F_{(r)}(t) = P\{Y_r \leq t\}. \tag{5.1}$$

Da Y_r Summe s-unabhängiger Zufallsgrößen ist, gilt

$$F_{(r)}(t) = (F_1 * F^{*(r-1)})(t) = ([F_1 * F^{*(r-2)}]*F)(t) = \qquad (5.2)$$

$$(F_{(r-1)}*F)(t), \quad r \geq 1.$$

Es bedeutet $*$ die Faltung für Verteilungsfunktionen und F^{*r} die r-1-fache Faltung von F(t) mit sich selbst. Das heißt,

$$F^{*0}(t) = \Theta(t) = \begin{cases} 0 \text{ für } t < 0 \\ 1 \text{ für } t \geq 0 \end{cases}, \quad F^{*1}(t) = F(t)$$

und

$$F^{*n}(t) = (F^{*(n-1)}*F)(t) = \int_0^t F^{*(n-1)}(t-u)dF(u), \; n \geq 1 . \qquad (5.3)$$

Insbesondere ist $F_{(1)} \equiv F_1$.

Formel (5.2) sei für r=2 hergeleitet.

$$F_{(2)}(t) = P\{Y_1+Y_2 \leq t\} = \int_0^\infty P\{Y_1 \leq t-u | Y_2=u\}dF(u) =$$

$$\int_0^\infty P\{Y_1 \leq t-u\}dF(u) = \int_0^t F_1(t-u)dF(u) = (F_1*F)(t),$$

da Y_1 und Y_2 s-unabhängig sind und $F(x) = 0$ für $x < 0$ gilt. Auf dieselbe Weise erhält man auch $F_{(2)}(t) = (F*F_1)(t)$.

Falls die Dichten $f_1(t) = \frac{d}{dt} F_1(t)$ und $f(t) = \frac{d}{dt} F(t)$ existieren, erhalten wir für die Dichte von $F_{(n)}(t)$ die Beziehung

$$f_{(n)}(t) = \int_0^t f^{*(n-1)}(t-u) \; f_1(u)du .$$

L-Transformation ergibt

$$^L f_{(n)}(s) = [^L f(s)]^{n-1} \cdot f_1(s) , \qquad (5.4)$$

da die Zufallsvariablen X_i, i=2,3,..., s-unabhängig und identisch verteilt sind. Dann gilt nämlich

$$f_1(s) = \int_0^\infty e^{-sx} f_1(x)dx = E(e^{-sX_1}) \quad \text{und} \qquad (5.5)$$

$$^L f^{*(n-1)}(s) = E(\exp[-s \sum_{i=2}^n X_i]) = [E(\exp[-sX])]^{n-1} = [^L f(s)]^{n-1}.$$

<u>Zuverlässigkeit</u>

Für die Zuverlässigkeit eines Systems, das aus der ursprünglichen Einheit und r-1 Reserveeinheiten besteht, erhält man nun aus (5.2) folgende Gleichung ($R_1 = 1-F_1$)

$$R_r(t) = P\{L \geq t\} = 1 - F_{(r)}(t) = \tag{5.6}$$

$$1 - ([1 - R_1]*F^{*(r-1)})(t) = \hat{R}_{r-1}(t) + (R_1*F^{*(r-1)})(t) ,$$

wobei $\hat{R}_{r-1}(t)$ die Zuverlässigkeit eines Systems aus r Einheiten mit identischen Verteilungen der Intaktzeiten ist, das heißt, mit $F_1(t) \equiv F(t)$.

Ebenso gilt für die Zuverlässigkeit auch

$$R_r(t) = 1 - (F^{*(r-1)}*F_1)(t) = 1 - ([1 - \hat{R}_{r-1}]*F_1)(t) = \tag{5.7}$$

$$R_1(t) + (\hat{R}_{r-1}*F_1)(t)$$

oder

$$R_r(t) = R_{r-1}(t) + (R*F_{(r-1)})(t). \tag{5.8}$$

Insbesonders die letzten beiden Gleichungen erinnern an die "Methode des ersten Schrittes".

<u>Zählprozeß</u>

Jedem Erneuerungsprozeß $\{Y_k | k \geq 0\}$ ist ein Zählprozeß $\{N(t) | t \geq 0\}$ zugeordnet, mit der Eigenschaft

$N(t) = n$ genau dann, wenn $Y_n \leq t$ und $Y_{n+1} > t$, $t \geq 0$ (vgl. Fig. 5.2

Der Wert von N(t) ist demnach die Zahl der Erneuerungen, die bis einschließlich t stattgefunden haben. (t=0 ist kein Erneuerungspunkt). Nun ist $N(t) \geq n$ dann und nur dann, wenn $Y_n \leq t$ ist; also

$$P\{N(t) \geq n\} = P\{Y_n \leq t\} = F_{(n)}(t)$$

und

$$P\{N(t) = n\} = F_{(n)}(t) - F_{(n+1)}(t). \tag{5.9}$$

Für den Erwartungswert gilt

$$E(N(t)) = \sum_{n=0}^{\infty} n\, P\{N(t)=n\} = \sum_{n=0}^{\infty} n[F_{(n)}(t) - F_{(n+1)}(t)] = \tag{5.10}$$

$$\sum_{n=1}^{\infty} F_{(n)}(t) \text{ für } t \geq 0 \text{ und } E(N(t)) = 0 \text{ für } t < 0.$$

Bemerkung: Voraussetzung für (5.10) ist $\lim_{n\to\infty} nF_{(n)} \equiv 0$. Einen Beweis dafür findet man in [62]. Der Erwartungswert von N(t) ist endlich ($0 \leq t < \infty$).

5.1.2 Der Poisson-Prozeß (vgl. Anhang A.6)

Der Poisson-Prozeß ist ein einfacher Erneuerungsprozeß mit exponential verteilten Intaktzeiten. Es ist also $F_1(t) = F(t) = 1-\exp[-\alpha t]$, $t \geq 0$, $\alpha > 0$. In diesem Fall erhalten wir für die Unzuverlässigkeit $1-R_r(t)$ eine Erlang-Verteilung, wobei für die Zuverlässigkeit gilt

$$R_r(t) = e^{-\alpha t} \sum_{i=0}^{r-1} \frac{(\alpha t)^i}{i!} . \tag{5.11}$$

Für den Zählprozeß folgt aus (5.9)

$$P\{N(t)=n\}=e^{-\alpha t} \frac{(\alpha t)^n}{n!} , n=0,1,2,...,r-1. \tag{5.12}$$

Wenn ein Erneuerungsprozeß vorliegt, das heißt, wenn das System beliebig oft erneuert werden kann, gilt natürlich

$$R_\infty(t) = e^{-\alpha t} \sum_{r=0}^{\infty} \frac{(\alpha t)^r}{r!} = 1 \quad \text{und} \tag{5.13}$$

$$E(N(t)) = \alpha t. \tag{5.14}$$

Speziell für das Duplexsystem (r=2) erhalten wir

$$R_2(t) = 1 - \int_0^t F(t-u)dF(u) = e^{-\alpha t}[1+\alpha t] \text{ und}$$

$$P\{N(t) = 1\} = \alpha t e^{-\alpha t}; \; E(L) = 2/\alpha \; [ZE].$$

Für ein Duplexsystem mit einem 1 aus 2 -Z-Netz und heißer Redundanz gilt dagegen (vgl. Kapitel 2):

$$R(t) = e^{-\alpha t}(2-e^{-\alpha t}).$$

Numerisches Beispiel, vergleiche Figur 5.3

	$R_2(t)$	L	P{N(t)=1}
Duplexsystem	.9098	4	.30
heiße Reserve	.8452	3	.37

Tab. 5.1 $\alpha = 1/2$, $t = 1$

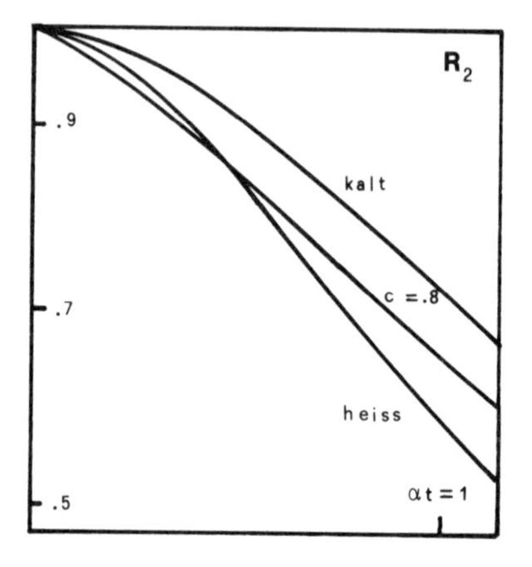

Fig. 5.3 Duplexsysteme

Der Vergleich beider Duplexsysteme ist jedoch unvollständig, da das System mit kalter Redundanz zusätzliche Hardware benötigt, z. B. Schalter oder Fehlerdetektoren. Falls deren Funktionswahrscheinlichkeit c (Überdeckungsfaktor) vom Verhalten der Einheiten s-unabhängig, sowie zeitunabhängig ist, erhält man statt $R_2(t)$ die Beziehung $R_2^c(t) = R(t) - cR^{*2}(t) = e^{-\alpha t}(1+\alpha ct)$, vergleiche Fig. 5.3. Außerdem muß die kalte Reserve im allgemeinen erst aktualisiert werden (Wiederanlauf), bevor sie eingesetzt werden kann. Dieser Vorbehalt gilt sinngemäß auch für die noch folgenden Gegenüberstellungen.

Schätzen der Zuverlässigkeit

Angenommen, wir wissen zwar, daß Einheiten eine (näherungsweise) konstante Ausfallrate α besitzen, aber deren Wert kennen wir nicht. Um einen Schätzwert für ihre Zuverlässigkeit zu erhalten, beobachten wir N Einheiten bis zum Zeitpunkt T und ersetzen jeweils die ausgefallenen Einheiten durch neue. Die Intaktzeiten einer Einheit bilden dann einen Poisson-Prozeß und die Überlagerung der N s-unabhängigen Poisson-Prozesse ist wieder ein Poisson-Prozeß mit der

Intensität αN(vgl. dazu Anhang A.6). Ist nun $N(T)$ die Zahl aller Ausfälle bis T, so gilt also

$$P_\alpha\{N(T) = r\} = \frac{(\alpha NT)^r}{r!} e^{-\alpha NT}$$

und für $R^e(t) = [1 - \frac{t}{NT}]^{N(T)}$, $t \leq NT$, erhalten wir die Beziehung

$$E_\alpha(R^e(t)) = \sum_{r\geq 0} [1 - \frac{t}{NT}]^r \frac{\lambda^r}{r!} e^{-\lambda} = e^{-\lambda}e^{\lambda-\lambda(t/NT)} = e^{-\alpha t} \text{ mit } \lambda = \alpha NT.$$

Somit ist $R^e(t)$ eine erwartungstreue Schätzung für die Zuverlässigkeit einer Einheit, deren Lebensdauer exponential verteilt ist. Es läßt sich zeigen, daß $N(T)$ eine vollständige und für die Verteilungen P_α suffiziente Statistik ist [66].

5.1.3 Beispiele für gleitende Reserve und Kannibalisierung

Wir wollen nun zwei Beispiele für die Anwendung der Formeln (5.6) bis (5.8) betrachten.

Gleitende Reserven

Für ein 1 aus 2 -System mit heißer Redundanz sei eine weitere Reserveeinheit E_3 vorgesehen, die sich in kalter Reservestellung befindet und bei Bedarf eine der beiden Einheiten E_1 oder E_2 ersetzen kann (gleitende Reserve; vgl. auch Kapitel 4.5.3 und Fig. 5.4).

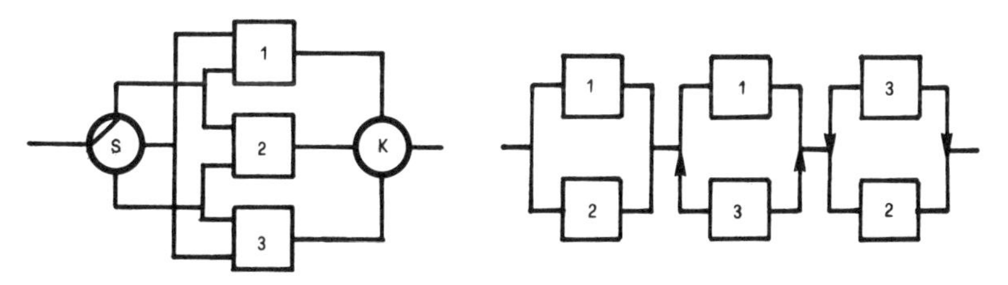

Fig. 5.4 Gleitende Reserve
K Komparator, S Schalter

Fig. 5.5 Z-Netz

Reparaturen sind dagegen nicht vorgesehen. Dieses System hat gegenüber einer einzelnen Einheit mit zwei kalten Reserveeinheiten den Vorteil, daß sich Fehler durch Vergleich der aktiven Einheiten leicht erkennen lassen. Für die Zuverlässigkeit erhalten wir

$R_g(t) = R_E(t)^2 - c(R_d * R_E^2)(t)$ mit $R_d(t) = 2R_E(t) - R_E(t)^2$, c Überdeckungsfaktor. Nach dem ersten Ausfall haben wir ein 1 aus 2 - System vor uns, während $F_1(t) = 1 - R_E(t)^2$ ist. Exponential verteilte Intaktzeiten ergeben (c=1):

$$R_g(t) = [4 - (3+2\alpha t)e^{-\alpha t}]\ e^{-\alpha t}.$$

Wir betrachten nun ein Seriensystem mit s Einheiten gleicher Zuverlässigkeit und einer gleitenden Reserve von r Einheiten, die eine warme Redundanz darstellen. Die Zuverlässigkeit des Schalters S berücksichtigen wir durch den Überdeckungsfaktor c. Der Schalter sei vom Verhalten der Einheiten unabhängig und c zeitlich konstant. Die Zuverlässigkeit der Reserveeinheiten sei $R_W(t) = \exp[-\beta t]$, die einer aktiven Einheit $R(t) = \exp[-\alpha t]$. Außerdem sei $\delta = s\alpha/\beta > 1$ ganzzahlig. Die Zuverlässigkeit des Systems R(t) ist dann [53]

$$R(t) \equiv R^c_{r+1}(t) = R^c_r(t) + \int_0^t c^r\ R(t-u)^s\ R_W(u)\ dF_r^{c=1}(u) =$$

$$R^c_r(t) - c^r\ e^{-s\alpha t} \int_0^t e^{-(\beta - s\alpha)u}\ dR^1_r(u),\ r \geq 1$$

mit $R^c_1(t) = R^{c=1}_1(t) = [R(t)]^s$.

Die Zuverlässigkeit R(t) des Systems ergibt sich als Summe aus
(1) der Wahrscheinlichkeit dafür, daß bis t r-1 Reserveeinheiten ausreichen und, falls bis t bereits r-1 Einheiten ausfallen,
(2) der Wahrscheinlichkeit, daß jedesmal die Reserve zugeschaltet werden kann, die letzte Reserveeinheit noch intakt ist und das so wiederhergestellte System bis t funktionstüchtig bleibt.
Durch Induktion über r erhält man (vgl. Fig. 5.6)

$$R(t) = e^{-s\alpha} \sum_{i=1}^{r+1} \binom{\delta+i-2}{i-1} (1 - e^{-\beta t})^{i-1} \cdot c^{i-1},\ r \geq 0.$$

Man beachte aber, daß im allgemeinen der Überdeckungsfaktor mit wachsender Anzahl der Reserveeinheiten kleiner wird, z. B. dann, wenn die Intaktwahrscheinlichkeit der Schaltermatrix (vgl. Kapitel 3.1.1) mit zunehmender Komplexität abnimmt.

<u>Übung</u>: Man betrachte die Spezialfälle $\delta = c = 1$ und $\beta = 0$.

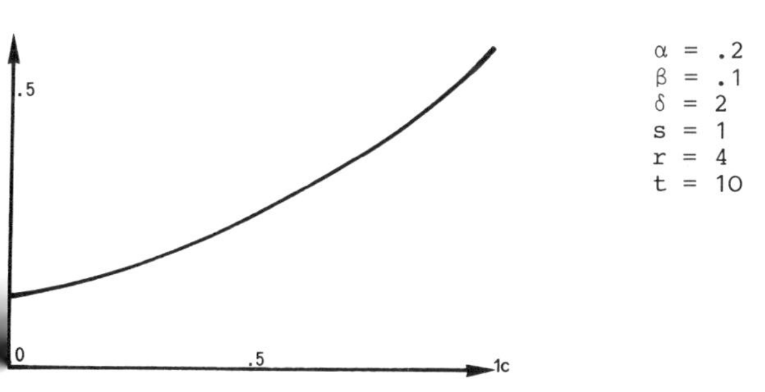

Fig. 5.6 Einfluß des Überdeckungsfaktors

Kannibalisierung

Unter Kannibalisierung sei hier folgendes verstanden. Bedingt durch gewisse Ereignisse werden noch intakte Einheiten aus dem System entfernt mit dem Ziel, das System zuverlässiger zu machen. (Die entfernten Einheiten können dann gegebenenfalls weiter verwendet werden). Daß dieses Vorgehen zuweilen zum Erfolg führt, insbesonders dann, wenn die Einheiten eine konstante Ausfallrate haben, soll nun gezeigt werden.

Ausgehend von einem TMR-System wird beim ersten Ausfall einer Einheit die ausgefallene Einheit (im allgemeinen diejenige Einheit, deren Ausgabe nicht mit der der übrigen übereinstimmt und die somit leicht auszumachen ist), sowie eine der beiden intakten Einheiten entfernt. Wie groß ist die Zuverlässigkeit dieses Systems? Es werden konstante Ausfallraten vorausgesetzt. Dann gilt (c=1)

$F_1(t) = 1 - R_E(t)^3$ und $F(t) = 1 - R_E(t)$.

Also $R_K(t) = R_E(t)^3 + (R_E * F_1)(t)$.

Wird nun die ausgeschaltete, intakte Einheit weiter verwendet (zunächst als kalte Reserve), so folgt

$R(t) = R_K(t) + (R_E * F_K)(t)$ mit $F_K(t) = 1 - R_K(t)$.

Man beachte, daß die intakte Reserveeinheit zum Zeitpunkt ihrer Wiederverwendung wie neu ist (Gedächtnislosigkeit der Exponentialfunktion).

Numerisches Beispiel: $\alpha t = 1/2$

R_E	R_{TMR}	R_K	R	R_g
.6065	.6574	.7982	.9656	.9546

Tab. 5.2

$$R_K(t) = 1/2\; e^{-\alpha t}\,(3 - e^{-2\alpha t})$$

$$R(t) = 1/4\; e^{-\alpha t}\,(3 + 6\alpha t + e^{-2\alpha t}).$$

5.2 Erneuerungsfunktion

Man nennt $H(t) = E(N(t))$ die Erneuerungsfunktion und, falls die Ableitung existiert, $h(t) = \frac{d}{dt} H(t)$ die Erneuerungsdichte des Erneuerungsprozesses η. Für $H(t)$ erhält man aus (5.2) durch Summation die sogenannten Erneuerungsgleichungen

$$H(t) - F_1(t) = (H * F)(t) = \int_0^t H(t-u)\,dF(u),\ t > 0 \tag{5.15}$$

und

$$H(t) - F_1(t) = (F_1 * \hat{H})(t) = \int_0^t F_1(t-u)\,d\hat{H}(u),\ t > 0 \tag{5.16}$$

mit

$$\hat{H}(t) = \sum_n F^{*n}(t) = F(t) + (F * \hat{H})(t), \tag{5.17}$$

deren Lösung durch (5.10) gegeben ist. Die Erneuerungsfunktion läßt sich auch folgendermaßen interpretieren. Es ist $H(t+\Delta)-H(t)$ die Wahrscheinlichkeit für eine Erneuerung im Zeitintervall $[t,t+\Delta]$ bei hinreichend kleinem Δ. Dann ist nämlich diese Wahrscheinlichkeit

$$\sum_{k=1}^{\infty} P\{t \leq Y_k \leq t+\Delta\} = \sum_k F_{(k)}(t+\Delta) - \sum_k F_{(k)}(t).$$

Wählen wir

$$F_1(t) = \frac{1}{\sigma}\int_0^t R(u)\,du \text{ mit } R(u) = 1-F(u) \text{ und } \sigma = \int_0^\infty R(u)\,du, \tag{5.18}$$

dann läßt sich sofort die Beziehung

$$H(t) = \frac{t}{\sigma},\ t \geq 0 \tag{5.19}$$

herleiten (siehe unten). Das heißt aber, die zu erwartende Anzahl der Erneuerungen im Intervall $[t,t+\tau]$ hängt nicht von t, sondern nur von der Länge τ des Intervalls ab. Deshalb wird ein Erneuerungsprozeß, für den $F_1(t)$ durch (5.19) gegeben ist, stationär genannt. Man kann zudem zeigen, daß jeder Erneuerungsprozeß zu einem stationären Erneuerungsprozeß wird, wenn wir den Beginn unserer Beobachtungen so legen, daß der Prozeß bereits sehr (d. h. unendlich) lange läuft [62] (vgl. dazu 1. Übung S. 162 bzw. S. 194).

Wenn wir auf (5.15) die L-Transformation anwenden, dann erhalten wir

$$^{L}H(s) - {}^{L}F_1(s) = {}^{L}H(s)\ {}^{L}f(s) = {}^{L}H(s)\cdot s\cdot {}^{L}F(s),$$

also $^{L}H(s) = \dfrac{^{L}F_1(s)}{1-s\cdot {}^{L}F(s)}$ und für die Erneuerungsdichte

$$^{L}h(s) = s\ {}^{L}H(s) = \frac{^{L}f_1(s)}{1-{}^{L}f(s)} \tag{5.20}$$

Es ist also H(t) durch die beiden Verteilungsfunktionen F und F_1 eindeutig bestimmt.

Wir wollen nun (5.19) herleiten. Dazu definieren wir $\varepsilon(x)=x\Theta(x)$ und verwenden

$$F_1(t) = \frac{1}{\sigma}\int_{o+}^{t} R(u)\,du = \frac{1}{\sigma}\,(R*\varepsilon)(t)\ . \tag{5.21}$$

Mit (5.15) und (5.16) folgt

$$H(t) = F_1(t) + (F_1*\hat{H})(t) = \frac{1}{\sigma}[R*\varepsilon + R*\varepsilon*\hat{H}](t) =$$

$$\frac{1}{\sigma}\,(\varepsilon - F*\varepsilon + [\hat{H} - F*\hat{H}]*\varepsilon)(t) = \frac{1}{\sigma}\,\varepsilon(t) = \frac{t}{\sigma}\,\Theta(t).$$

Erneuerungsprozesse, die weder stationär noch einfach sind, heißen modifiziert.

Übung: Man zeige, daß der Poisson-Prozeß der einzige, einfache, stationäre Erneuerungsprozeß ist.

Übung: Man zeige, daß für die Dichte $f_n(t)$ eines stationären Erneuerungsprozesses gilt: $\sigma\ f_n(t) = F^{*(n-1)}(t) - F^{*n}(t)$.

Übung: Man zeige, daß für Erlang-verteilte Intaktzeiten T vom Grad (vgl. (4.6.7))

$$H(t) = e^{-\beta t} \sum_{n=1}^{\infty} \sum_{j=nk}^{\infty} \frac{(\beta t)^j}{j!}$$

die Erneuerungsfunktion des einfachen Erneuerungsprozesses ist und

daß $\lim_{t\to\infty} H(t) / t = 1/E(t)$ (5.22)

gilt.

Bemerkung: Die Grenzwertgleichung (5.22) gilt ganz allgemein und die Aussage des sogenannten "Elementaren Erneuerungstheorems" [29 55, 62].

5.3 Alternierende Erneuerungsprozesse

Wir wollen jetzt auch nicht vernachlässigbare Wiederherstellungszeiten berücksichtigen, das heißt, das System kann sich zeitweilig im Funktionszustand 0 befinden. Dann haben wir einen alternierenden Erneuerungsprozeß vor uns. Intaktzeiten wechseln sich mit Ausfallzeiten ab, vgl. Fig. 5.7. Vorausgesetzt sei wieder, daß das System zu Beginn intakt ist. Falls wir nur Punkte der Erneuerungen betrachten, d. h. nur die Ausfallabstände zählen, haben wir einen Erneuerungsprozeß vor uns, wie wir ihn in 5.1 kennengelernt haben.

Ist nun G(t) die Verteilungsfunktion s-unabhängiger Ausfallabstände B_i $(i\geq 2)$ und $G_1(t)$ die des ersten Ausfallabstandes, so gelten die Formeln (5.15), (5.16) und (5.17) sinngemäß. Insbesondere gilt, wenn wir die Erneuerungsfunktion dieses Prozesses mit

$H_G(t) = \sum_{n=1}^{\infty} G_{(n)}(t)$ und $\hat{H}_G(t) = \sum_{n=1}^{\infty} G(t)^{*n}$ bezeichnen:

$$H_G(t) = G_1(t) + (H_G * G)(t) \qquad (5.23)$$

und

$$\hat{H}_G(t) = G(t) + (G * \hat{H}_G)(t). \qquad (5.24)$$

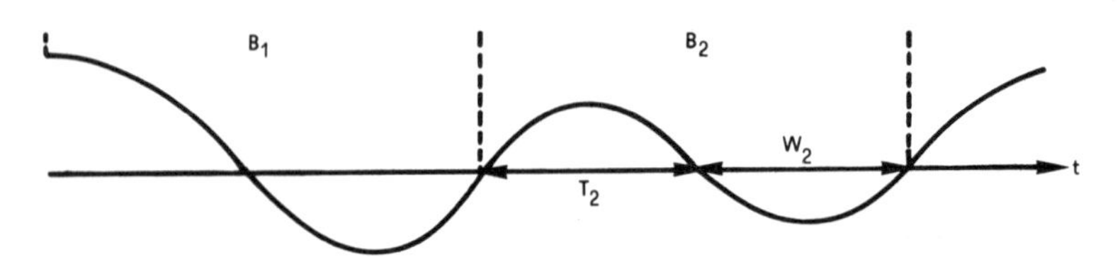

Fig. 5.7 Alternierender Erneuerungsprozeß

ırfen wir zudem voraussetzen, daß Intakt- und Wiederherstellungs-
eiten untereinander s-unabhängig sind, so ist

$$_1(t) = (F_1 * M_1)(t) \tag{5.25}$$

ıd

$$(t) = (F*M)(t) \tag{5.26}$$

it F bzw. F_1 der Verteilungsfunktion der Intaktzeiten bzw. der
ebensdauer und M (M_1) die Verteilungsfunktion der Wiederherstel-
ıngszeiten.

ır betrachten jetzt einen einfachen, alternierenden Erneuerungs-
rozeß mit den Dichten $f(t) = \dot{F}(t)$ und $m(t) = \dot{M}(t)$.
ir die L-Transformierte der Dichte von G(t) gilt dann

$$_1(s) = {}^Lg(s) = {}^Lf(s) \cdot {}^Lm(s)$$

ıd aus (5.23) folgt für die L-Transformierte der Erneuerungsdichte

$$_G(s) = \frac{{}^Lg(s)}{1-{}^Lg(s)} = \frac{{}^Lf(s) \cdot {}^Lm(s)}{1-{}^Lf(s) \cdot {}^Lm(s)} \;. \tag{5.27}$$

ıhlen wir aber statt der Erneuerungspunkte die Ausfallpunkte,
ınn haben wir einen modifizierten Erneuerungsprozeß vor uns mit
(t) = F(t) statt G(t) und der Erneuerungsdichte

$$_G^a(s) = \frac{{}^Lf(s)}{1-{}^Lf(s) \cdot {}^Lm(s)} \;. \tag{5.28}$$

rgleiche Figur 5.7.

<u>ispiel</u>: Konstante Ausfall- und Wiederherstellungsraten, $\alpha \neq \mu$.

$$(s) = \frac{\alpha\mu}{(\mu-\alpha)(\alpha+s)} + \frac{\alpha\mu}{(\alpha-\mu)(\mu+s)}, \text{ also}$$

$$t) = \frac{-1}{\mu-\alpha} [\alpha m(t) - \mu f(t)] \text{ und } E(B) = \frac{\alpha+\mu}{\alpha\mu} \;.$$

r den stationären Prozeß gilt

$$(t) = \frac{1}{E(B)} \int_o^t G(u)du = 1 - \frac{1}{\alpha^2-\mu^2} [\alpha^2 e^{-\mu t} - \mu^2 e^{-\alpha t}].$$

5.4 Verfügbarkeit und Erneuerungen

Für die Verfügbarkeit eines fehlertoleranten Systems, das k-mal e neuert werden kann, erhalten wir mit der Methode des ersten Schri tes wieder eine Erneuerungsgleichung. Wieder sei G(t) die Verteilungsfunktion der s-unabhängig, identisch verteilten Ausfallabstä de und $R_1(t)$ bzw. R(t) die Zuverlässigkeit des Systems, bzw. die komplementäre Verteilungsfunktion seiner Intaktzeiten. Also ist $R_1(t)$ die Wahrscheinlichkeit dafür, daß im Intervall [0,t] kein Ausfall erfolgt und die Verfügbarkeit ist die Summe der Wahrschei lichkeiten dafür, daß in diesem Intervall das System kein-, ein-, zweimal u.s.f. ausfällt und jeweils nach dem letzten Ausfall bis zum Intervallende intakt bleibt. Somit ist die Verfügbarkeit A(t) des Systems gleich

$$A(t) = R_1(t) + \sum_{i=1}^{k} (R*G_{(i)})(t). \qquad (5.2$$

Sind Erneuerungen ohne Einschränkung möglich und ist $H_G(t)$ die Er neuerungsfunktion dieses Prozesses, dann folgt daraus (Summe und Integral dürfen vertauscht werden [9])

$$A(t) = R_1(t) + (R*H_G)(t). \qquad (5.3$$

Für stationäre Prozesse ist $H_G(t) = t/E(B)$; also gilt für diese Prozesse

$$A(t) = R_1(t) + \frac{1}{E(B)} \int_0^t R(t-u)du = R_1(t) + \frac{1}{E(B)} \int_0^t R(u)du =$$

$$R_1(t) + \frac{1}{E(B)} \left[E(T) - \int_t^\infty R(u)du\right]$$

$$\text{und } A_\infty = \lim_{t\to\infty} A(t) = \frac{E(T)}{E(B)} = \frac{E(T)}{E(T)+E(W)} \;.$$

L-Transformation von (5.30) liefert

$${}^{L}A(s) = \frac{1}{s}\,(1 - {}^{L}f_1(s)) + \frac{1}{s}\,(1 - {}^{L}f(s)) \cdot {}^{L}h_G(s). \qquad (5.3$$

Für $R_1(t) = R(t)$ folgt daraus

$${}^{L}A(s) = \frac{1}{s}\,(1 - {}^{L}f(s))(1 + {}^{L}h_G(s)) = \frac{1}{s}\,\frac{1-{}^{L}f(s)}{1-{}^{L}f(s)\,{}^{L}m(s)} =$$

$$\frac{1}{s} - \frac{1}{s}\,\frac{{}^{L}f(s)}{1-{}^{L}f(s)\,{}^{L}m(s)} + \frac{1}{s}\,\frac{{}^{L}f(s)\cdot{}^{L}m(s)}{1-{}^{L}f(s)\,{}^{L}m(s)} = \frac{1}{s} + \frac{1}{s}\,h_G(s) - \frac{1}{s}\,h_G^a(s).$$

Also ist die Verfügbarkeit

$$A(t) = P\{z(t) = 1\} = 1 + H_G(t) - H_G^a(t) \tag{5.32}$$

gleich der Differenz der zu erwartenden Anzahlen der Erneuerungen und Ausfälle erhöht um 1. Dies läßt sich auch direkt zeigen und zwar mit $z(t) = 1 + N(t) - N^a(t)$, $N^a(t)$ Zahl der Ausfälle bis t.

Beispiel: Konstante Ausfall- und Wiederherstellungsraten.
Wir verwenden die Formel (5.31) und erhalten

$$L_{A(s)} = \frac{1}{s}\,\frac{1-\alpha/\alpha+s}{1-\alpha/(\alpha+s)\cdot\mu/(\mu+s)} = \frac{\mu+s}{s(\alpha+\mu+s)} = \frac{\mu}{\alpha+\mu}\left(\frac{1}{s} + \frac{\alpha}{\mu}\,\frac{1}{s+\alpha+\mu}\right).$$

Also: $A(t) = f(\alpha,\mu,t)$, siehe (4.25).

Übung: Man berechne die stationäre Verfügbarkeit eines Seriensystems aus zwei Einheiten, von denen jeweils nur eine repariert werden kann, und vergleiche mit (4.38).

Übung: Man berechne $H_G(t)$ und $H_G^a(t)$ für das letzte Beispiel und vergleiche das Ergebnis mit (4.30).

Stationäre Verfügbarkeit

Wenn wir nun in (5.30) zum Limes $t\to\infty$ übergehen, erhalten wir die bekannte Aussage $A_\infty = A$. Denn

$$A_\infty = \lim_{t\to\infty} A(t) = \lim_{t\to\infty} R_1(t) + \lim_{t\to\infty} \int_0^t R(t-u)\, dH_G(u) =$$

$$0 + 1/E(B) \int_0^\infty R(t)dt = E(T)/E(B) = A.$$

Voraussetzung dabei ist, daß die Ausfallabstände nicht arithmetisch verteilt, d. h. Vielfache eines festen Intervalls, sind. Der zweite Umformungsschritt ist eine Folge des "fundamentalen Erneuerungstheorems".

Satz (Fundamentales Erneuerungstheorem): Es sei g(t) monoton, beschränkt und $\int_0^\infty |g(t)|dt < \infty$. Ferner habe der Erneuerungsprozeß eine nicht arithmetische (Erneuerungs-) Verteilungsfunktion G(t). Dann gilt für Z(t) - gegeben durch

$$Z(t) = g(t) + \int_0^t g(t-u)\, dH_G(t) \tag{5.33}$$

die Grenzwertbeziehung

$$\lim_{t\to\infty} Z(t) = \frac{1}{\sigma} \int_0^\infty g(t)dt$$

mit $\sigma = \int_0^\infty G(u)du$.

Wählt man nun $g(x) = 1$ für $0 \leq x \leq \Delta$ und $g(x) = 0$ sonst, dann erhält man aus dem Fundamentalsatz das sogenannte Blackwellsche Erneuerungstheorem

$$\lim_{t\to\infty} [H_G(t+\Delta) - H_G(t)] = \frac{\Delta}{\sigma} . \tag{5.34}$$

Ebenso leicht läßt sich aus dem Fundamentalsatz die Grenzwertbeziehung (5.22) herleiten, indem man

$$g(x) = \frac{1}{\sigma} \int_x^\infty \overline{G(x)}dx, \text{ mit } \bar{G} = 1 - G$$

wählt. Der Beweis des Fundamentalsatzes in seiner vollen Allgemeinheit würde den vorgegebenen Rahmen dieses Buches überschreiten. Man findet ihn z. B. in [55, 62, 75].

Übung: Man zeige, daß für die komplementäre Verteilungsfunktion $\overline{R_t(x)} = P\{r_t > t\}$ der Restintaktzeit $r_t = Y_{N(t)+1}-t$ der zur Zeit t aktiven Einheit (Vorwärtsrekurrenzzeit) gilt:

$$\lim_{t\to\infty} R_t(x) = \frac{1}{E(T)} \int_x^\infty R(u)du.$$

Übung: Man bestimme den Verfügbarkeitskoeffizienten eines Systems, das (gemäß Kapitel 5.1) erneuert und zusätzlich nach einer effektiven Betriebsdauer von τ [ZE] gewartet wird.

Anhang

A.1 Graphen

Ein Graph G = (V,E) ist ein geordnetes Paar bestehend aus der Menge V der Knoten und der Menge E der Kanten. Kanten sind entweder gerichtete Knotenpaare aus V × V (gerichteter Graph) oder ungerichtete Knotenpaare (ungerichteter Graph . Für ungerichtete Knotenpaare schreiben wir $\{v_i,v_j\}$.)G habe keine Schleifen, also keine Kanten von der Art (v_i,v_i), $v_i \in V$. G' = (V',E') ist ein Untergraph von G, falls V' ⊆ V und E' ⊆ E; G' spannt G auf, wenn V' = V.

Ein Weg (oder Kantenzug) in einem gerichteten bzw. ungerichteten Graphen G vom Knoten v_1 zum Knoten v_n ist eine Folge von Kanten aus G der Gestalt $(v_1,v_2)(v_2,v_3)\ldots(v_{n-1},v_n)$ bzw. der Gestalt $\{v_1,v_2\}\{v_2,v_3\}\ldots\{v_{n-1},v_n\}$. In einfachen Wegen sind mit Ausnahme des Anfangs- und des Endknotens alle Knoten verschieden. Ein einfacher Weg mit gleichem Anfangs- und Endknoten heißt Zykel. Zwei Wege in G von v_1 nach v_n sind kanten- (knoten)-disjunkt, falls sie keine gemeinsamen Kanten bzw. Knoten (mit Ausnahme von v_1 und v_n) besitzen. Die Länge eines Weges ist gleich der Anzahl seiner Kanten.

Ein (gerichteter) Graph G ist (streng) zusammenhängend, wenn von jedem Knoten aus G zu jedem anderen wenigstens ein Weg existiert. Jeder maximale, zusammenhängende Untergraph von G bildet eine Komponente. Ein zusammenhängender, ungerichteter Graph ohne Zykel heißt Baum.

Es sei G ungerichtet und $v_i \in V$. Die Zahl d_i der von v_i ausgehenden Kanten heißt Grad des Knotens v_i. Ist dagegen G gerichtet, so unterscheidet man zwischen dem Eingangsgrad d_i^- (Zahl der nach v_i einlaufenden Kanten) und dem Ausgangsgrad d_i^+ (Zahl der von v_i auslaufenden Kanten). Es gilt

$$\sum_V d_i = 2k \text{ bzw. } \sum_V d_i^- = \sum_V d_i^+ = k \text{ (k Zahl der Kanten von G).}$$

Ein ungerichteter Graph mit n Knoten heißt regulär, wenn $d_i = \frac{2k}{n}$

für alle Knoten gilt. G ist vollständig, wenn $|E| = (n/2)(n-1)$. Ein Kanten- (Knoten)-Schnitt von G ist eine Menge von Kanten (Knoten), deren Entfernen zu einem Graphen führt, der wenigstens eine Komponente mehr als G hat.

Bäume

Wie in 3.2.2 gezeigt wird, ist es zur exakten Berechnung der Zusammenhangswahrscheinlichkeit eines (ungerichteten) Graphen G erforderlich, G aufspannende Bäume (als Untergraphen) zu erzeugen. Für dieses Problem sind effiziente Algorithmen bekannt, im Gegensatz zu den NP-vollständigen Problemen (siehe unten), zu denen das Vertreter- und das Steinersche Problem zählen. Wir wollen einen einfachen Algorithmus angeben. Er ist Ausgangspunkt für Algorithmen, die alle G aufspannenden Bäume erzeugen. Zunächst sei jedoch eine Formel erwähnt, die die Anzahl der zu generierenden Bäume berechnen läßt. Diese Formel geht auf Kirchhoff zurück.

Matrix $M^G = (M^G_{ij})$ ist wie folgt definiert:

$$M^G_{ij} = \begin{cases} -1, & \text{falls Knoten } v_i \text{ mit Knoten } v_j \text{ in G durch eine Kante verbunden ist, } i \neq j, \text{ 0 sonst} \\ -\sum\limits_{k \neq i} M^G_{ik}, & \text{falls } i = j. \end{cases}$$

Aus M^G erhält man $\hat{M}^G$ durch Streichen der ersten Zeile und der ersten Spalte. Dann ist die Anzahl β aller G aufspannenden Bäume gleich der Determinante von $\hat{M}^G$:

$\beta(G) = \det \hat{M}^G$. Einen Beweis findet man in [13].

Für G_2 (Fig. 3.14) erhält man beispielsweise $\beta = 336$; für einen vollständigen Graphen mit 8 Knoten sind es bereits 262144 Bäume. Wie groß ist β für G_1?

Um alle Bäume zu erzeugen, können wir folgendermaßen vorgehen. Al erstes wird ein beliebiger G aufspannender Baum t_0 erzeugt.

Algorithmus: (AL 4)

Man numeriere dazu alle k Kanten von G durch. In jedem Schritt wird wie folgt vorgegangen, wobei das Ergebnis des vorherigen Schritts eine Ansammlung von Unterbäumen geliefert hat. Man wähle eine noch freie Kante von G mit kleinstem Index und füge sie zum Ergebnis des vorherigen Schrittes nur dann hinzu, wenn dadurch kein Zykel entsteht. Entstünde ein Zykel, so wird für den folgenden Schritt die noch freie Kante mit nächst höherem Index ausgewählt. Enthält das Ergebnis n-1 Kanten, so ist man fertig. Jeder G aufspannende Baum hat genau n-1 Kanten.

Von t_0 ausgehend, erzeugt man nun durch sogenannte elementare Baumoperationen weitere G aufspannende Bäume t_i.
Elementare Baumoperationen: Man füge eine Kante h aus G zu t_i hinzu die nicht in t_i vorkommt. Dadurch entsteht ein Zykel und ein Untergraph $\hat{t}_i$ von G. Dann entferne man eine von h verschiedene Kante aus diesem Zykel. Dadurch entsteht aus $\hat{t}_i$ ein neuer, G aufspannender Baum.
Es läßt sich zeigen, daß auf diese Weise alle G aufspannenden Bäume erzeugt werden. Verfeinerte Algorithmen, die Wiederholungen vermeiden, sind z. B. in [25] angegeben.

Zur Komplexität von Algorithmen auf Graphen [77, 78]

In der Komplexitätstheorie wird versucht, über die Laufzeit von Algorithmen Aussagen zu gewinnen, die einerseits detailiert genug sind, um relevant zu sein, andererseits aber auch hinreichend allgemein sind. Das heißt, die Aussagen sollen nicht von der Art der maschinellen Hilfsmittel abhängen, mit deren Hilfe die Algorithmen ausgeführt werden. Ein Komplexitätsmaß, das beiden Ansprüchen genügt, ist der Begriff "ausführbar in polynomialer Zeit" oder kurz "P-berechenbar".

Zunächst muß die Eingabe eines Algorithmus - z. B. der zu bearbeitende Graph - in eine Folge von Symbolen aus einem Alphabet, z. B. dem Alphabet {T (true), F (false)}, geeignet kodiert werden. Dann ist die Größe der Eingabe definiert als die Anzahl der sie kodierenden Symbole, also als die Länge der entsprechenden Symbolfolge.

Definition: Ein Algorithmus hat eine Laufzeit f(n), wenn er für alle Eingaben bis zu einer Größe n höchstens f(n) Operationen zur Ausführung benötigt. Er ist in polynomialer Zeit ausführbar (P-berechenbar), wenn es zwei Konstante c und k gibt, so daß $f(n) = cn^k$ für alle n gilt. Algorithmen, die in polynomialer Zeit ausführbar sind, nennt man auch effektiv oder schnell. (Die Dauer einer (elementaren) Operation dient also als Zeitmaß).

Angenommen nun, wir haben zwei Eingabemengen X und Y. Mit $|x|$ sei die Größe der Eingabe $x \in X$ bezeichnet.

Definition: Eine Suchfunktion für X und Y ist eine Abbildung $f : X \rightarrow \mathbf{P}(Y)$, so daß

(i) für ein ganzes k und für alle $x \in X$ aus $y \in f(x)$ die Ungleichung $|y| < |x|^k$ folgt und es

(ii) einen schnellen Algorithmus gibt, der bestimmt, ob für gegebene $x \in X$ und $y \in Y$ die Beziehung $y \in f(x)$ gilt.

Beispiel A: X Menge der endlichen Graphen
Y Menge der endlichen Bäume
$f_B(x)$ Menge der x aufspannenden Bäume.

Es ist leicht einzusehen, daß f_B eine Suchfunktion für X und Y ist.

Beispiel B: X wie oben
Y Menge von Kantenfolgen
$y \in f_H(x)$, falls y ein Hamiltonscher Kreis in x ist, d. h. y ist ein Zykel in x, der jeden Knoten von x genau einmal berührt (vgl. Fig. A.1 und Fig. A.2).

Es ist f_H eine Suchfunktion für X und Y.

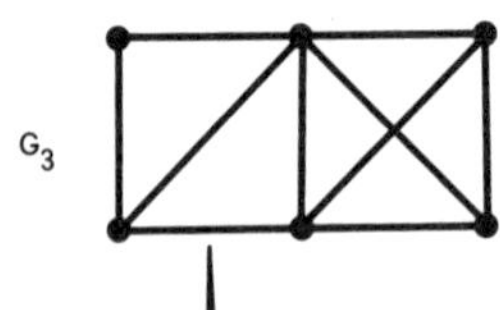

Fig. A.1 G_3, $|f_B(G_3)| = 104$

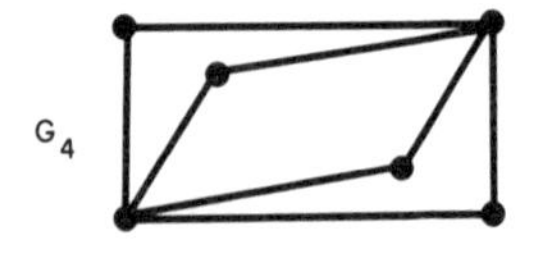

Fig. A.2 G_4, $|f_H(G_4)| = 0$

Für ein $x \in X$ sind nun die folgenden Probleme von besonderem Interesse:

a) Ist $f(x) = \emptyset$? (Existenz einer Lösung)

b) Gesucht ein $y \in f(x)$. (Konstruktion einer Lösung)

c) Wie groß ist $|f(x)|$? (Anzahl aller Lösungen)

Diese Probleme können natürlich dadurch gelöst werden, daß man alle $y \in Y$ aufsucht, die der Bedingung (i) aus der Definition einer Suchfunktion genügen. Wir haben bereits gesehen, daß für f_B alle drei Probleme effektiv zu lösen sind - a) und c) durch die Kirchhoffsche Formel und b) durch den angegebenen Algorithmus. Ganz anders dagegen ist die Situation bei Beispiel B. Man kennt keine Algorithmen, die die oben angegebenen Probleme effektiv lösen. Natürlich hätte man gerne gewußt, ob es - im Prinzip wenigstens - solche Algorithmen geben kann. Nicht effektive Algorithmen für Beispiel B gibt es natürlich, so z. B. das erwähnte, vollständige Durchsuchen. Die Laufzeit dafür wächst jedoch exponential mit n. Die folgende Tabelle zeigt Laufzeiten von Algorithmen mit den angegebenen Komplexitätsschranken in Abhängigkeit von der Größe der Eingabe. Deutlich lassen sich die schnellen von den langsamen Algorithmen unterscheiden.

K	20	50	100	200	n
$10^3 n$	.02 s	.05 s	.1 s	.2 s	
$10^3 n \log_2 n$	.09 s	.28 s	.66 s	1.5 s	
$2^{n/3}$	.0001 s	.1 s	3 h	$3.7 \cdot 10^4$ cent	
2^n	1 s	35.7 a	$4 \cdot 10^{14}$ cent	--	

Eine Operation benötige eine Mikrosekunde

Tab. A.1 (K Komplexitätsmaß)

Definition: Ein Problem P ist reduzierbar auf das Problem Q, wenn es einen Algorithmus (ein Programm) A gibt, der P löst, als Subroutine einen Lösungsalgorithmus A^* für Q aufruft und in polynomialer Zeit ausführbar ist und zwar unter der fiktiven Annahme, die Ausführung von A^* benötige nur eine (elementare) Operation. P und Q sind äquivalent, wenn P auf Q und Q auf P reduzierbar ist.

Sind P und Q äquivalent, so sind sie entweder beide P-berechenbar oder beide nicht P-berechenbar.

Definition: Eine Suchfunktion f heißt NP-vollständig, falls das Existenzproblem für jede Suchfunktion auf das Existenzproblem für f reduzierbar ist.

In anderen Worten: Würden wir einen effektiven Lösungsalgorithmus für das Existenzproblem von f kennen, so hätten wir einen solchen für alle anderen Suchfunktionen in Händen. Das ist natürlich eine sehr starke Bedingung an die NP-Vollständigkeit.

Erstaunlich ist, daß es NP-vollständige Suchfunktionen gibt. Die in Beispiel B angegebene Suchfunktion ist NP-vollständig. Weiter läßt sich zeigen, daß sich das Konstruktionsproblem für NP-vollständige Suchfunktionen immer auf das Existenzproblem zurückführen läßt. Andererseits ist offenbar das Anzahlproblem mindestens so komplex wie das Existenzproblem.

Bemerkung: NP steht für "nichtdeterministisch polynomial" und soll andeuten, daß eine Lösung für das Existenzproblem dieser Suchfunktionen durch Erraten oder mit einer nicht deterministisch arbeitenden Maschine schnell gefunden werden kann. Man vergleiche dazu (ii) in der Definition für eine Suchfunktion.

Es hat sich nun im Laufe der Zeit herausgestellt, daß viele Probleme NP-vollständig sind, auch solche, die für die Anwendung (Operations Research, Spieltheorie, Informatik) wichtig sind, wie z. B. das Vertreterproblem. Könnte man nur eines dieser Probleme effektiv lösen, so wüßte man, daß sie alle effektiv lösbar sind und die Mühe, nach effektiven Lösungsalgorithmen zu suchen, würde sich sicherlich lohnen. Die meisten Mathematiker und Informatiker sind jedoch der Meinung, daß NP-vollständige Probleme (Suchfunktionen) keine effektiven Lösungsalgorithmen haben.

A.2 Schaltalgebra [79]

Boolesche Algebra

Definition: Es sei B eine Menge mit $0 \in B$ und $1 \in B$. Auf B seien +

und $\cdot$ als zweistellige und $^-$ als einstellige Operation erklärt, die folgenden Axiomen genügen:

Ax1) Die Operationen + und $\cdot$ sind kommutativ.

Ax2) Für alle $b \in B$ gilt: $b + 0 = b$ und $b \cdot 1 = b$.

Ax3) Für alle $a,b,c \in B$ gilt:

$$a + (b \cdot c) = (a + b) \cdot (a + c)$$
$$(a + b) \cdot c = (a \cdot c) + (b \cdot c).$$

Ax4) Zu jedem $a \in B$ gibt es ein $\bar{a} \in B$ mit

$$a \cdot \bar{a} = 0,\ a + \bar{a} = 1.$$

$\hat{B} = (B, +, \cdot, ^-, 0, 1)$ ist eine Boolesche Algebra.

Unter anderem gelten die folgenden Rechenregeln für Elemente einer Booleschen Algebra.

(1) $a + a = a = aa$.

(2) $a + 1 = 1,\ a0 = 0$.

(3) $a + ab = a,\ a(a + b) = a$.

(4) $(ab)c = a(bc);\ a + (b + c) = (a + b) + c$.

(5) $0 + 0 = 0 = 01 = 10 = 00,$
$0 + 1 = 1 + 0 = 1 + 1 = 1 \cdot 1 = 1,$
$\bar{0} = 1,\ \bar{1} = 0.$

Ist spezell $B = B_2 = \{0,1\}$, so heißt $\hat{B}_2$ Schaltalbegra und jede Abbildung $\phi : B_2^n \to B_2$, $n \in \mathbb{N}$, ist eine Schaltfunktion. Die übliche Addition (Multiplikation) darf nicht mit dem Booleschen Oder (+) bzw. Und ($\cdot$) verwechselt werden. $\sum^B$ (Π^B) ist das Mehrfach-Oder (Und). Der Punkt für das Und wird meist weggelassen.

Schaltfunktionen

Definiert man auf der Menge F_n aller n-stelligen Schaltfunktionen die Operationen +, $\cdot$ und $^-$ punktweise, so wird F_n selbst zu einer Booleschen Algebra. Spezielle Schaltfunktionen aus F_n sind

1) die Projektoren $\chi_i : s = (s_1,\dots,s_n) \to s_i$, $s_j \in B_2$ und

2) die Mintermfunktionen $m_s = \chi_1^{s_1} \cdot \chi_2^{s_2} \cdots \chi_n^{s_n}$ mit

$$\chi_i^{\varepsilon} = \chi_i \oplus \bar{\varepsilon} = \begin{cases} \chi_i & \text{für } \varepsilon = 1 \\ \bar{\chi}_i & \text{für } \varepsilon = 0 \end{cases}.$$

Es seien $\varepsilon, s \in B_2^n$. Dann gilt

$$m_\varepsilon(s) = \chi_1^{\varepsilon_1}(s) \cdot \chi_2^{\varepsilon_2}(s) \cdots \chi_n^{\varepsilon_n}(s) = s_1^{\varepsilon_1} \cdot s_2^{\varepsilon_2} \cdots s_n^{\varepsilon_n}$$

mit $s_i^1 = s_i$, $s_i^0 = \bar{s}_i$.

Satz: Die Projektoren $\chi_i \in F_n$ bilden ein erzeugendes System für F_n.

Beweis: Für $f \in F_n$ gilt $f = \sum^B_{\varepsilon \in B_2^n} f(\varepsilon) \cdot m_\varepsilon$. Denn $f(s) = 1$ g.d.w. $f(s) \cdot m_s(s) = 1$ g.d.w. existiert $\varepsilon \in B_2^n$ mit $f(s) \cdot m_\varepsilon(s) = 1$ g.d.w. $\sum^B_{\varepsilon \in B_2^n} f(s) \cdot m_\varepsilon(s) = 1$.

□

Der Ausdruck $\sum^B_s f(s) m_s$ heißt disjunktive Normalform von f. Schaltfunktionen lassen sich durch Funktionentafeln oder eleganter durch Boolesche Ausdrücke darstellen, indem man χ_i mit der Booleschen Variablen x_i identifiziert. (Man rechnet mit Booleschen Ausdrücken wie mit Schaltfunktionen).

Beispiel: Die durch die Tab. A.2 gegebene Schaltfunktion ϕ kann mit dem Booleschen Ausdruck $x_1 \oplus x_2 := x_1\bar{x}_2 + \bar{x}_1 x_2$ identifiziert werden.

x_1	x_2	ϕ	$x_1 \oplus x_2$
0	0	0	0
1	0	1	1
0	1	1	1
1	1	0	0

Tab. A.2

Definition: Es seien $f, g \in F_n$ und z_f, z_g zugeordnete Boolesche Ausdrücke.

(1) $z_f \leq z_g$ g.d.w. für alle $s \in B^n$ gilt: $f(s) \cdot g(s) = f(s)$.

(2) Der Boolesche Ausdruck

$$\frac{\partial}{\partial x_i} z := z(x_1,\ldots,x_i,\ldots,x_n) \oplus z(x_1,\ldots,\bar{x}_i,\ldots,x_n)$$

heißt Boolesche Ableitung von z nach x_i.

(3) $z_{i=s_i} := z(x_1,\ldots,s_i,\ldots,x_n)$, $s_i \in \{0,1\}$.

(4) Es seien $\underline{x}$ und $\underline{y}$ Boolesche n-Tupel; $\underline{x} \leq \underline{y}$ genau dann, wenn $x_i \leq y_i$ für $i=1,2,\ldots,n$, wobei $0 < 1$. $z(\underline{x})$ ist monoton, wenn

aus $\underline{x} \leq \underline{y}$ die Bezeihung $z(\underline{x}) \leq z(\underline{y})$ folgt.

Wir führen für jede Boolesche Variable x eine entsprechende binäre reelle Variable ein, die wir wieder mit x bezeichnen, wenn keine Verwechslungen zu befürchten sind.

A.3 Funktionswahrscheinlichkeiten

	Z-Netz	Bezeichung	P{z=1}	Voraussetzung
1	x		p	--
2	$\bar{x}$	Not	$1-p$	--
3	x_1x_2	Und (Seriennetz)	p_1p_2	s-unabhängig
4	x_1+x_2	Oder	$p_1+p_2-p_1p_2$	s-unabhängig
			p_1+p_2	disjunkt
5	$\sum_{i=1}^{r} x_i$	Oder (Parallelnetz)	$1 - \prod_{i=1}^{r} (1-p_i)$	s-unabhängig
			$\sum_{i=1}^{r} p_i$	disjunkt
6	$x_1 \oplus x_2$	Exclusives Oder	$p_1+p_2-2p_1p_2$	s-unabhängig
7	$x_1 \equiv x_2$	Äquivalenz	$1-p_1-p_2+2p_1p_2$	s-unabhängig
8	$x_1x_2+x_1x_3+x_2x_3$	Majorität	$p_1p_2+p_1p_3+p_2p_3-2p_1p_2p_3$	s-unabhängig
9	$\bar{x}_1+x_2$		$1-p_1+p_1p_2$	s-unabhängig
10	$\bar{x}_1\bar{x}_2$	$x_1 \downarrow x_2$	$(1-p_1)(1-p_2)$	s-unabhängig
11	$\bar{x}_1+\bar{x}_2$	$x_1 \mid x_2$	$1-p_1p_2$	s-unabhängig
12	$\prod_{i=1}^{k_B} [\sum_{j=1}^{n_{iB}} x_{ij}]$	Serien-Parallelnetz	s.u.	s-unabhängig

Tab. A.3

Beispiel für die rekursive Berechnung von Funktionswahrscheinlichkeiten *)

Die Funktionswahrscheinlichkeit $h_\Sigma(p_{11},\dots,p_{kn})$, die Zuverlässigkeit $R_\Sigma(t)$ und die Verfügbarkeit $A_\Sigma(t)$ des Serien-Parallelsystems lassen sich am einfachsten wie folgt rekursiv berechnen.

Man bestimme $h_i(j)$, $i=1,2,\dots,k$, $j=1,2,\dots,n_i$ aus

$h_i(0) = 0$ und $h_i(j) = h_i(j-1) + (1-h_i(j-1))p_{ij}$.

Dann ist $h_\Sigma = \prod_{i=1}^{k} h_i(n_i)$

(i) R_Σ: Setze $p_{ij} = \exp(-\alpha_{ij}t)$ in $h_i(j)$.

(ii) A_Σ: Setze $p_{ij} = f(\alpha_{ij},\mu_{ij},t)$ in $h_i(j)$ (siehe (4.25)).

Simulation *)

Oft ist es unumgänglich, das Zuverlässigkeitsverhalten komplexer, fehlertoleranter Systeme mittels der Methode der stochastischen Versuche (Monte-Carlo Methode) zu simulieren [62, 74]. Der folgende Algorithmus zeigt das Vorgehen bei einem einfachen Simulationsexperiment. Es ist üblich, die Werte der Zufallsgrößen durch Pseudozufallszahlen auf eine DV-Anlage zu realisieren.

Ein Simulationsalgorithmus: (AL 5)

Es sei p_i die Funktionswahrscheinlichkeit (Zuverlässigkeit, Verfügbarkeit) der i-ten Systemkomponente.

(1) Mit einem Zufallsgenerator, der die natürlichen Zahlen 0 - 99 gleichverteilt erzeugt (z. B. Taschenrechner oder einer Tabelle von Zufallszahlen), lose man eine Zahl (n) aus. Es ist

$P\{\frac{n}{100} \leq p_i\} = p_i$.

(2) Für die Indikatorvariable x_i des Z-Netzes setze man 1, falls $n/100 \leq p_i$ und 0 sonst. Diesen Schritt wiederhole man für alle Komponenten des Systems.

---

*) Entsprechende TI 58/59 und hp 67 Programme sind vom Autor erhältlich.

(3) Man bestimme $z = z(\underline{x})$ für diesen Versuch und wiederhole (1) bis bis (3) genügend oft.

$h_\Sigma(\underline{p}) = Z/N$, wobei N die Anzahl der Versuche und Z diejenige der Versuche mit $z=1$ ist.

A.4 Beweis der Moore-Shannonschen Ungleichung [30]

Es sei $z = z(x_1,\dots,x_r)$. Wegen $x_i z = x_i z_{i=1}$ gilt mit der Abkürzung $p(i/s) = P\{z = 1 \mid x_i = s\} = P\{z_{i=s} = 1\}$ für die Kovarianz (x_i, z reellwertig)

$Cov(x_i,z) = E(x_i z) - E(x_i)E(z) =$

$p_i p(i/1) - p_i P\{z=1\} = p_i p(i/1) - p_i^2 p(i/1) - p_i(1-p_i)p(i/0) =$

$p_i(1-p_i)S_i$.

Daraus folgt mit $y = \sum_{i=1}^{r} x_i$

$Cov(y,z) = \sum_{i=1}^{r} Cov(x_i,z) = \sum_{i=1}^{r} p_i(1-p_i)S_i$.

Für die Varianz $Var(z) = Cov(z,z)$ gilt $Var(z) = h(\underline{p})(1-h(\underline{p}))$, da $z^2 = z$ und $h(\underline{p}) = E(z)$.

Die Ungleichung ist also bewiesen, sobald $Cov(y,z) > Var(z)$ gezeigt ist.

Es sei $w = y-z$. Zu zeigen ist $Cov(w,z) > 0$. Es ist w eine monoton wachsende Funktion in den Variablen x_i, denn $1 \geq w_{i=1} - w_{i=0} = 1 - z_{i=1} + z_{i=0} \geq 0$ wegen der Monotonie von z. Ferner gibt es ein $s \in B_2^{r-1}$ und einen Index i, so daß $z_{i=1}(s) - z_{i=0}(s) > 0$ und $z_{i=1} \not\equiv 1$, da z von wenigstens zwei Variablen echt abhängt. Daraus folgt $w_{i=1} - w_{i=0} \not\equiv 0$ und $S_i > 0$.

Nun gilt mit $x_i(1-x_i) \equiv 0$ für

$wz = x_i w_{i=1} z_{i=1} + (1-x_i) w_{i=0} z_{i=0}$:

$E(wz) = p_i E(w_{i=1} z_{i=1}) + (1-p_i) E(w_{i=0} z_{i=0})$

$Cov(w,z) = E(wz) - E(w)E(z) =$

$$p_i\, Cov(w_{i=1}, z_{i=1}) + (1-p_i)\, Cov(w_{i=0}, z_{i=0}) + p_i(1-p_i)\underbrace{E(w_{i=1} - w_{i=0})}_{>0}\underbrace{S_i}_{>0}$$

Es sind auch $w_{i=s}$ und $z_{i=s}$ monoton wachsende Funktionen in r-1 Variablen. Durch Induktion nach r folgt schließlich $Cov(w,z) > 0$.

Bemerkung: Hängt z nur von einer Variablen x_i echt ab, so ist h(p) $E(z(x_i)) = p_i$, da wegen der Monotonie $z(x_i) = ^1 x_i$ folgt.

A.5 Beweise zur Diagnostizierbarkeit

Gegeben sei ein Testgraph G = (V,K), in dem keine Einheit sich selbst testet. Π sei die Menge aller disjunkten Einteilungen $\pi = (X,Y,Z)$ von V mit

(1) $Z \neq \emptyset$ ($X = \emptyset$ und $Y = \emptyset$ ist zugelassen) und

(2) $XK - X \subseteq Y$.

Für $W \subseteq V$ ist WK (KW) die Menge aller Knoten, die von (nach) W ein-(aus)-laufende Kanten besitzen. Also gilt $(X \times Z) \cap K = \emptyset$.

Satz [83, 43]: Testgraph G = (V,K) ist t-diagnostizierbar genau dann, wenn $t \leq \min_{\pi\in\Pi}\{k(\pi) - 1\}$ mit $k(\pi) = |Y| + \lceil \frac{1}{2}|Z| \rceil$.

Folgerungen: (a) $\pi_0 = (\emptyset,\emptyset,V)$ ist aus Π und $k(\pi_0) = \lceil \frac{1}{2}|V| \rceil = \lceil \frac{n}{2} \rceil$.
Also muß $t \leq \lfloor \frac{1}{2}(n-1) \rfloor$ sein, wenn G t-diagnostizierbar ist.

(b) Es sei E eine Einheit, die von den wenigsten Einheiten geteste wird, also $|KE| = \min_{E_i \in V}\{|KE_i|\} =: m$. Man wähle $\pi = (X,Y,Z)$ mit $X = V - (Y \cup Z)$, $Y = KE$, $Z = E$. Es gilt dann:

(1) $Z \cap Y = \emptyset$, da E sich nicht selbst testet.

(2) $\pi \in \Pi$ und

(3) $k(\pi) = m + \lceil \frac{1}{2} \rceil = m + 1$.

Ist G t-diagnostizierbar, so muß $t \leq k(\pi) - 1 \leq m$ gelten, das heißt E (und damit jede Einheit aus V) muß von wenigstens t Einheiten getestet werden.

(c) Angenommen, keine zwei Einheiten aus V testen sich gegenseitig und $t \leq m$. Es sei nun $\pi = (X,Y,Z) \in \Pi$. Man bilde $\pi^+ = (X^+,Y^+,Z)$ mit $Y^+ = KZ - Z$ und $X^+ = V - (Y^+ \cup Z)$, dann gilt $k(\pi) \geq k(\pi^+)$, $\pi^+ \in \Pi$. Ferner gilt mit XKY der Menge der Kanten von X nach Y:
$|Y^+KZ| + |ZKZ| \geq m|Z|$, $|Z| \neq 0$, $|Y^+KZ| \leq |Y^+||Z|$ und
$|ZKZ| \leq \frac{|Z|}{2}(|Z| - 1)$, da sich keine zwei Knoten gegenseitig tester
Daraus folgt $m \leq |Y^+| + \frac{1}{2}(|Z| - 1)$. Insgesamt gilt nun

$$k(\pi) \geq k(\pi^+) = |Y^+| + \lceil \tfrac{1}{2}|Z| \rceil > |Y^+| + \tfrac{1}{2}(|Z| - 1) \geq m.$$

Also: $\min_{\pi\in\Pi}\{k(\pi)-1\} = m \geq t$ und G ist t-diagnostizierbar.

<u>Beweis des Satzes</u>: (a) Für $\pi = (X,Y,Z) \in \Pi$ sei $\{Z_1, Z_2\}$ eine Partition von Z mit $|Z_2| \leq |Z_1| \leq |Z_2| + 1$, vergleiche Fig. A.3. Ferner sei Γ das in Fig. A.3 angegebene Syndrom (x stehe für 0 oder 1). Die Zuordnungen (Zustände)

X	Y	Z_1	Z_2
1	0	0	1
1	0	1	0

sind beide zu Γ konsistent (Zuordnung X = 0 bedeutet, daß alle Knoten aus X im F-Zustand 0 sind). Die Anzahl der defekten Einheiten in beiden Zuordnungen ist größer oder gleich $k(\pi)-1$. Also kann G für kein $t \geq \min_{\pi \in \Pi}\{k(\pi)\}$ t-diagnostizierbar sein.

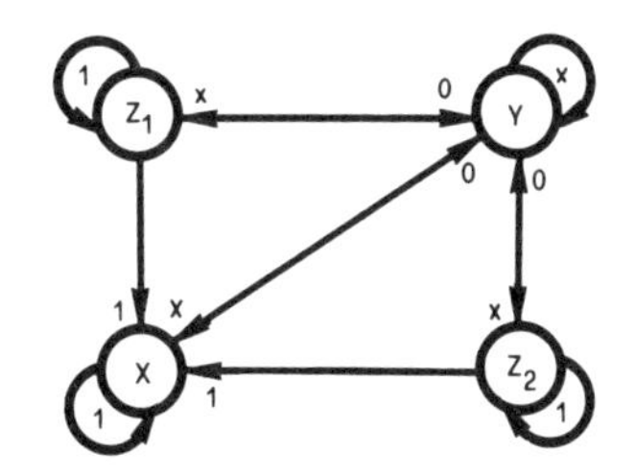

Fig. A.3 Zerlegung (ein Pfeil steht für ein Bündel von Kanten in G)

(b) Es sei G nicht t-diagnostizierbar. Dann gibt es ein Syndrom Γ und zwei konsistente Zustände $\underline{x}_1$ und $\underline{x}_2$ mit t oder weniger defekten Einheiten. Man betrachte nun $\pi = (X,Y,Z)$ mit

$X = \{E_i | x_{1i}=x_{2i}=1\}$, $Y = \{E_i | x_{1i}=x_{2i}=0\}$,

$Z_1 = \{E_i | x_{1i}=0, x_{2i}=1\}$ und $Z_2 = \{E_i | x_{1i}=1, x_{2i}=0\}$,

$Z = Z_1 \cup Z_2 \neq \emptyset$, da $\underline{x}_1 \neq \underline{x}_2$.

Es muß dann $(X \times Z) \cap K$ leer sein. Daraus folgt

$Y \supseteq XK - X$, also $\pi \in \Pi$ und $k(\pi) = |Y| + \lceil \frac{1}{2}|Z| \rceil =$

$\frac{1}{2}\lceil (|Y \cup Z_1| + |Y \cup Z_2|) \rceil \leq t$. Also $\min_{\pi}\{k(\pi)-1\} < t$. □

<u>Lemma</u>: Es sei $G = (V,K)$ streng zusammenhängend und $\lfloor (\frac{t+2}{2})^2 \rfloor \leq n-1$, $n = |V|$. $\mathbb{F}$ sei eine Familie von Fehlermustern F_i mit $|F_i| \leq t$. $\mathbb{F}$ enthalte wenigstens zwei Fehlermuster. Wenn $\bigcap_{\mathbb{F}} F_i = \emptyset$ gilt, dann können die Fehlermuster aus $\mathbb{F}$ kein gemeinsames Syndrom bewirken.

Beweis: Aus $\mathbb{F}$ wählen wir eine Untermenge $\mathbb{F}_m$ mit wenigstens zwei Fehlermustern aus, für die gilt

$$\bigcap_{\mathbb{F}_m} F_i = \emptyset \text{ und } \bigcap_{\mathbb{F}_m - F_j} F_i \neq \emptyset \text{ für alle } F_j \in \mathbb{F}_m. \qquad \text{(A.5.1}$$

Wir werden zeigen, daß

$$L := \left|\bigcup_{\mathbb{F}_m} F_i\right| \leq \gamma(t) := \left\lfloor\left(\frac{t+2}{2}\right)^2\right\rfloor \qquad \text{(A.5.2}$$

gilt; also gilt insbesondere $\left|\bigcup_{\mathbb{F}_m} F_i\right| \leq n-1$.

Das heißt, es gibt in V wenigstens eine Einheit, die intakt ist - welches Fehlermuster aus $\mathbb{F}_m$ auch vorliegen mag. Da aber G streng zusammenhängend ist, gibt es wenigstens eine Testkante $(E_s, E_r) \in K$ so daß - wenn das Fehlermuster $\bigcup_{\mathbb{F}_m} F_i$ vorliegt - gilt:

E_s ist intakt und E_r ist defekt, also $E_r \in \bigcup_{\mathbb{F}_m} F_i$.

Da jedoch $\bigcap_{\mathbb{F}_m} F_i = \emptyset$ ist, muß es in $\mathbb{F}_m$ zwei Fehlermuster F_a und F_b geben mit $E_r \in F_a$ und $E_r \notin F_b$; also ist $t_{sr} = 0$, wenn F_a vorliegt und $t_{sr} = 1$, wenn F_b vorliegt. Das heißt, F_a und F_b können nicht dasselbe Syndrom hervorrufen somit auch nicht alle Fehlermuster aus $\mathbb{F}$.

Beweis der Ungleichung $L \leq \gamma(t)$: Es sei $|\mathbb{F}_m| = m$, $m \geq 2$. Man bilde die Matrix $F = (f_{ik})$; $i = 1,2,\ldots,m$; $k = 1,2,\ldots,n$, mit $f_{ik} \in B_2 =$ g.d.w. Fehlermuster $F_i \in \mathbb{F}_m$ Einheit E_k enthält. Es sei $F^i (F_i)$ die i-te Spalte bzw. die i-te Zeile von F und $\uparrow F^i (\uparrow F_i)$ die Anzahl der 1'sen in F^i bzw. F_i.
Es gilt: $\uparrow F_i \leq t$, $\uparrow F^i < m$, da $\bigcap_{\mathbb{F}_m} F_i = \emptyset$.
Andererseits gibt es für jede Zeile F_i von F eine Spalte $F^{i'}$ mit $\uparrow F^{i'} = m-1$ und $f_{ii'} = 0$ wegen der Beziehungen (A.5.1). Durch Umordnen der Spalten erreicht man, daß F folgende Gestalt hat

$$F = m \begin{bmatrix} 0 & 1 & 1 & 1 & \\ 1 & 0 & 1 & 1 & H \\ 1 & 1 & 0 & 1 & \\ 1 & 1 & 1 & 0 & \end{bmatrix}$$
$$\qquad \leftarrow m \rightarrow$$

Also ist $L = m + L_H$ mit L_H gleich der Anzahl der durch die Matrix H als defekt gekennzeichneten Einheiten. Nun ist wegen $\uparrow F_i \leq t$ auch

$m-1 \leq t$. Also $\uparrow H_i \leq t-m+1$ für alle $i=1,\ldots,m$. Daraus folgt
$L_H \leq m(t-m+1)$ (H hat m Zeilen) und
$L \leq m(t+2)-m^2 \leq (\frac{t+2}{2})^2$, da $m \leq t+1$. □

A.6 Markov-Prozesse [55, 62, 81, 82]

Wir setzen voraus, daß der Leser mit den Grundbegriffen der Wahrscheinlichkeitstheorie, sowie mit dem Begriff des Laplace-Stieltjes Integrals vertraut ist.

Definition eines Markov-Prozesses

Es sei $\chi = \{X_t,\ 0 \leq t < \infty\}$ eine Familie von Zufallsvariablen über einem gemeinsamen Wahrscheinlichkeitsraum und mit einem gemeinsamen, abzählbaren Wertebereich S. Der Index t wird meist als Zeit gedeutet (und X(t) statt X_t geschrieben). χ ist ein stochastischer Prozeß mit stetigem Parameter t. Der Wertebereich S wird der (diskrete) Zustandsraum dieses Prozesses genannt. Nimmt X_t den Wert $s \in S$ an, so sagt man, der Prozeß χ befindet sich zur Zeit t in Zustand s.

Beispiel: Der das Verfügbarkeitsverhalten eines redundanten Systems beschreibende stochastische Prozeß z(t) hat den Zustandsraum B_2.

Der Prozeß χ hat die Markov-Eigenschaft genau dann, wenn für die bedingten Zustandswahrscheinlichkeiten gilt:

$$P\{X_{t_n} = s_n | X_{t_1} = s_1, \ldots, X_{t_{n-1}} = s_{n-1}\} = P\{X_{t_n} = s_n | X_{t_{n-1}} = s_{n-1}\}$$

für $0 \leq t_1 < t_2 \ldots < t_n$, $(n \geq 2)$ (A.6.1)

und beliebige $s_i \in S$.
Die Wahrscheinlichkeit dafür, daß der Prozeß den Zustand s_n annimmt, hängt nur vom letzten (beobachteten) Zustand und nicht von früher eingenommenen Zuständen ab. Aus der Definition der bedingten Wahrscheinlichkeiten folgt für die endlich-dimensionalen Verteilungen:

$$P\{X_{t_0} = s_0, \ldots, X_{t_n} = s_n\} = P\{X_{t_0} = s_0\} \prod_{i=1}^{n} P\{X_{t_i} = s_i | X_{t_{i-1}} = s_{i-1}\},$$

das heißt, die Verbundwahrscheinlichkeiten sind durch die Übergangswahrscheinlichkeiten

$p_{\bar{s}s}(\bar{t},t) = P\{X_t = s | X_{\bar{t}} = \bar{s}\}$

und durch die Zustandsverteilung $p_s(t_0) = P\{X_{t_0} = s\}$ vollständig bestimmt.

Die Übergangswahrscheinlichkeiten heißen stationär, wenn für beliebiges $h > 0$ gilt:

$$P\{X_t = s | X_{\bar{t}} = \bar{s}\} = P\{X_{t+h} = s | X_{\bar{t}+h} = \bar{s}\},$$

das heißt, $p_{\bar{s}s}(\bar{t},t) = p_{\bar{s}s}(\tau)$, $\tau = \bar{t} - t \geq 0$.

Homogene Markov-Ketten sind Markov-Prozesse mit stationären Übergangswahrscheinlichkeiten und abzählbarem Zustandsraum. Nur mit solchen Prozessen werden wir uns im folgenden befassen.

Für homogene Markov-Ketten gilt:

$$p_{ij}(\tau) := p_{s_i s_j}(\tau) \geq 0, \ \sum_j p_{ij}(\tau) = 1. \qquad (A.6.2)$$

$$P\{X_{t_i} = s_i, \ 1 \leq i \leq n | X_{t_0} = s_0\} = \prod_{i=1}^{n} p_{i-1,i}(t_i - t_{i-1}) \qquad (A.6.3)$$

$$P\{X_{t_0+\tau} = s_k, \ X_{t_0+\tau+t} = s_j | X_{t_0} = s_i\} = p_{ik}(\tau)p_{kj}(t) \qquad (A.6.4)$$

und die Chapman-Kolmogorov-Gleichung

$$p_{ij}(\tau+t) = \sum_k p_{ik}(\tau)p_{kj}(t). \qquad (A.6.5)$$

(Die Summe ist über alle Zustände des Prozesses zu bilden).

Mit einer vorgegebenen Anfangsverteilung $p_k := P\{X_0 = s_k\} = p_k(0)$ ist außerdem zur Zeit t (nach der Regel von der totalen Wahrscheinlichkeit) die Zustandsverteilung gleich

$$p_i(t) = \sum_k p_k \ p_{ki}(t). \qquad (A.6.6)$$

Im weiteren werden wir annehmen, daß die Übergangswahrscheinlichkeiten folgende Stetigkeitseigenschaften besitzen:

(1) $\lim\limits_{\substack{\tau\to 0\\ \tau>0}} \frac{1-p_{ii}(\tau)}{\tau} = q_i,\ 0 \leq q_i < \infty$ (A.6.7)

d. h. $p_{ii}(\tau) = 1-q_i\tau + o(\tau)$, (wobei wie üblich $\lim\limits_{\tau\to 0} \frac{o(\tau)}{\tau} = 0$)

(2) $\lim\limits_{\substack{\tau\to 0\\ \tau>0}} \frac{p_{ij}(\tau)}{\tau} = q_{ij},\ q_{ij} \geq 0,\ i\neq j,$ (A.6.8)

d. h. $p_{ij}(\tau) = q_{ij}\tau + o(\tau)$

und

$\sum\limits_{i\neq j} q_{ij} = q_i$ (Konservativität). (A.6.9)

(3) Es soll $\frac{p_{ij}(\tau)}{\tau}$ außerdem gleichmäßig für alle $s_j \in S$ in i gegen q_{ij} konvergieren, falls S nicht endlich ist.

Wir führen noch die (Übergangs)-Ratenmatrix $\mathbb{A} = (a_{ij})$ ein

mit $a_{ij} = \lim\limits_{\substack{\tau\to 0\\ \tau>0}} \frac{p_{ij}(\tau)-\delta_{ij}}{\tau} = \frac{d}{dt}p_{ij}(t)\Big|_{t=0} =: \dot{p}_{ij}(0) = \begin{cases} -q_i, & i=j \\ q_{ij}, & i\neq j \end{cases}$

Unter diesen Voraussetzungen erfüllen die Übergangswahrscheinlichkeiten einer homogenen Markov-Kette die folgenden Differentialgleichungssysteme

$$\frac{d}{dt}\, p_{ij}(t) = \sum_k a_{ik}\, p_{kj}(t) \qquad \text{(A.6.10)}$$

sowie

$$\frac{d}{dt}\, p_{ij}(t) = \sum_k p_{ik}(t)\, a_{kj}, \qquad \text{(A.6.11)}$$

mit $p_{ij}(0) = \delta_{ij}$, $t \geq 0$, (δ_{ij} Kronecker-Symbol).

Wir verzichten auf den Beweis, da dieser in jedem Lehrbuch über stochastische Prozesse zu finden ist, und begnügen uns mit dem Hinweis, daß aus (A.6.5) sofort folgt:

$p_{ij}(\tau+t) - p_{ij}(t) = \sum\limits_{k\neq i} p_{ik}(\tau)\, p_{kj}(t) - (1-p_{ii}(\tau))p_{ij}(t).$

Teilt man durch τ und geht zur Grenze $\tau \to 0$ über, so erhält man Gleichung (A.6.10).

Schließlich erhält man für die Zustandsverteilung aus (A.6.11) das Differentialgleichungssystem (Kolmogorovsche Gleichungen)

$$\dot{p}_i(t) = \sum_k p_k \dot{p}_{ki}(t) = \sum_k p_k \sum_\ell p_{k\ell}(t)\, a_{\ell i} = \sum_\ell a_{\ell i}\, p_\ell(t) \qquad \text{(A.6.12)}$$

mit $p_i(0) = p_i$, für alle $s_i \in S$ und $t \geq 0$, oder in Matrixschreibweise

$$\underline{\dot{p}}(t) = \underline{p}(t) \cdot \mathbb{A} \text{ mit } \underline{p}(0) = \underline{p}. \qquad \text{(A.6.13)}$$

Bemerkung: Wechselt der Prozeß zum Zeitpunkt t seinen Zustand, so sei vereinbart, daß er im Zeitpunkt t schon im neuen Zustand ist (Rechtsstetigkeit der Zustandstrajektorien). Homogene Markov-Ketten lassen sich bekanntlich durch gerichtete Graphen, sogenannte Zustandsübergangsgraphen veranschaulichen. Die Zustandsübergänge werden mit den Raten bewertet. Ist $a_{ij}=0$, so entfällt die entsprechende Kante.

Wann bestimmt nun umgekehrt (A.6.12) eine eindeutige Wahrscheinlichkeitslösung für unbekannte Zustandswahrscheinlichkeiten? Da wir nur spezielle Markov-Ketten, z. B. solche mit endlichem Zustandsraum, behandeln werden, für die es eine eindeutige Lösung gibt, werden wir auf diese Frage nicht näher eingehen. Eine Beantwortung findet man beispielsweise in [55, 62].

Ein homogener Markov-Prozeß ist dadurch charakterisiert, daß die Verweilzeiten des Prozesses in Zuständen, von denen aus Übergänge in andere Zustände möglich sind, exponential verteilt und unabhängig von der Vorgeschichte des Prozesses sind. Die Verteilung der Verweilzeit im Zustand $s_i \in S$ hat den Parameter q_i. Ein Übergang von s_i erfolgt mit der Wahrscheinlichkeit $\frac{q_{ik}}{q_i}$ nach Zustand s_k (vgl. dazu auch Anhang A.7).

Bemerkung: Daß umgekehrt, ein stochastischer Prozeß mit diesen Eigenschaften dem Gleichungssystem (A.6.10) genügt, läßt sich ähnlich, wie in Kapitel 4.3.1, allgemein beweisen. Ist die Lösung dieses Gleichungssystems eindeutig, so kann der Prozeß mit dem entsprechenden homogenen Markov-Prozeß identifiziert werden.

Geburts- und Todesprozesse

Geburts- und Todesprozesse (GT-Prozesse) sind homogene Markov-Ketten mit dem Zustandsraum $S \subseteq \mathbb{N}^0$, bei denen Sprünge nur in beachbarte Zustände möglich sind. Es ist

$q_{i,i+1} = \lambda_i$ die Geburts- (oder Ankunft-)Rate,

$q_{i,i-1} = \mu_i$ die Todes- (oder Bedienungs-)Rate, $i \geqq 0$,

$\lambda_i \geqq 0$, $\mu_i \geqq 0$, und $q_{i,j} = 0$ für $i \neq j$ sonst.

ir definieren noch $q_{0,-1} = q_{-1,0} = 0$.

s folgt $q_i = \mu_i + \lambda_i$. Die Wahrscheinlichkeit, daß während $[t,t+\tau]$ ehr als ein Zustandssprung erfolgt, ist von der Ordnung $o(\tau)$. leichung (A.6.13) hat dann die Gestalt

$$\dot{p}_j(t) = -(\lambda_j + \mu_j)p_j + \lambda_{j-1}p_{j-1} + \mu_{j+1}p_{j+1}, \; j > 0, \qquad (A.6.14)$$

$$\dot{p}_0(t) = -\lambda_0 p_0 + \mu_1 p_1.$$

eispiel: Handelt es sich um einen reinen Geburtsprozeß mit $\lambda_i = \lambda$ ür alle Zustände, so gilt

$$\dot{p}_0(t) = -\lambda p_0(t),$$

$$\dot{p}_i(t) = -\lambda p_i(t) + \lambda p_{i-1}(t), \; t \geqq 0$$

it $\sum_{i=0}^{\infty} p_i(t) = 1$ und der Anfangsbedingung $p_i(0) = \delta_{i0}$.

ie Lösung ist

$$p_i(t) = \frac{(\lambda t)^i}{i!} e^{-\lambda t}, \; i=0,1,2,\ldots; t \geqq 0. \qquad (A.6.15)$$

ffensichtlich ist $p_0(t) = e^{-\lambda t}$. Dann gilt z. B. $\dot{p}_1(t) = -\lambda p_1 + \lambda e^{-\lambda t}$ oder $\frac{d}{dt}(p_1 e^{\lambda t}) = \lambda$, also $p_1 = \lambda t e^{-\lambda t}$.

ies ist der sogenannte Poisson-Prozeß. Er beschreibt einen stationären Ereignisstrom mit folgender Eigenschaft.

ie Zahl der Ereignisse, die im Intervall $[t,t+\Delta t]$ erzeugt werden, ist s-unabhängig vom Verhalten des Stromes vor t und die Wahrscheinlichkeit, daß in diesem Intervall mehr als ein Ereignis eintrifft, ist von der Ordnung $o(\Delta t)$. Dann ist $p_i(t)$ die Wahrscheinlichkeit dafür, daß in einem Zeitintervall der Länge t genau i Ereignisse eintreffen. Wie sind die Zwischenankunftszeiten verteilt? Es sei Z(t) die Verteilungsfunktion der stochastischen Variablen a, deren

Werte die Zwischenankunftzeiten sind. $Z(t) = P\{a \le t\} = 1-P\{a > t$
Andererseits ist $P\{a > t\} = e^{-\lambda t}$, denn $P\{a > t\}$ ist die Wahrschein
lichkeit dafür, daß im Intervall der Länge t kein Ereignis eintri
Also $Z(t) = 1 - \exp(-\lambda t)$ und $1/\lambda$ ist die mittlere Zwischenankunft
zeit. Kurze Zwischenankunftzeiten sind somit relativ häufig und d
Zeit, die man bis zum nächsten Ereignis warten muß, ist unabhängi
davon, wie lange man bereits gewartet hat. Man nennt λ auch die I
tensität des Stromes.

Gleichgewichtsverteilung

Es kann sein, daß für $t \to \infty$ die Verteilung $\{p_i(t)\}$ ein Gleichgewi
$\{\hat{p}_i\}$ erreicht, das nicht von der Anfangsverteilung abhängt. Für
eine Gleichgewichtsverteilung gilt

$$\hat{p}_i = \sum_k \hat{p}_k \, p_{ki}(t), \text{ für } t \ge 0. \qquad \text{(A.6.}$$

Mit $\{\hat{p}_i\}$ als Anfangsverteilung folgt

$$p_i(t) = \hat{p}_i \text{ und } \dot{p}_i(t) = 0 \text{ für alle } t \ge 0 \text{ und } s_i \in S.$$

Eine Markov-Kette heißt stationär , wenn ihre Zustandsverteilung
zeitunabhängig ist. Diese ist dann Lösung des Gleichungssystems

$$0 = \sum_k \hat{p}_k \, \dot{p}_{ki}(t) = \sum_i \hat{p}_k \, a_{ki}, \text{ bzw. } \underline{\hat{p}} \cdot \mathbb{A} = 0. \qquad \text{(A.6.1}$$

mit $\hat{p}_k \ge 0$ und $\sum_k \hat{p}_k = 1$.

Für einen GT-Prozeß erhält man aus (A.6.14)

$$\hat{p}_j = \left(\prod_{i=0}^{j-1} \lambda_i \Big/ \prod_{i=1}^{j} \mu_i\right) \hat{p}_0. \qquad \text{(A.6.1}$$

Die Normierungsbedingung verlangt

$$\hat{p}_0 = \left[1 + \sum_{j=1}^{\infty} \left(\prod_{i=0}^{j-1} \lambda_i \Big/ \prod_{i=1}^{j} \mu_i\right)\right]^{-1}.$$

Offensichtlich ist die Konvergenz der Summe in (A.6.18) notwendig,
damit $\{\hat{p}_j\}$ eine Wahrscheinlichkeitslösung ist. Andererseits ist di
Konvergenz dieser Summe zusammen mit der Diverganz von

$$\sum_{k=1}^{\infty} \prod_{i=1}^{k} \frac{\mu_i}{\lambda_i}$$

hinreichend dafür, daß ein Gleichgewicht existiert.

Eine homogene Markov-Kette heißt irreduzibel, wenn es für je zwei Zustände s_i, $s_j \in S$ ein $t > 0$ gibt, mit $p_{ij}(t) > 0$. Für eine irreduzible homogene Markov-Kette trifft für alle s_i, $s_j \in S$ genau eine der folgenden Aussagen zu:

(A) Entweder ist $\lim_{t\to\infty} p_{ij}(t) = 0$ und es gibt kein Gleichgewicht oder

(B) $\lim_{t\to\infty} p_{ij}(t) = \hat{p}_j > 0$ und $\hat{p}_j$ ist die einzige (von der Anfangsverteilung unabhängige) Gleichgewichtsverteilung.

Für eine irreduzible homogene Markov-Kette mit endlicher Zustandsmenge kann Fall A nicht eintreten. Einen Beweis dieser Aussage findet man z. B. in [62] und für endliche Markov-Ketten in [29]. Im Falle von (B) gilt:

$\max_i |p_{ij}(t) - \hat{p}_j| < Ce^{-Dt}$; C, D > 0; also auch

$$|p_j(t) - \hat{p}_j| \leq \sum_k p_k |p_{kj}(t) - \hat{p}_j| \leq Ce^{-Dt}. \tag{A.6.19}$$

Es sei nun

$$1_i(t) = \begin{cases} 1, & \text{falls } X_t = s_i \\ 0 & \text{sonst.} \end{cases}$$

Der relative Anteil am Zeitintervall $[t,\hat{t}]$ der Länge τ, den der Prozeß im Zustand s_i verbringt, ist

$$T_i^t = \frac{1}{\tau} \int_t^{\hat{t}} 1_i(t)\,dt.$$

Für seinen Erwartungswert erhalten wir bei fester Intervalllänge τ (man überzeuge sich, daß der E-Operator mit dem Integral vertauscht werden darf!)

$$\lim_{t\to\infty} \bar{T}_i^t = \lim_{t\to\infty} E(T_i^t) = \lim_{t\to\infty} \frac{1}{\tau} \int_t^{\hat{t}} P\{1_i(t) = 1\}dt = \lim_{t\to\infty} \frac{1}{\tau} \int_t^{\hat{t}} p_i(t)dt =$$

$$\hat{p}_i + \lim_{t\to\infty} \frac{1}{\tau} \int_t^{\hat{t}} (p_i(t) - \hat{p}_i)dt = \hat{p}_i. \tag{A.6.20}$$

A.7 Definition eines Semi-Markov-Prozesses

Es seien $0 \leq T_m < \infty$ (m=0,1,2,...) nicht negative, reellwertige Zufallsvariable und X_m Zufallsvariable mit einem endlichen Wertebereich $S = \{s_1, s_2, \ldots, s_n\}$. Der 2-dimensionale, stochastische Prozeß $\eta = \{(X_m, T_m) | m=0,1,2,\ldots\}$ ist ein homogener Markovscher Erneuerungsprozeß, wenn für seine bedingten Übergangswahrscheinlichkeiten gilt:

(a) $P\{X_m=s_k, T_m \leq t | X_{m-1}, T_{m-1}, \ldots, X_1, T_1, X_0\} =$

$P\{X_m=s_k, T_m \leq t | X_{m-1}\} = Q_{X_{m-1},k}(t)$,

das heißt, diese Wahrscheinlichkeiten hängen weder von der Vorgeschichte des Prozesses noch von m ab.

(b) $Q_{ij}(t) = P\{X_m=s_j, T_m \leq t | X_{m-1}=s_i\} = 0$ für $t < 0$.

(c) $\lim\limits_{t\to\infty} \sum\limits_{j=1}^{n} Q_{ij}(t) = 1, \; i=1,2,\ldots,n.$

(d) Für $Q_{ij} \neq 0$ ist $0 < \int_0^\infty x dQ_{ij}(x) < \infty$.

Es seien nun $T_0 = 0$, $X_0 = s_0$ und $S_m := \sum\limits_{i=0}^{m} T_i$.
Man definiere

$Z(t) = \sup\{m \geq 0 | S_m < t\}$.

Der Zufallsprozeß $\xi = \{X_{Z(t)} | t \geq 0\}$

heißt Semi-Markov-Prozeß.

Es ist $\xi = \{X_m | m \geq 0\}$ eine (eingebettete) zeitdiskrete Markov-Kette mit

$P\{X_m=s_k | X_m=s_\ell, \ldots, X_0=s_0\} = Q_{\ell k}(\infty) =: p_{\ell k}$

und $\sum_j p_{ij} = 1$, $p_{ij} \geq 0$.

Die bedingten Verteilungsfunktionen für die Variablen T_m sind:

$$F_{ij}(t) = P\{T_m \leq t | X_{m-1}=s_i, X_m=s_j\} =$$

$$\frac{P\{X_m=s_j, T_m \leq t | X_{m-1}=s_i\}}{P\{X_m=s_j | X_{m-1}=s_i\}} = \frac{Q_{ij}(t)}{Q_{ij}(\infty)} = \frac{1}{p_{ij}} Q_{ij}(t),$$

vorausgesetzt, $p_{ij} \neq 0$. Also $Q_{ij}(t) = p_{ij} F_{ij}(t)$. Für den Spezialfall einer Markov-Kette gilt (siehe Anhang A.6)

$p_{ij} = q_{ij}/q_i$ und $F_{ij}(t) = 1-\exp[-q_i t]$.

Bemerkung: In Kapitel 4 haben die Zufallsgrößen X_m, T_m und S_m folgende Bedeutung. X_m ist der Systemzustand nach dem m-ten Zustandsübergang, T_m ist die Verweildauer im Zustand X_{m-1} und S_m sind die Momente der Zustandswechsel; p_{ij} ist die Wahrscheinlichkeit für einen Wechsel von s_i nach s_j.

Ein Markovscher Erneuerungsprozeß heißt irreduzibel, wenn jeder Zustand von jedem anderen erreichbar ist. Semi-Markov-Prozesse haben die Erneuerungseigenschaft, das heißt, mit der Rückkehr in einen Zustand beginnt ein neuer Prozeß, der dieselben stochastischen Eigenschaften hat, wie der ursprüngliche Prozeß. Auch für Semi-Markov-Prozesse gelten daher Erneuerungsgleichungen und ein entsprechendes "Fundamentales Erneuerungstheorem" [29].

Satz: Es sei $\eta = \{(X_m, T_m) | m \geq 0\}$ ein irreduzibler Markovscher Erneuerungsprozeß, mit wenigstens einer nicht arithmetisch verteilten Übergangswahrscheinlichkeit. Ferner sei $\underline{Q}(t) = (Q_{ij}(t))$, $|S|=n$,

$Q_i(t) = \sum_{j=1}^{n} Q_{ij}(t)$, $\mu_i = \int_0^\infty (1-Q_i(s))ds < \infty$

für alle $i=1,2,\ldots,n$ und $H_{ij}(t) = \sum_{k=1}^{\infty} (\underline{Q}(t)^{*k})_{ij}$ *)

für reellwertige, nicht negative Funktionen $g_j(t)$

mit $\int_0^\infty |g_j(t)|dt < \infty$ und für alle s_i, $s_j \in S$ gilt

$$\lim_{t\to\infty} (g_j*H_{ij})(t) := \int_0^t g_j(t-s)dH_{ij}(s) = \frac{1}{\mu_{jj}} \int_0^\infty g_j(s)ds$$

mit $\mu_{jj} = \int_0^\infty (1-F_{jj}(s))ds$.

Ferner ist $\mu_{jj} = \frac{1}{\nu_j} \sum_{i=1}^{n} \nu_i \mu_i$, wobei $\{\nu_i\}$ eine nichttriviale

Lösung des Gleichungssystems $\nu_j = \sum_{i=1}^{n} \nu_i p_{ij}$ ist, $j=1,2,\ldots,n$.

Von diesem Theorem und den Erneuerungseigenschaften eines Semi-Markov-Prozesses wird in Kapitel 4 Gebrauch gemacht. Dort ist beispielsweise Zustand s_j durch den Zustand I gegeben. Man vergleiche

----

*) $\underline{Q}(t)^{*1} = \underline{Q}(t)$, $(\underline{Q}(t)^{*2})_{ij} = \sum_k (Q_{ik}*Q_{kj})(t)$, u.s.f.

dazu auch Kapitel 5.4. Der Fall arithmetischer Erneuerungsverteilugen muß gesondert behandelt werden [62]. Es gelten entsprechende Eneuerungstheoreme.

Im vorangehenden Satz und in Kapitel 4.5 wird von folgender Aussag Gebrauch gemacht. ($\sum_j$ stehe für $\sum_{j=1}^{m}$ und $\sum^r$ für $\sum_{r=0}^{n}$).

Satz: Es sei $P = (p_{ij})$ die mxm-Übergangsmatrix einer irreduziblen, zeitdiskreten Markov-Kette und d_i die durch Streichen der i-ten Zele und Spalte entstehende Unterdeterminante der Matrix $\mathbb{I}-P$ ($\mathbb{I}$ Einheitsmatrix). Dann ist das Gleichungssystem

$$\sum_i p_i \, p_{ij} = p_j, \; j=1,2,\dots,m \tag{A.7.1}$$

mit $\sum_i p_i = 1$ (A.7.2)

eindeutig lösbar.

Die Lösung ist $p_i = d_i \, (\sum_i d_i)^{-1} > 0.$ (A.7.3)

Beweis: Mit $P^r = (p_{ij}^{(r)})$ und $P^0 = \mathbb{I}$ gilt $p_{ik}^{(r+1)} = \sum_j p_{ij}^{(r)} \, p_{jk}$, $r \geq 0$, und daraus folgt

(i) $\frac{1}{n+1} \sum^r p_{ik}^{(r+1)} = \sum_j \left(\frac{1}{n+1} \sum^r p_{ij}^{(r)}\right) p_{jk}$ und

(ii) $\frac{1}{n+1} \sum^r (p_{ik}^{(r+1)} - p_{ik}^{(r)}) = \frac{1}{n+1} (p_{ik}^{(n+1)} - p_{ik}^{(0)}) \to 0$ für $n \to \infty$.

Wir halten i fest und setzen $w_j = \lim_{n\to\infty} \frac{1}{n+1} \sum^r p_{ij}^{(r)}$. Aus (i) und (ii folgt, daß w_j Lösung von (A.7.1) ist und für $w=(w_j)$ gilt $w=wP^n$. Da $\sum_k p_{ik}^{(r)} = 1$ für alle i und $r \geq 1$, folgt auch $\sum_j w_j = \lim_{n\to\infty} \frac{1}{n+1} \cdot \sum^r \sum_j p_{ij}^{(r)} = 1$. P ist irreduzibel, d. h. für beliebige i,k gibt es ein n mit $p_{ik}^{(n)} > 0$. Andererseits folgt aus (A.7.2), daß wenigstens ein $w_i > 0$ ist. Daher ist $w_k = \sum_j w_j \, p_{jk}^{(n)} > 0$ für alle $1 \leq k \leq m$. Es ist auch $\hat{w} = w_1^{-1} w$ Lösung von (A.7.1) und $w' = (\hat{w}_i)$, $i=2,3,\dots,m$ von

$$w' = g + w'H \tag{A.7.4}$$

mit $g = (p_{1j})$ und $H = (p_{ij})$, $i,j=2,3,\dots,m$.

Nun gilt aber $h_{ij}^{(n)} \to 0$ mit $n \to \infty$, da P stochastisch und irreduzibe ist. Daher hat $x=xH$ nur die triviale Lösung.

Folglich ist (A.7.4) und damit auch (A.7.1) mit (A.7.2) eindeutig lösbar. Man vergewissere sich noch, daß (A.7.3) eine Lösung ist.

.8 Laplace-Transformation

ie Laplace-Transformation (L-Transformation) einer gegebenen Funk-
ion $f(x)$, mit $f(x) = 0$ für $x < 0$, ist durch

$$f(s) = L[f(x)] = \int_{0-}^{\infty} e^{-sx} f(x)dx, \text{ s komplex,} \qquad (A.8.1)$$

efiniert. Natürlich ist $^{L}f(s)$ nur für solche s definiert, in denen
as Integral konvergiert. Die L-Transformation ist ein wichtiges
ilfsmittel zur Lösung der Kolmogorovschen Gleichungen.

eispiele: (1) Es sei $\Theta(x)$ die Sprungfunktion

$$(x) = \begin{cases} 0, & x < 0 \\ 1, & x \geq 0 \end{cases} .$$

$$[\Theta(x)] = \int_{0-}^{\infty} e^{-sx}dx = \lim_{a\to\infty} \int_{0-}^{a} e^{-sx}dx = \lim_{a\to\infty} (-\frac{1}{s} e^{-sx})_{0}^{a} =$$

$$\lim_{\to\infty} (\frac{1}{s} - \frac{1}{s} e^{-sa}).$$

er Grenzwert existiert, falls $Re(s) > 0$; also

$$(\Theta(x)) = \frac{1}{s} \text{ für } Re(s) > 0.$$

2) $L(e^{-\alpha x}\Theta(x)) = \frac{1}{s+\alpha}$, falls $Re(s+\alpha) > 0$.

3) Es seien $f(x)$ und $f'(x) = \frac{d}{dx} f(x)$ für $x > 0$ stetig; $f'(x)$ sei
-transformierbar. Dann ist auch $f(x)$ L-transformierbar und es gilt

$$(f'(x)) = s^{L}f(s) - f(0),$$

obei s aus dem gemeinsamen Definitionsgebiet der L-Transformierten
nd $f(0) = \lim_{x\to 0-} f(x)$ ist.

4) Es seien $f_1(x)$ und $f_2(x)$ für $x > 0$ lokal integrierbar und
$_i(x) = 0$ für $x < 0$, $i=1,2$. Wir bezeichnen mit $(f_1*f_2)(x)$ das
altungsintegral $\int_0^x f_1(\xi)f_2(x-\xi)d\xi$. Ist das L-Integral beider Funk-
ionen absolut konvergent, so gilt

$$((f_1*f_2)(x)) = {}^{L}f_1(s) \cdot {}^{L}f_2(s).$$

5) Ist $f(x)$ die Dichte der Zufallsvariablen X, so gilt

$$(f(x)) = \int_0^{\infty} \sum_{j=0}^{\infty} \frac{(-sx)^j}{j!} f(x)dx = \sum_{j=0}^{\infty} (-1)^j E(X^j) \frac{s^j}{j!} .$$

Mit L^{-1} wird die Umkehrtransformation bezeichnet:

$$f(x) = L^{-1}(^{L}f(s)) \quad \text{(A.8.}$$

Aus $L(f_1(x)) = L(f_2(x))$ folgt $f_1(x) = f_2(x)$ für alle $x > 0$, in denen beide Funktionen stetig sind. Insofern ist die Umkehrtransformierte einer Funktion eindeutig. (Die Umkehrtransformation ist durch das sogenannte Riemann-Mellinsche Integral gegeben).

Erzeugende

Ein zweites, wichtiges Hilfsmittel zur Lösung der Kolmogorovschen Gleichungen ist die Erzeugende

$$G(z,t) = \sum_k p_k(t)\, z^k, \quad |z| < 1.$$

Beispiel: Poisson-Prozeß

Mit $N(t)$, der Zahl der bis zum Zeitpunkt t eingetroffenen Ereigni gilt

$$G(z,t) = \sum_k p_k(t)\, z^k = E(z^{N(t)}) \quad \text{(A.8.3}$$

und da $N(0) = 0$: $G(z,0) = E(z^0) = E(1) = 1$; ebenso gilt $G(1,t)=1$.

Aus dem Gleichungssystem dieses Prozesses ergibt sich

$$\frac{\partial}{\partial t} G(z,t) = \lambda(z-1)G(z,t)$$

mit der Lösung $G(z,t) = e^{+\lambda t(z-1)}$.

Die Zustandswahrscheinlichkeiten erhält man nun aus einer Potenzreihenentwicklung von $G(z,t)$ nach z. Insbesondere erhalten wir fü den Erwartungswert von $N(t)$, die Beziehung

$$E(N(t)) = \frac{\partial}{\partial z} G(z,t)\Big|_{z=1}.$$

Bei der Behandlung gewisser Bedienungsnetzwerke findet man, daß s mehrere unabhängige Poisson-Prozesse (mit den Intensitäten λ_k) überlagern. Für die Erzeugende des Überlagerungsprozesses (k=1,.. $N(t) = \sum_{k=1}^{m} N_k(t)$, mit $N_k(t)$ der Zahl der bis t eintreffenden Ereignisse des k-ten Prozesses, gilt wegen der s-Unabhängigkeit (vgl. A.8.3

$$G = \prod_{k=1}^{m} G_k(z,t) = \exp\Big(\sum_{k=1}^{m} t\lambda_k(z-1)\Big).$$

Das heißt, der Überlagerungsprozeß ist wieder ein Poisson-Prozeß mit der Intensität $\lambda = \sum_k \lambda_k$. Verzweigt sich andererseits ein Poisson-Prozeß in verschiedene Prozesse, so sind diese wieder s-unabhängige Poisson-Prozesse. Es sei jetzt $N(t)$ die Zahl der bis t eintreffenden Ereignisse, $N_k(t)$ die derjenigen Ereignisse, die den k-ten Zweig benutzen, und r_k die Verzweigungswahrscheinlichkeiten. Dann ist $(n = \sum_k n_k)$

$$P_{\underline{n}} := P\{N_1(t) = n_1,\ N_2(t) = n_2,\ \ldots,\ N_m(t) = n_m | N(t) = n\} =$$

$$\frac{n!}{n_1!n_2!\ldots n_m!} r_1^{n_1} r_2^{n_2} \ldots r_m^{n_m} .$$

Also gilt:

$$P\{n_1,n_2,\ldots,n_m\} = P\{N(t) = n\} \cdot P_{\underline{n}} = P_{\underline{n}} \cdot \frac{(\lambda t)^n}{n!} e^{-t} =$$

$$\prod_{i=1}^{m} \frac{(r_k\lambda t)n_k}{n_k!} e^{-r_k\lambda t} ,$$

das heißt, die Prozesse mit Intensität $\lambda_k = r_k\lambda$ sind s-unabhängig.

A.9 Littles Formel: $\bar{N} = \alpha T_a$

Es ist T_a die mittlere Antwortzeit, $\bar{N}$ die mittlere Anzahl der Aufträge im System und α die mittlere Ankunftrate.

Es seien $0 < t_1 < t_2 < t_3 < \ldots$ die Folge der Ankunftzeiten und $A(t)$ die Anzahl der bis t eintreffenden Aufträge. Entsprechend sei $t_1' < t_2' < t_3' \ldots$ die Folge der Abgangszeiten und $D(t)$ die Anzahl der bis t erledigten Aufträge. Dann ist $N(t) = A(t) - D(t)$ die Anzahl der Aufträge im System zur Zeit t. Es gelte $N(0) = 0 = N(\tau)$, $\tau > 0$.

Wir definieren nun $n(t) := A(t) - A(0)$, $\alpha(\tau) = n(\tau)/\tau$ und T_{a_i} Antwortzeit des i-ten Auftrags. Also ist

$T_a(\tau) = (\sum_{i=1}^{n(\tau)} T_{a_i}) / n(\tau)$ die mittlere Antwortzeit pro Auftrag

während der Periode 0 bis τ und $\bar{N}(\tau) = (1/\tau) \int_0^\tau N(t)dt$ ist die mittlere Auftragszahl. Es gilt

$\sum_{i=1}^{n(\tau)} T_{a_i} = \int_0^\tau N(t)dt$, (siehe Fig. A.4 für eine FCFS-Warteschlangendisziplin. Man kann sich aber davon überzeugen, daß diese Beziehung von der Warteschlangendisziplin unabhängig ist [80].) Deshalb folgt

$$\bar{N}(\tau) = (1/\tau) \sum_{i=1}^{n(\tau)} T_{a_i} = (n(\tau)/\tau)\, T_a(\tau) = \alpha(\tau)\, T_a(\tau). \qquad \text{(A.9.1)}$$

Existieren $T_a = \lim_{\tau\to\infty} T_a(\tau)$ und $\alpha = \lim_{\tau\to\infty} \alpha(\tau)$, so folgt aus (A.9.1) Littles Formel. (Man mache sich noch klar, daß, wenn $\bar{N}$ endlich ist, die Bedingung $N(\tau) = 0$ im Limes $\tau\to\infty$ unwesentlich wird).

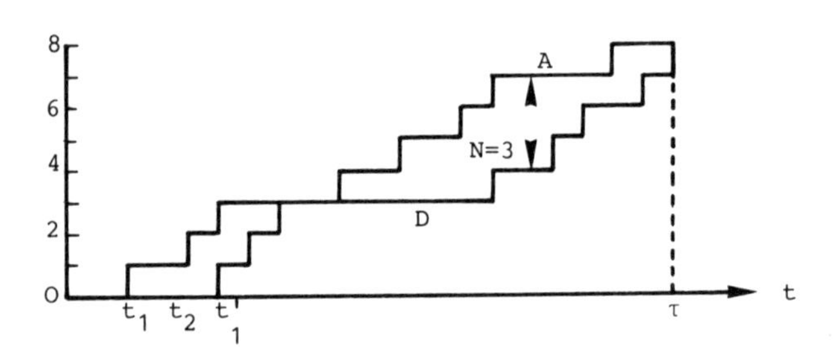

Fig. A.4 Littles Formel

A.10 Lösungen ausgewählter Übungsaufgaben

3. Übung S. 25:
Mit (2.6) folgt: $n-1 = E(m(1/4)) = n \exp(-\lambda/4)$ und $\exp(-2\lambda) = 1/2$. A besteht aus 12 Bauelementen.

1. Übung S. 26:
Es gibt 10 monotone Z-Netze in 3 oder weniger Variablen. Mit $z(\underline{x}) = x_i z_{i=1} + \bar{x}_i z_{i=0}$ und der für Monotonie notwendigen Beziehung $z_{i=1} \geq z_{i=0}$ erhält man daraus die restlichen Z-Netze [27].

2. Übung S. 56:
Ein zyklenfreier Testgraph hat mindestens einen Knoten mit $d_i^-=0$. Denn wäre $d_i^->0$ für alle Knoten, dann gäbe es (nach eventueller Umnumerierung der Knoten) Kanten vom Knoten K_{n-1} nach K_n, von K_{n-2} nach K_{n-1} und so fort. Da jeder Testgraph endlich ist, muß dieser

Prozeß schließlich mindestens einen Zykel erzeugen.

2. Übung S. 84:
Es ist $(1-R(\Delta))R(\Delta)^n$ die Wahrscheinlichkeit für genau n präventive Erneuerungen vor einem Systemausfall; also $E(n) = \sum_n n(1-R(\Delta))R(\Delta)^n = \frac{R(\Delta)}{1-R(\Delta)} = R^*/F^*$.

1. Übung S. 86:
Es ist $\frac{d}{d\Delta} A(\Delta) = 0$ g.d.w. $\lambda(\Delta) \int_0^\Delta R(t)dt + R(\Delta) = \frac{T_R}{T_R - T_W}$ (*).
Die rechte Seite wächst streng monoton mit Δ, denn nach Voraussetzung gilt für $0 \leq t_1 < t_2$: $\lambda(t_1)R(u)-f(u) < \lambda(t_2)R(u)-f(u)$. Außerdem ist $\lambda(t_2)R(u)-f(u) \geq \lambda(u)R(u)-f(u) = 0$ für $0 \leq u \leq t_2$. Daraus folgt $\lambda(t_1) \int_0^{t_1} R(u)du + R(t_1)-1 < \int_0^{t_1} [\lambda(t_2)R(u)-f(u)]du \leq \int_0^{t_2} [\lambda(t_2)R(u) -f(u)]du = \lambda(t_2) \int_0^{t_2} R(u)du + R(t_2)-1$. Der Limes $\lim_{t\to\infty} [\lambda(t) \int_0^t R(t)dt + R(t)] = \lambda(\infty) E(\tau)$ muß also größer als $\frac{T_R}{T_R - T_W}$ sein, damit die rechte Seite von (*) durch ein endliches Δ erfüllt werden kann. Diese Beziehung ist auch hinreichend für die Existenz eines (eindeutig gegebenen) optimalen Testintervalls.

1. Übung S. 89:
Es sei $T(\Delta)$ die mittlere Intaktzeit des Computersystems im Intervall $(0,\Delta)$. Dann ist
$A(\Delta) = \frac{T(\Delta)}{\Delta + T_W}$ der Verfügbarkeitskoeffizient und für $T(\Delta)$ gilt die Integralgleichung $T(\Delta) = \int_0^\Delta R(u)du + D \int_0^\Delta T(\Delta-[T_R+u])dF_T(u)$,
mit $T(0) = 0$ und $F_T(x) = 1-R(x) = 1-\exp[-\lambda x]$.
Für vernachlässigbare Reparaturzeiten erhalten wir:
$T(\Delta) = F^*/\lambda + D(T*f)(\Delta)$. L-Transformation ergibt
$t(s) = [s(s+(1-D)\lambda)]^{-1}$. Also $T(\Delta) = \frac{1}{(1-D)\lambda} [1-e^{-(1-D)\lambda\Delta}]$.

2. Übung S. 105:
Für die Raten der Markov-Kette (einem GT-Prozeß) gilt

$$\lambda_j = \begin{cases} (n-j)\alpha & \text{für } j=0,1,\dots,n-1 \\ 0 & \text{sonst} \end{cases}$$

und $\mu_j = \min(j,r)\beta$.
Damit erhalten wir für die Gleichgewichtsverteilung $\rho=\alpha/\beta<0$:

$$p_j = \begin{cases} p_0 \binom{n}{j} \rho^j, & \text{für } j=0,1,\ldots,r \\ p_0 \binom{n}{j} \frac{j!\rho^j}{r!r^{j-r}}, & \text{für } j=r+1,\ldots,n \\ 0 & \text{sonst} \end{cases} \tag{A.10.1}$$

mit p_0 derart, daß $\sum_{j=0}^{n} p_j = 1$.

Für $n \to \infty$ nähert sich der Durchsatz B des Reparaturkanals dem Wert $r\beta$ und MTTR dem Wert $\frac{n}{r\beta} - \frac{1}{\alpha}$. Andererseits ist, für $n \leq r$, MTTR $= \frac{1}{\beta}$. Also ist $n^* = r(1-\rho^{-1})$. Der Durchsatz ist $B = \beta(r-b)$ mit

$b = \sum_{k=0}^{r} (r-k)p_k$ der mittleren Zahl untätiger Reparatureinheiten.

1. Übung S. 121:

Es bezeichne E_t^Δ das Ereignis: "Ein Auftrag erreicht das System im Intervall $[t,t+\Delta t]$"; $N(t)$ sei die Anzahl der Aufträge im System zur Zeit t und $R_r(t)$ sei die Wahrscheinlichkeit dafür, daß der neue Auftrag bereits r Aufträge im System vorfindet. Also

$$R_k(t) = \lim_{\Delta \to \infty} P\{N(t)=k | E_t^\Delta\} =$$

$$\lim_{\Delta \to \infty} \frac{P\{E_t^\Delta | N(t)=k\} P\{N(t)=k\}}{P\{E_t^\Delta\}} = P\{N(t)=k\} = p_k(t),$$

da die Ankünfte von der Besetzungszahl des Systems unabhängig sind. (Im Gleichgewicht muß es für jeden Auftrag, der eine Warteschlange der Länge k vorfindet, einen Auftrag geben, der eine Warteschlange derselben Länge hinterläßt).

1. Übung S. 124:

Es sei w die Wartezeit für einen ankommenden Auftrag und

$F_w(x|n) = P\{w \leq x | n \text{ Aufträge sind bereits im System}\}$.

Wir beschränken uns auf den Fall m=1. Die Wartezeit des neuen Auftrags setzt sich aus den Bedienungszeiten s_i für die bereits wartenden n-1 Aufträge und der Restbedienzeit r_1 des augenblicklich bedienten Auftrags zusammen. D. h., $w=r_1+s_2+s_3+\ldots+s_n$. Nun sind aber (wegen der Exponentialverteilung) r_1 und s_i nach B(t) verteil. Außerdem sind die Größen s-unabhängig. Also gilt

$$F_w(x|n) = 1 - e^{-\beta x} \sum_{k=0}^{n-1} \frac{(\beta x)^k}{k!}, \quad x \geq 0. \tag{A.10.2}$$

Im stochastischen Gleichgewicht ist dann (s. Übung S. 121)

$$F(x) := F_w(x) = \sum_{n=0}^{\infty} p_n F_w(x|n) = (1-\rho) \sum_{n=0}^{\infty} \rho^n F(x|n)$$

mit $F_w(x|0)=\Theta(x)$.

Also $F_w(x) = 1 - \rho + (1-\rho)\ [\sum_{n=1}^{\infty} (\rho^n - e^{-\beta x}\ \rho^n \sum_{k=0}^{n-1} \frac{(\beta x)^k}{k!})] =$

$1 - \rho e^{-\beta(1-\rho)x}$ und $p(\geq 1) = \rho$.

Daraus erhalten wir für T_w

$$T_w = \int_0^\infty (1-F_w(x))dx = \frac{\rho}{\beta(1-\rho)} = \frac{\rho^2}{\alpha(1-\rho)} \quad .$$

Andererseits ist $E(L) = \frac{\rho^2}{1-\rho} = \alpha T_w$. Dies ist Littles Formel. Die Antwortzeit für den betrachteten Auftrag ist a = w+s. Somit gilt, da die Bedienungszeit s-unabhängig von der Wartezeit ist:

$F_a(x) = (F_w * B)(x)$. Also

$$F_a(x) = \beta \int_0^x [1 - \rho e^{-\beta(1-\rho)(x-u)}]e^{-\beta a}du = 1 - e^{-\beta(1-\rho)x},\ x \geq 0.$$

Daraus folgt $T_a = \frac{1}{\beta(1-\rho)}$. Für $m > 1$ ist

$$F_w(x) = 1 - P\{w>x\} = 1 - \sum_{n=0}^{\infty} p_{m+n}(1 - F_w(x|m+n))$$

mit $F_w(0) = 1 - P\{w>0\} = 1 - p(\geq m)$.

1 Übung S. 136:

Die dritte Formel aus (4.78) ist nichts anderes als eine weitere Version von Littles Formel. Aus ihr erhält man die zweite Formel durch Summation. Zu beweisen bleibt also die erste Formel, bzw. $n_i(K) = \Theta(K)x_i\mu_i^{-1}\ [1 + n_i(K-1)]$.

Es genügt, i=N zu betrachten, da das Netzwerk in Bezug auf die Bedienungsstationen symmetrisch ist. Außerdem gilt $x_i\Theta(K) = \Theta_i(K)$, $i=1,2,\ldots$. (Es ist hier speziell $x_i=1$).

Mit (4.80) und (4.82) folgt nun

$$n_N(K) = \sum_{j=0}^{K} j\ P_N^K(j) = \sum_{j=0}^{K} j\ [\frac{x_N}{\mu_N}\ (\frac{x_N}{\mu_N})^{j-1}\ \frac{c_{N-1}(K-1-(j-1))}{c_N(K-1)}\ \frac{c_N(K-1)}{c_N(K)}] =$$

$$\Theta_N\mu_N^{-1} \sum_{j=1}^{K} j\ P_N^{(K-1)}(j-1) = \Theta_N\mu_N^{-1}\ [\sum_{j=1}^{K} P_N^{K-1}(j-1) + (j-1)P_N^{K-1}(j-1)] =$$

$$\Theta_N\mu_N^{-1}\ [1+n_N(K-1)].$$

<u>Beispiel</u>: $K=2$, $\mu_1=\alpha$, $\mu_2=\mu$, d.h. $t_1(1) = \frac{1}{\alpha}$ und $t_2(1) = \frac{1}{\mu}$.

Also $t_1(2) = \frac{1}{\alpha}(1+n_1(1))$ mit $n_1(1) = \frac{\mu}{\alpha+\mu}$;

$t_2(2) = \frac{1}{\mu}(1+n_2(1))$ mit $n_2(1) = \frac{\alpha}{\alpha+\mu}$.

Daraus folgt $t_1(2) = \frac{\alpha+2\mu}{\alpha(\alpha+\mu)}$ und $t_2(2) = \frac{2\alpha+\mu}{\mu(\alpha+\mu)}$,

$$\Theta = \frac{\alpha\mu(\alpha+\mu)}{\alpha^2+\alpha\mu+\mu^2} = \frac{\mu(1+\rho)\rho}{1+\rho+\rho^2}$$

und $A_E = \frac{t_1(2)}{t_1(2)+t_2(2)} = \frac{2+\rho}{2(1+\rho+\rho^2)} = .857$ mit $\rho = \alpha/\mu = 1/4$.

(Knoten K_2 repräsentiert den Reparaturkanal).

3. Übung S. 157:

Mit der 2.Übung auf Seite 127 folgt (vgl. auch 5.1.2):

$F_{(n)}(t) = E^{\beta}_{n\cdot k}(t)$ und $H(t) = \sum_{n=1}^{\infty} E^{\beta}_{n\cdot k}(t) = \sum_{n=1}^{\infty} [1 - \sum_{j=0}^{nk-1} \frac{(\beta t)^j}{j!} e^{-\beta t}]$

$\sum_{n=1}^{\infty} \sum_{j=nk}^{\infty} \frac{(\beta t)^j}{j!} e^{-\beta t}$ und (5.22) ergibt sich mit der l'Hopitalschen Regel. Es ist

$h(t) = \beta e^{-\beta t} \sum_{n=1}^{\infty} \frac{(\beta t)^{nk-1}}{(nk-1)!}$.

Spezialfälle:

k=2: $H(t) = 1/2\ (\beta t - 1/2 + 1/2\ e^{-2\beta t})$.

k=3: $H(t) = 1/3\ [\beta t - 1 + \frac{2}{\sqrt{3}} e^{-3\beta t/2} \sin(\frac{\sqrt{3}}{2} \beta t + \pi/3)]$.

Die Beziehung (5.22) läßt sich wie folgt für beliebige Erneuerungsprozesse herleiten. Mit $0 < \varepsilon < 1$ und (5.16) gilt:

$H(T) \leq F_1(T) + \hat{H}(T)$ und $H(T) \geq \int_0^{(1-\varepsilon)T} F_1(T-u)d\hat{H}(u) \geq F_1(\varepsilon T)\hat{H}(T-\varepsilon T)$

Somit gilt:

$$\frac{\hat{H}(T-\varepsilon T)}{T-\varepsilon T} F_1(\varepsilon T)(1-\varepsilon) \leq \frac{H(T)}{T} \leq \frac{\hat{H}(T)}{T} + \frac{F_1(T)}{T} .$$

Daraus folgt $\lim_{T\to\infty} \frac{H(T)}{T} = \lim_{T\to\infty} \frac{\hat{H}(T)}{T}$, (A.10.3)

da $\varepsilon > 0$ beliebig. Wählen wir nun F_1 gemäß (5.18), so erhalten wir $\lim_{t\to\infty} \hat{H}(t)/t = 1/\sigma$. Dasselbe Argument für beliebiges F_1 wiederholt, vervollständigt den Beweis.

1. Übung S. 162:

Für die Verteilungsfunktion $V_t(x)$ der Zufallsvariablen r_t gilt

$V_t(x) = P\{r_t<x\} = \sum_{n=0}^{\infty} P\{Y_n<t\leq Y_{n+1}<t+x\} = F_1(t+x) - F_1(t) + \sum_{n=1}^{\infty} \int_0^t [F(t+x-u) - F(t-u)]dF_{(n)}(u) = F_1(t+x) - F_1(t) + \int_0^t [F(t+x-u) - F(t-u)]dH(u)$. Mit der Erneuerungsgleichung (5.15) folgt nun

$R_t(x) = 1 - V_t(x) = R_1(t+u) + H(t) - \int_0^t F(t+x-u)dH(u)$.

Also: $R_t(x) = R_1(t+x) + \int_0^t R(t+x-u)dH(u)$. (A.10.4)

Aus dem "Fundamentalen Erneuerungstheorem" erhalten wir nun

$\lim\limits_{t\to\infty} R_t(x) = \frac{1}{E(T)} \int_o^\infty R(t+x)dt = \frac{1}{E(T)} \int_x^\infty R(t)dt$, $x > 0$.

Für einen stationären Erneuerungsprozeß gilt

$R_t(x) = \frac{1}{E(T)} \int_x^\infty R(u)du$, $x > 0$. Das heißt, $R_t(x)$ ist von t unabhängig und $V_t(x) = F_1(x)$. Denn A.10.4 liefert

$R_t(x) = \frac{1}{E(T)} [\int_{t+x}^\infty R(u)du + \int_o^t R(t+x-u)du] = \frac{1}{E(T)} [\int_x^{t+x} R(u)du + \int_{t+x}^\infty R(u)du]$.

2. Übung S. 162 [50]:

Es gilt offensichtlich

$$A(\tau) = \frac{\tau}{\tau+T_W+T_R H(\tau)} \quad . \qquad (A.10.5)$$

Falls nach jeder Wartung ein stationärer Erneuerungsprozeß beginnt, folgt daraus

$$A(\tau) = [1 + \frac{T_W}{\tau} + \frac{T_R}{\bar{T}}]^{-1} \; .$$

Für einen nicht stationären Erneuerungsprozeß kann man wieder nach dem optimalen Wartungsintervall τ^* fragen. Dieses ist Lösung von $\tau h(\tau)-H(\tau) = T_W/T_R$ und die optimale Verfügbarkeit ist dann

$$A(\tau^*) = \frac{1}{1+T_R h(\tau^*)} \quad .$$

Literaturverzeichnis

[1] Avizienis, A. et al.: The STAR (Self-Testing-and-Repairing) Computer. IEEE Trans. on Computers C-20 (1971) 1312 - 1321

[2] Baskin, H.B. et al.: PRIME - A modular architecture of terminal-oriented systems. Conf. Proc. Spring Joint Computer Conf., AFIPS (1972) 413 - 437

[3] Kleinrock, L.: Queueing Systems, Vol. II: Computer Applications. New York: Wiley 1976

[4] Morris, D.: Introduction to Communication Command and Control Systems. Oxford: Pergamon Press 1977

[5] Lauber, R.: Prozeßautomatisierung. Berlin: Springer 1977

[6] Braitenberg, V.: Gehirngespinste. Berlin: Springer 1973

[7] Esary, J.D.; Ziems, H.: Reliability analysis of phased missio in Reliability and Fault Tree Analysis. Philadelphia: SIAM 19

[8] Barlow, R.E.; Proschan, F.: Statistical Theory of Reliability and Life Testing. New York: Holt, Rinehart and Winston 1975

[9] Reinschke, K.: Zuverlässigkeit von Systemen, Bd. 1. Berlin: VEB Verlag Technik 1973

[10] Görke, W.: Zuverlässigkeitsprobleme elektronischer Schaltunge Mannheim: Bibliographisches Institut 1969 = Hochschulskripten Band 820

[11] Höfle-Isphording, U.: Zuverlässigkeitsrechnung. Berlin: Sprin ger 1978

[12] Barlow, R.E.; Proschan F.: Mathematical Theory of Reliability New York: Wiley 1965

[13] Harrary, F.: Graph Theory. Reading: Addison-Wesley 1969

[14] Frank, H.; Frisch, I.T.: Communication, Transmission, and Transportation Networks. Reading: Addison-Wesley 1971

[15] Hässig, K.: Graphentheoretische Methoden des Operations Research. Stuttgart: Teubner 1979 = Leitfäden der angewandten Mathematik und Mechanik, Bd. 42

[16] Lewis, R.H.; Papadimitriou, C.H.: The efficiency of algorithms. Scientific American (January 1978) 96 - 197

[17] Avizienis, A.: Fault-tolerant systems. IEEE Trans. on Computers C-25 (1976) 1304 - 1312

[18] Jessen, E.: Architektur digitaler Rechenanlagen. Berlin: Springer 1975

[19] Randell, B. et al.: Reliable computing systems. Lecture Notes in Computer Science 60. Berlin: Springer (1978) 282 - 393

[20] Srini, V.P.: Fault diagnosis of microprocessor systems. Computer (Jan. 1977) 60 - 64

[21] Hayes, J.P.: A graph model for fault-tolerant computing systems. IEEE Trans. on Computers C-25 (1976) 875 - 884

[22] Gomory, R.E.; Hu, T.C.: Multiterminal network flows. SIAM J. Appl. Math. 9 (1961) 551 - 570

[23] Boesch, F.T. (Herausgeber): Large-Scale Networks. New York: IEEE Press 1976

[24] Trajan, R.: Complexity of combinatorial algorithms. SIAM Review 20 (1978) 457 - 491

[25] Christofides, T.: Graph Theory: An Algorithmic Approach. New York: Academic Press 1975

[26] Mehlhorn, K.: Effiziente Algorithmen. Stuttgart: Teubner 1977 = Leitfäden der angewandten Mathematik und Mechanik Bd. 41

[27] Kaufman, A. et al.: Modèles Mathématiques Pour l'Etude De La Fiabilité Des Systèmes. Paris: Masson et Cie. 1975

[28] Schneeweiß, W.: Zuverlässigkeitstheorie. Berlin: Springer 1973

[29] Gaede, K.W.: Zuverlässigkeit, Mathematische Modelle. München: Hanser 1977

[30] Moore, E.F.; Shannon, C.E.: Reliable circuits using less reliable relays. J. of the Franklin Institute 262 (1956) 191 - 208, 281, 297

[31] Avizienis, A. et al.: A study of standard-building blocks for the design of fault-tolerant distributed computer systems. Digest of the Eighth Ann. Int. Conf. on Fault-Tolerant Computing Toulouse (1978) 144 - 149

[32] Morgan, D.E.; Taylor, D.J.: A survey of methodes for improvin computer network reliability and availability. Computer (Nove ber 1977) 42 - 49

[33] Spetz, W.L.: Microprocessor networks. Computer (July 1977) 64 - 68

[34] Maehle, E.: Fehlertolerante Rechnerstrukturen. Arbeitsbericht d. Inst. f. Mathem. Maschinen u. Datenverarbeitung Erlangen, Bd. 10 (1977)

[35] von Neumann, J.: Probabilistic logics and the synthesis of re liable organisms from unreliable components, in Automata Studies. Princeton: University Press 1956 43 - 98

[36] Breuer, A.M.; Friedman , A.D.: Diagnosis and Reliable Design of Digital Systems. Woodlands Hills: Computer Science Press 1976

[37] Preparata, F.P.; Metze, G.; Chien, R.T.: On the connection assignment problem of diagnosable systems. IEEE Trans. on El. Computers EC-16 (1967) 848 - 854

[38] Kameda, T.; Toida, S.; Allan, F.J.: A diagnosing algorithm for networks. Information and Control 29 (1975) 141 - 148

[39] Meyer, G.G.L.; Masson, G.M.: An efficient fault diagnosis algorithm for symmetric multiple processor architectures. IEEE Trans. on Computers C-27 (1978) 1059 - 1063

[40] Cook, S.A.: The complexity of theorem proving procedures. Co Rec. 3rd ACM Symp. Theory of Computing (1971) 151 - 158

[41] Russell J.D.; Kime C.R.: On the diagnosability of digital sys tems. Digest of the Int. Symp. on Fault-Tolerant Computing, Palo Alto (1973) 139 - 145

[42] McPhearson, J.A.; Kime, C.R.: A two-level diagnostic model f digital systems. IEEE Trans. on Computers C-27 (1979) 16 -27

[43] Allan, F.J.; Kameda, T.; Toida, S.: An approach to the diagnosability analysis of a system. IEEE Trans. on Computers C- (1975) 1040 - 1042

[44] Adham, M.; Friedman, A.: Digital system fault diagnosis. Des Automation and Fault-Tolerant Computing 1 (1977) 115 - 132

[45] Ciompi, P.; Simoncini, L.: Design of self-diagnosable minicomputers using bit sliced mircroprocessors. Design Automation and Fault-Tolerant Computing 1 (1977) 363 - 375

[46] Dal Cin, M.; Dilger, E.; Fuchs, H.J.: Availability evaluation of self-diagnosing systems, in Proc. of the Int. Conf. on Fault-Tolerant Systems and Diagnostics. Brno 1979

[47] Jacobs, K.: Markov-Prozesse mit endlich vielen Zuständen, in Selecta Mathematica IV. Berlin: Springer 1972 94 - 142

[48] Oberschelp, W.; Wille, D.: Mathematischer Einführungskurs für Informatiker. Stuttgart: Teubner 1976 = Leitfäden der angewandten Mathematik und Mechanik Bd. 35

[49] Zypkin, Ja.S.: Grundlagen der Theorie lernender Systeme. Berlin: VEB Verlag Technik 1972

[50] Beichelt, F.: Prophylaktische Erneuerung von Systemen. Braunschweig: Vieweg 1976

[51] Gertsbakh, I.H.: Models of Preventive Maintenance. Amsterdam: North-Holland 1977

[52] Jardine, A.P.S.: Maintenance, Replacement, and Reliability. London: Pitman 1973

[53] Bouricius, W.G. et al.: Reliability modeling for fault-tolerant computing. IEEE Trans. on Computers C-20 (1971) 1306 - 1311

[54] Arnold, T.F.: The concept of coverage and its effect on the reliability model of a repairable system. IEEE Trans. on Computers C-22 (1973) 251 - 254

[55] Cinlar, E.: Introduction to Stochastic Processes. Englewood Cliffs: Prentice-Hall 1975

[56] Råde, L.: The two-state markov process and additional events. Am. Math. Monthly (May 1976) 147 - 148

[57] Young, J.W.: A first order approximation to the optimum checkpoint interval. Comm. ACM 17 (1974) 530 - 531

[58] Gelenbe, E.; Derochette, D.: Performance of rollback recovering systems under intermittent faults. Comm. ACM 21 (1978) 494 - 499

[59] Johnson, J.N.; Shaw, J.L.: Fault-tolerant software for a dual processor with monitor, in Proc. Symp. on Computers Software Engineering (1976) 395 - 407

[60] Cox, D.R.; Smith, W.L.:Queues. London: Chapman and Hall 1961

[61] Kobayashi, H.: Modeling and Analysis. Reading: Addison-Wesley 1978

[62] Kohlas, J.: Stochastische Methoden des Operation Research. Stuttgart: Teubner 1977 = Leitfäden der angewandten Mathematik und Mechanik Bd. 40

[63] Burke, P.J.: Proof of a conjective on the interarrival time distribution in a M/M/1 queue with feedback. IEEE Trans. on Communication 24 (1976) 175 - 178

[64] Coffman, E.G.; Denning, P.J.: Operating Systems Theory. Englewood Cliffs: Prentice-Hall 1973

[65] Baskett, F. et al.: Open, closed, and mixed networks of queues with different classes of customers. J. Ass. Comp. Mach. 22 (1975) 248 - 260

[66] Klimow, G.P.: Bedienungsprozesse. Basel: Birkhäuser 1979

[67] Spirn, J.R.: Queueing networks with random selection for service. IEEE Trans. on Software Eng. SE-3 (1979) 287 - 289

[68] Chandy, K.M. et al.: Parametric analysis of queueing networks. IBM J. Res. Develop 19 (1975) 36 - 42

[69] Dal Cin, M.: Availability of coherent structures with several repair units, in Operations Research Verfahren XXX. Meisenheim am Glan: Athenäum 1979, 95 - 104

[70] Reiser, M.; Lavenberg, S.S.: Mean value analysis of closed multichain queueing networks. IBM Research Report RC 7023 (1978)

[71] Reiser, M.: Interactive modeling of computer systems. IBM System Journal 4 (1976) 309 - 327

[72] Dal Cin, M.: Performance evaluation of self-diagnosing, multiprocessing systems. Digest of the Eighth Ann. Symp. on Fault-Tolerant Computing, Toulouse (1978) 59 - 64

[73] Cox, D.R.: Renewal Theory. London: Methuen 1962

[74] Crane, M.A.; Lemoine, A.J.: An Introduction to the Regenerative Method for Simulation Analysis. Springer Lecture Notes on Control and Information Sciences 4 (1978)

[75] Störmer, H.: Semi-Markoff-Prozesse mit endlich vielen Zuständen. Springer Lecture Notes in Operation Research and Mathematical Systems 34 (1970)

[76] Cox, D.R.; Miller, H.D.: The Theory of Stochastic Processes. London: Chapman and Hall 1965

[77] Valiant, L.G.: The complexity of combinatorial computation, in Informatik-Fachberichte 16. Berlin: Springer 1978

[78] Karp, R.: Reducibility among combinatorial problems, in Miller a. Thatcher: Complexity of Computer Computations. New York: Plenum Press (1975) 85 - 105

[79] Harrison, M.A.: Introduction to Switching and Automata Theory. New York: McGraw-Hill 1965

[80] Little, J.D.C.: A proof for the queuing formula: $L=\lambda W$. Operations Research 9 (1961) 383 - 387

[81] Gnedenko, B.W. et al.: Mathematische Methoden der Zuverlässigkeitstheorie Bd. I, II. Berlin: Akademie-Verlag 1968

[82] Feller, W.: An Introduction to Probability Theory and its Applications, Vol. 1, 2. New York: Wiley 1966

[83] Hakimi, S.L.; Amin, A.T.: Characterization of the connection assignment of diagnosable systems. IEEE Trans. on Computers C-23 (1974) 86 - 92

[84] Wakerly, J.: Error Detecting Codes, Self-Checking Circuits and Applications. New York: North-Holland 1978

Symbolverzeichnis

Mengenlehre

$\emptyset$ leere Menge

$|M|$ Mächtigkeit von M

M-N Mengendifferenz

$\cap$ Durchschnitt

$\cup$ Vereinigung

$\mathbf{P}(M)$ Potenzmenge

Matrizen

(a_{ij}) Matrizen

$[a_{ij}]$ Matrizen

(x_i), $\underline{x}$ Vektoren

$\underline{x} \cdot \underline{y}$ inneres Produkt

Schaltalgebra

Π^B Und

$\sum^B$ Oder

$\oplus$ Exklusives Oder

Wahrscheinlichkeitstheorie

P{E} Wahrscheinlichkeit für das Eintreffen des Ereignisses E

$*$ Faltungsoperator

E(•) Erwartungswert

L(•) Laplacetransformation

MTTF mittlere Intaktzeit

MTFF mittlere Lebensdauer

MTRF mittlere Reparaturzeit

MTBF mittlerer Ausfallabstand

Spezialzeichen

δ_{ij} Kroneckersymbol

$\lfloor a \rfloor \lceil a \rceil$ S. 46

$F_* R_*$ S. 81

□ Beweisende

Sachverzeichnis

Teubner Studienbücher

Mathematik

Ahlswede/Wegener: **Suchprobleme**
328 Seiten. DM 28,80

Ansorge: **Differenzenapproximationen partieller Anfangswertaufgaben**
298 Seiten. DM 29,80 (LAMM)

Böhmer: **Spline-Funktionen**
Theorie und Anwendungen. 340 Seiten. DM 28,80

Clegg: **Variationsrechnung**
138 Seiten. DM 17,80

Collatz: **Differentialgleichungen**
Eine Einführung unter besonderer Berücksichtigung der Anwendungen
5. Aufl. 226 Seiten. DM 24,80 (LAMM)

Collatz/Krabs: **Approximationstheorie**
Tschebyscheffsche Approximation mit Anwendungen. 208 Seiten. DM 28,–

Constantinescu: **Distributionen und ihre Anwendung in der Physik**
144 Seiten. DM 18,80

Fischer/Sacher: **Einführung in die Algebra**
2. Aufl. 240 Seiten. DM 18,80

Grigorieff: **Numerik gewöhnlicher Differentialgleichungen**
Band 1: Einschrittverfahren. 202 Seiten. DM 16,80
Band 2: Mehrschrittverfahren. 411 Seiten. DM 29,80

Hainzl: **Mathematik für Naturwissenschaftler**
2. Aufl. 311 Seiten. DM 29,– (LAMM)

Hässig: **Graphentheoretische Methoden des Operations Research**
160 Seiten. DM 26,80 (LAMM)

Hilbert: **Grundlagen der Geometrie**
12. Aufl. VII, 271 Seiten. DM 24,80

Jaeger/Wenke: **Lineare Wirtschaftsalgebra**
Eine Einführung
Band 1: vergriffen
Band 2: IV, 160 Seiten. DM 19,80 (LAMM)

Jeggle: **Nichtlineare Funktionalanalysis**
Existenz von Lösungen nichtlinearer Gleichungen. 255 Seiten. DM 24,80

Kall: **Mathematische Methoden des Operations Research**
Eine Einführung. 176 Seiten. DM 22,80 (LAMM)

Kochendörffer: **Determinanten und Matrizen**
IV, 148 Seiten. DM 17,80

Kohlas: **Stochastische Methoden des Operations Research**
192 Seiten. DM 24,80 (LAMM)

Fortsetzung auf der letzten Textseite

Teubner Studienbücher Fortsetzung

Mathematik Fortsetzung

Krabs: **Optimierung und Approximation**
208 Seiten. DM 25,80

Rauhut/Schmitz/Zachow: **Spieltheorie**
Eine Einführung in die mathematische Theorie strategischer Spiele
400 Seiten. DM 28,80 (LAMM)

Stiefel: **Einführung in die numerische Mathematik**
5. Aufl. 292 Seiten. DM 26.80 (LAMM)

Stiefel/Fässler: **Gruppentheoretische Methoden und ihre Anwendung**
Eine Einführung mit typischen Beispielen aus Natur- und Ingenieurwissenschaften
256 Seiten. DM 25,80 (LAMM)

Stummel/Hainer: **Praktische Mathematik**
299 Seiten. DM 28,80

Topsøe: **Informationstheorie**
Eine Einführung. 88 Seiten. DM 12,80

Velte: **Direkte Methoden der Variationsrechnung**
Eine Einführung unter Berücksichtigung von Randwertaufgaben bei partiellen Differentialgleichungen. 198 Seiten. DM 25,80 (LAMM)

Walter: **Biomathematik für Mediziner**
148 Seiten. DM 15,80

Witting: **Mathematische Statistik**
Eine Einführung in Theorie und Methoden. 3. Aufl. 223 Seiten. DM 26,80 (LAMM)

Preisänderungen vorbehalten